HANNES JAENICKE

FRED SELLIN

DIE GROSSE SAUEREI

HANNES JAENICKE

FRED SELLIN

DIE GROSSE SAUEREI

Wie Agrarlobby und Lebensmittelindustrie
uns belügen und betrügen –
und was das für unsere Ernährung bedeutet

YES

MIX
Papier aus verantwortungsvollen Quellen
FSC® C014496

Originalausgabe
1. Auflage 2022

Türkenstraße 89, 80799 München
info@yes-publishing.de

Redaktion: Rainer Weber
Umschlaggestaltung: Ivan Kurylenko (hortasar covers)
Umschlagabbildung: Thomas Leidig
Layout und Satz: Daniel Förster
Druck: GGP Media GmbH, Pößneck
Printed in Germany

ISBN Print 978-3-96905-202-0
ISBN E-Book (EPUB, Mobi) 978-3-96905-204-4
ISBN E-Book (PDF) 978-3-96905-203-7

*»The future is not some place we are going to,
but one we are creating. The paths are not to be
found, but made, and the activity of making them
changes both the maker and the destination.«*

John Schaar, amerikanischer Politikwissenschaftler, 1928–2011

Inhalt

Intro

»Wurst ist eine Götterspeise.
Denn nur Gott weiß, was drin ist.«

Jean Paul, deutscher Schriftsteller, 1763–1825

Als kleiner Junge fand ich Götterspeise wunderbar, sie wackelte so schön und glibberig, dass es völlig egal war, wie künstlich und chemisch sie schmeckte. Wurst fand ich auch sehr lecker, vor allem Gelbwurst. Von der bekam ich jedes Mal, wenn meine Großmutter mich in der Frankfurter Nordweststadt zum Einkaufen mitnahm, vom Metzger ihres Vertrauens eine dicke Scheibe geschenkt. Ich pulte sie aus ihrer gelben Plastikhaut, stopfte sie in den Mund und mampfte genüsslich vor mich hin. Kauen war bei diesem Fleischbrei überflüssig. Finger und Mundpartie glänzten anschließend vor Fett, und ich war glücklich.

Heute esse ich weder Wackelpudding noch Wurst. Mir fehlt das chemische Grundwissen und die Allwissenheit Gottes, um zu verstehen, woraus solche Lebensmittel gemacht werden und ob sie diese Bezeichnung verdienen. Ich dürfte nicht der Einzige sein, der grundsätzlich gerne wissen würde, was genau wir uns beim Essen einverleiben.

Im Zeitalter der industriellen Nahrungsmittelproduktion wissen wir bestenfalls noch, was uns schmeckt, was gerade im Fernsehen oder im Netz beworben wird, im Sonderangebot ist oder als neuestes Superfood angepriesen wird – und ob es bio ist oder nicht. Herauszufinden, wo das Produkt herkommt, was genau drinsteckt, wie und unter welchen Bedingungen es produziert wurde, wie gesund oder schädlich es ist, entpuppt sich zunehmend als Wissenschaft oder als kriminalistisch-investigative Tätigkeit.

Viele von uns wissen, dass verarbeitetes Essen in Konserven, Fast Food, Fertig- und Tiefkühlgerichte mit Zucker, chemischen und anderen Zusätzen zwar satt machen können, aber nicht unbedingt als Healthfood durchgehen. Doch wie ist das bei »natürlichen« Grundnahrungsmitteln tierischer Herkunft, bei dem riesigen Angebot von Milch- und Fleischprodukten? Was wissen wir über deren Herkunft und die Methoden ihrer Herstellung? Wenig, wie ich im Lauf der Jahre und durch die Arbeit an Tier- und Umwelt-Dokumentationen festgestellt habe. So entstand die Idee zu diesem Buch.

»Du bist, was du isst«, lautet eine Redensart, die gern auch als Werbespruch verwendet wird. Sollte das stimmen, dann sind wir schnell, billig und ungesund. Und lassen uns von einer milliardenschweren Nahrungsmittelindustrie belügen, betrügen und krank machen, insbesondere bei Milch- und Fleischprodukten. Die Hersteller drucken zwar auf fast alles, was wir kaufen, hübsche Bildchen, Pseudo-Siegel, Kilojoule- und Kalorienangaben, aber nichts über Medikamente, Hormone, Chemikalien, Giftstoffe, genmanipulierte Organismen, CO_2-Bilanzen, Produktionsmethoden, Umweltschäden. Das hat gute Gründe, wie mein Co-Autor Fred Sellin und ich herausgefunden haben.

Die Nahrungsmittelwirtschaft agiert großenteils wie seinerzeit die Tabakindustrie: Sie weiß, dass sie uns gesundheits- und umweltschädliche Produkte verkauft, tut aber alles, um es ungehindert und möglichst profitabel weiterhin tun zu können.

In Deutschland erkrankt jedes Jahr eine halbe Million Menschen an Krebs, mehr als 10 Prozent der Bevölkerung leiden an Diabetes. 67 Prozent der Männer und 54 Prozent der Frauen sind übergewichtig, knapp ein Viertel der Bevölkerung ist adipös, also stark übergewichtig. Liegt das wirklich nur an unserer Zügellosigkeit, an mangelnder Selbstdisziplin und der Lust an Völlerei? Die Antwort ist: Nein. Vielmehr werden uns seit Jahren und Jahrzehnten Lebensmittel verkauft, die genau diese Bezeichnung nicht verdienen. Die große Sauerei ist, wie gewissenlos unser elementarstes Bedürfnis, nämlich uns zu ernähren, für den maximalen Profit ausgenutzt wird, und wie kompliziert es geworden ist, gesund zu essen.

Dieses Buch sucht Antworten auf Fragen, die uns weder die Industrie noch staatliche Institutionen geben wollen: Wie werden Grundnahrungsmittel wie Fleisch, Wurst, Eier, Käse und Milch im Zeitalter der industriellen Massentierhaltung produziert – mit welchen Folgen? Was wird uns vorenthalten über die Produkte, die wir täglich beim Discounter, im Supermarkt oder im Bio-Laden in unsere Körbe und Einkaufswagen packen und später verzehren? Wo und wie werden wir Konsumenten bewusst getäuscht – von den Lebensmittelkonzernen, von den PR-Spezialisten der Milch- und Fleischindustrie, selbst von Behörden, Ministerien und Institutionen, deren eigentliche Aufgabe es ist, die Qualität unserer Lebensmittel zu kontrollieren, uns vor gesundheitlichen Schäden zu schützen?

Das Resümee unserer Recherchen: Da die wenigsten von uns, mich eingeschlossen, die Möglichkeit haben, sich auf ihrem Balkon, im Gärtchen, im Hinterhof oder Schrebergarten als Selbstversorger zu ernähren, sondern auf industriell produzierte Ware angewiesen sind, ist ein gesundes Misstrauen gegenüber der Nahrungsmittelbranche dringend angebracht.

Wussten Sie, dass Kühe normalerweise 20 bis 25 Jahre alt werden, Milchkühe aber nur 5, höchstens 6 Jahre? Dass der Anbau genmanipulierter Pflanzen in Deutschland verboten ist, ein großer Teil unseres Tierfutters aber aus Gen-Soja besteht, wir also damit gefütterte Tiere essen, und dass dafür ganze Regenwälder und Savannen vernichtet werden? Oder dass für die Herstellung von einem Kilo Rindfleisch etwa 15 000 Liter Wasser benötigt werden, für ein Kilo Gemüse nur 320 Liter? Dass in der Massentierhaltung mehr Antibiotika verabreicht werden als in der Humanmedizin? Dass auf dem vermeintlich so gesunden Putenfleisch erschreckend oft antibiotikaresistente Keime nachgewiesen werden? Dass Tausenden von trächtigen Pferdestuten Blut abgezapft wird, um mit ihren Hormonen die Schweinezucht zu steuern? Oder warum männliche Kälber in der Milchindustrie als Abfallprodukte betrachtet werden? Und wissen Sie, wie viel Gentechnik in unseren Lebensmitteln steckt? Auch der Frage, ob wir demnächst Fleisch essen werden, das nicht vom Schlachter stammt, sondern in der Petrischale aus tierischen Stammzellen gezüchtet wurde, sind wir nachgegangen.

Ich muss zugeben, dass mir bei unseren monatelangen Recherchen gelegentlich der Appetit vergangen ist. Und dass ich die Auslagen im Supermarkt heute mit anderen Augen betrachte als noch vor wenigen Monaten. Dass ich viele der Siegel, die uns suggerieren sollen, wir hätten es mit hochwertigen, gesunden Produkten zu tun, nicht mehr ernst nehme. Aber da Wissen Macht ist, weiß ich dafür jetzt ziemlich genau, was in meinen Einkaufskorb kommt und was nicht.

Als Kind hörte ich oft Sätze wie: »Es wird gegessen, was auf den Tisch kommt!« Oder: »Was der Bauer nicht kennt, das isst er nicht.« Heute sage ich mir: »Was ich als Kunde nicht kenne, das kaufe ich nicht.« Und oft fällt mir ein anderer Satz meiner Großmutter ein: »Billig können wir uns nicht leisten.«

Meines Erachtens hat jeder ein Recht darauf, zu wissen, was auf seinem Teller liegt, wo und wie es produziert wurde und was darin enthalten ist. Da Industrie und Politik das offenbar anders sehen und uns oft wie unmündige Bürger an der Nase herumführen, bleibt es jedem von uns selbst überlassen, sich zu informieren. Dabei will dieses Buch helfen. Es kann nur Teilbereiche abhandeln, Fisch und Meeresfrüchte beispielsweise haben wir ausgespart. Dieses Thema würde ein weiteres Buch füllen. Wir haben versucht, eine Art Background-Check und Konsumenten-Navi für tierische Produkte zu verfassen – im Interesse unserer Gesundheit, aber auch von Klima, Umwelt, Tierschutz und Nachhaltigkeit.

Hinweis in eigener Sache:
Wir betrachten geschlechtersensible Sprache als wichtiges Thema und haben uns bemüht, dem gerecht zu werden. Sollte uns etwas durchgerutscht sein, dann ist das weder Absicht noch die mangelnde Lernfähigkeit alter weißer Männer, sondern ein Versehen, für das wir um Entschuldigung bitten.

Auch haben wir unsere Recherchen nach bestem Wissen und Gewissen durchgeführt. Zu manchen Themen waren die Quellen widersprüchlich. Das wird im Text vermerkt. Soweit es Zahlenangaben betrifft, haben wir versucht, diese durch mehrere, möglichst amtliche Quellen zu verifizieren.

I.

DRINK MILK, BE HAPPY – ODER DOCH NICHT?

Es war einmal: Warum die Bilderbuch-Milchkuh eine aussterbende Spezies ist

Eine Szene wie ein Werbespot für Urlaub in Oberbayern. Die Sonne strahlt, vereinzelt weiße Wölkchen am blauen Himmel. Auf der Wiese neben der Straße, die ich entlangfahre, weiden Kühe, schwarz-weiß gefleckt, ein Dutzend etwa. Im sattgrünen Gras gelbe Tupfer von blühendem Löwenzahn. Als Kulisse dahinter, jenseits eines windschiefen Lattenzauns, ein hübsches Bauernhaus. Weiß getünchte Wände, an Dachgiebel und Balkonbrüstung dunkelbraunes Holz. Vor den Fenstern Blumenkästen mit Geranien in Rot- und Lilatönen, die Blüten so dicht, dass sie wie kleine Teppiche herunterhängen. Ich halte an, öffne das Fenster, genieße den Anblick und die frische Luft. Vogelgezwitscher ist zu hören, hier scheint die Welt noch in gesunder Ordnung.

Diese Idylle, etwa 50 Kilometer südwestlich von München, erinnert mich an meine Kindheit, an den ersten Sommer nach unserer Rückkehr aus den USA. Mein Vater, von Beruf Biochemiker, hatte nach Studium und Dozententätigkeit in Frankfurt an der Universität in Pittsburgh geforscht. Was genau, habe ich als naturwissenschaftliche Niete nie verstanden, es hatte irgendetwas mit Molekülen und Proteinfaltung zu tun. Zurück im Deutschland der frühen Siebzigerjahre machten wir jedenfalls Ferien auf dem Bauernhof, irgendwo im Schwarzwald, im Badischen. Ich muss elf oder zwölf gewesen sein, es ist zu lange her, um mich genau zu erinnern. Aber ich weiß noch genau, was ich dort am aufregendsten fand. Es gab Kühe und Hühner, die frei herumliefen und bei jeder Gelegenheit Verdauungsprodukte absonderten, mal als Häufchen, mal als Klecks, mal als Klacks, mal als riesiger Fladen. Ich flitzte den ganzen Tag in Gummistiefeln herum und habe verdrängt, wie meine Füße abends gemüffelt haben müssen. Der Bauer – er hieß Rolf Stiefvatter, trug einen Seppelhut, war immer freundlich und gut gelaunt – brachte mir bei, wie man den Stall ausmistet und Kühe melkt. Nach der traditionellen Methode, per

Hand und mit einem einbeinigen Holzschemel, den man sich unter den Hintern klemmt. Erst hatte ich ordentlich Respekt, mich direkt unter die großen Viecher zu setzen, und ich brauchte eine Weile, bis ich den Dreh raushatte, mit meinen kleinen, geballten Fäusten die Zitzen so zu traktieren, dass tatsächlich Milch in den Blecheimer spritzte. Nach einer Weile kamen die ersten Tropfen, ich war erstaunt, wie anstrengend das Melken per Hand ist.

Mein absolutes Highlight aber war, dass ich Traktor fahren durfte. Bauer Rolf besaß einen Fendt, grün mit roten Felgen, die hinteren Räder gefühlt doppelt so groß wie ich. Es war schon ein Abenteuer, wenn er mich auf dem Beifahrersitz mitnahm und über die Feldwege rumpelte. Der Traktor hatte keine Fahrerkabine, ich saß über dem rechten Hinterrad, zur Sicherung einen dünnen Metallbügel im Rücken, wurde durchgeschüttelt wie ein Rodeo-Reiter und saß so hoch, dass ich mich fühlte wie ein Zwergenkönig auf seinem Thron.

Eines Tages hielt Bauer Rolf auf einem Feldweg plötzlich an und fragte, ob ich es mal probieren wolle. Er zeigte auf den Fahrersitz und grinste. Ich nickte begeistert und stand plötzlich hinter dem großen Lenkrad, viel zu klein, um im Sitzen an die Pedale zu kommen. Das übernahm Rolf, ich durfte steuern und hoppelte nun schwer begeistert zwischen den Äckern entlang. Von dem Tag an konnte ich es kaum erwarten, morgens aus dem Bett zu hüpfen, mein Marmeladenbrötchen hinunterzuschlingen und Bauer Rolf draußen bei der Arbeit zu helfen – in der Hoffnung, dass er mich wieder auf dem Traktor den Käpt'n spielen ließ.

Es sind solche Erinnerungen, die zuverlässig wiederkehren, wenn ich heute übers Land fahre und an kleinen Höfen vorbeikomme. Diese Bauernhöfe sind selten geworden, meist sind es Nebenerwerbsbetriebe, die nur dank staatlicher Subventionen überleben. Fahre ich am Ammersee, wo ich heute lebe, eine bestimmte Strecke Richtung Süden, komme ich an einem alten Gehöft vorbei, einem kleinen Milchkuhbetrieb, der frische Bio-Milch aus eigener Produktion anbietet. Und Eier von Hühnern, die von Sonnenaufgang bis Sonnenuntergang auf der Wiese vor ihrem Stall scharren und herumpicken dürfen. Die Tiere auf dem Hof werden mit selbst angebautem Futter ernährt, frei von Gentechnik und Glyphosat oder anderen giftigen Pestiziden. Ein kleines Paradies – wie man es in dieser Form nur noch selten findet. Diese Art von Landwirtschaft rechnet sich einfach nicht mehr, sie kann mit der modernen Agrarindustrie nicht konkurrieren.

Zwischen den Ferien auf dem Bauernhof, die ich mit meiner Familie bei Stiefvatters verbringen durfte, und der Recherche für dieses Buch liegen ziemlich genau 50 Jahre. Sollte die harte Arbeit in der Landwirtschaft jemals etwas Romantisches gehabt haben, dann findet man dies hierzulande und heute bestenfalls noch in kleinen Bio-Betrieben. Innerhalb eines halben Jahrhunderts wurde aus einer kleinparzelligen, weitgehend nachhaltigen Landwirtschaft eine hoch industrialisierte, auf maximale Effizienz und Gewinnmargen ausgerichtete Branche. Milchkühe per Hand zu melken wie seinerzeit bei Rolf Stiefvatter klingt heutzutage geradezu mittelalterlich.

Rund 3,8 Millionen Milchkühe leben, wenn man es denn so nennen will, laut Statistischem Bundesamt aktuell in Deutschland. Etwa 87 Prozent davon werden in offenen Laufställen gehalten, 13 Prozent in sogenannter Anbindehaltung, das heißt, die Kühe sind in ihrer Bucht angekettet oder angegurtet. Sie können sich ein paar Zentimeter nach rechts und links bewegen, aber weder drehen noch ein Stück laufen. Die, die es etwas besser haben, werden zwischendurch auf eine Weide gelassen, zumindest über die Sommermonate. Die anderen müssen das ganze Jahr an ein und derselben Stelle stehen, beziehungsweise liegen, Kühe dösen und wiederkäuen den halben Tag lang. Auch gemolken werden sie an ihrem Platz im Stall.

Dagegen klingt Laufstallhaltung nach Luxushotel – aber das täuscht. Dort können sich die Kühe zwischen Ess-, Liege- und Melkbereich bewegen, bekommen frische Luft durch Dachluken, Fenster oder halboffene Wände, sind aber trotzdem eingepfercht.

Artgerecht kann man das Leben zwischen Eisenstangen und Beton- oder Gussasphaltböden sicher nicht nennen. Artgerecht wäre, wenn sie ihre Grundbedürfnisse ausleben könnten, zum Beispiel die Gegend erkunden – in freier Wildbahn legen gesunde Kühe bis zu 40 Kilometer am

Tag zurück. Oder mal ausgelassen herumgaloppieren, soziale Kontakte innerhalb der Herde haben, Körperpflege betreiben. Letzteres veranstalten sie mit einiger Hingabe, bei sich selbst und auch bei ihren Artgenossen, Kühe sind überaus soziale Tiere. Oder, und das würde gut zu dem Klischee vom Weide-Paradies passen, einfach nur gemächlich vor sich hin tapsen und dabei in aller Ruhe grasen. Schließlich ist Grünzeug wie Gräser, Blätter, Pflanzenstängel das, was sie normalerweise fressen würden. Aber dafür müssten sie auf eine Weide – was nur einem Drittel aller Milchkühe hierzulande vergönnt ist, und auch denen nur gelegentlich. Falls das mit dem Drittel überhaupt stimmt, woran der Wissenschaftliche Beirat für Agrarpolitik beim Bundesministerium für Ernährung und Landwirtschaft in einem Gutachten Zweifel äußerte. Demnach könnten Landwirte schon den Zugang zu einem Laufhof als »Weidehaltung« ausgeben. Zwar gewährt ein solcher Laufhof etwas mehr Bewegungsfreiheit und sogenannte Außenklima-Reize, die sich positiv auf Gesundheit und Fruchtbarkeit auswirken sollen. Trotzdem bedeutet Laufhof nichts anderes als eine eingezäunte Betonfläche. Dass Kühe daran wirklich ihre Freude haben, darf bezweifelt werden.

Diese Wirklichkeit entspricht nicht den Bildern oder der Vorstellung, die wir im Kopf haben, wenn wir im Supermarkt nach einer Packung Milch greifen, nach Butter, Quark, Joghurt oder Käse. Es ist erstaunlich, wie gut unser Verdrängungsmechanismus funktioniert: »Was dem Herzen widerstrebt, lässt der Kopf nicht rein.« Der Spruch stammt von Schopenhauer, ist über 160 Jahre alt, bringt es aber auf den Punkt. Wir glauben lieber, was wir glauben wollen, jedenfalls wenn es ums vielzitierte Tierwohl geht. Deswegen funktionieren die Abbildungen auf Milchpackungen so gut, die uns suggerieren, ein gesundes Naturprodukt in den Händen zu halten, das von glücklichen Kühen stammt, die in traumhaft schöner Berglandschaft auf Almwiesen ein Leben genießen, um das man sie nur beneiden kann. Und wenn es nicht die idyllische Bergkulisse ist, die solches Kopfkino hervorzaubern soll, dann sind es sonnenbeschienene Flachlandwiesen, auf denen Klee oder Gänseblümchen blühen, mit wohlgenährten Kühen, die manchmal sogar noch Hörner haben. Gern benutzt werden auch Zeichnungen von lachenden Kuhgesichtern, idealerweise mit einem vierblättrigen Kleeblatt im Maul, damit die Botschaft unmissverständlich ist: Drink Milk, Be Happy. Die Milch kommt ja schließlich von glücklichen Kühen.

Kombiniert werden solche optischen Botschaften vorzugsweise mit Begrifflichkeiten, die ähnlich behagliche Assoziationen auslösen sollen. So gibt es Heimatmilch, Landmilch, Alpenmilch, Bergbauernmilch, Weidemilch, Heumilch, Nordseemilch. Dass unter der Bezeichnung Heimat, Land oder regional auch Milch verkauft werden darf, die nicht von Bauern aus der Gegend, sondern von sonst woher stammt, zum Beispiel aus Polen oder Tschechien – geschenkt, Heimat bedeutet sowieso für jeden etwas anderes. Auch der Begriff Weidemilch ist lebensmittelrechtlich nicht geschützt, sodass die namensgebenden Kriterien wie Häufigkeit und Dauer des Weidegangs, Bewegungsfreiheit der Kühe und Futterqualität von Molkerei zu Molkerei unterschiedlich definiert werden können.

Anders verhält es sich mit Heumilch. Diese Bezeichnung ist mittlerweile EU-geschützt als »garantiert traditionelle Spezialität« und darf nur bei Einhaltung festgelegter Standards verwendet werden, hauptsächlich in Bezug aufs Futter. Wobei Heu, anders als man vermuten könnte, nur in der Winterfütterungsperiode zum Einsatz kommt. Die übrige Zeit wird vor allem auf Grünfutter gesetzt – Gräser, Hülsenfrüchte, Kräuter. Gentechnisch Verändertes oder Silage, also gegärtes Grünfutter, sind nicht erlaubt, ebenso alles, was tierischen Ursprungs ist wie Molke, Milch oder Tiermehl. Die Liste, was die Kühe kriegen dürfen und was nicht, ist lang. Trotzdem bedeutet Heumilch nicht automatisch bio (oder Bio, auf Verpackungen wird es meist großgeschrieben, nicht nur bei Milch). Auf den Feldern, wo das Futter heranwächst, dürfen chemische Pflanzenschutzmittel eingesetzt werden. Es heißt auch nicht, dass es den Tieren gut geht. Sogar Anbindehaltung ist erlaubt, solange die Kühe an 120 Tagen im Jahr Auslauf kriegen, das braucht nicht mal eine Weide zu sein, Betonflächen reichen auch. Die Enthornung von Kälbern ist ebenfalls nicht verboten, vorausgesetzt sie findet »nach wirksamer Betäubung und Schmerzausschaltung« statt.

Wie man sieht, ist es kompliziert, besonders für uns Konsumenten. Eigentlich müsste in jedem Geschäft, das Milchprodukte anbietet, eine Art

Milch-Bibel ausgelegt sein, mit Erläuterungen zu den einzelnen Sorten und ihren Besonderheiten. Nehmen wir nur die Nordseemilch, die einzige Milch, die ich kenne, die mit Fotos von Strand und Meer auf der Verpackung wirbt. Sie ist als Weidemilch deklariert, gleichzeitig als Tierwohlmilch und zusätzlich mit dem Label »Für mehr Tierschutz« und einem »Ohne GenTechnik«-Siegel versehen. Außerdem erfährt man durch die Beschriftung, dass es sich – bei der nicht fettreduzierten Variante – um frische Vollmilch handelt, die länger haltbar ist. Das wird offenbar dadurch erreicht, dass man sie nicht nur homogenisiert, sondern auch pasteurisiert. Doch handelt es sich dann überhaupt noch um Milch, die man frisch nennen kann? Immerhin liegen zwischen Euter und Abfüllen in Tetra Paks einige Tage – für den Transport und mehrere Verarbeitungsschritte in der Molkerei, einschließlich Erhitzung, um Keime und Mikroorganismen abzutöten. Und was genau bedeuten Begriffe wie Weidemilch und Tierwohlmilch, wenn keine einheitlichen Richtlinien existieren? Wenn man wie ich den gut klingenden Worten nicht blind vertraut, türmen sich nur Fragen auf. Deren Beantwortung ist so kompliziert, dass ich vorsichtshalber seit Jahren nur noch Hafermilch kaufe.

Es gibt einfach zu viele verschiedene Siegel und Label, mit denen immer mehr Lebensmittel, natürlich auch Molkereiprodukte, gekennzeichnet werden. Gegen die Idee, dem Verbraucher gut sichtbar in komprimierter, leicht verständlicher Form Orientierungshilfe anzubieten, ist nichts einzuwenden. Fragwürdig wird es, wenn gefühlt im Wochentakt neue Sticker hinzukommen, dass man nicht mehr weiß, welche Siegel ernst zu nehmen sind und welche eher unter die Kategorie verkaufsfördernde Kosmetik oder sogar Konsumententäuschung fallen. Aber dazu mehr in Kapitel III.

Was auf den Verpackungen von Milchprodukten von industriell gehaltenen Hochleistungskühen nie gezeigt wird, sind die monströsen Euter, die ihnen angezüchtet werden, so groß und schwer, dass diese Tiere mit den Hinterbeinen kaum richtig laufen können, sich wund scheuern und ihre Gelenke dadurch überstrapaziert werden. Ein Schlüsselerlebnis für mich war der Dokumentarfilm *Samsara* (2011) und der daraus entstandene YouTube-Clip »La surconsommation«. Hier sah ich zum ersten Mal, wie unsere Milch produziert wird, wie die Kühe in riesigen Fabriken gehalten und gequält werden.

Was wir nicht zu sehen kriegen: Von Wegwerfkälbern und Monster-Eutern

Die Milchpackungen, die bei uns in den Supermarktregalen stehen, zeigen nie, wie unglaublich abgemagert die meisten Tiere in Wirklichkeit sind, ganz zu schweigen von wunden Klauen, lädierten Körperpartien, entzündeten Zitzen. Dabei sind das nur die sichtbaren Leiden.

Im Grunde ist das ganze Leben einer Milchkuh in der industriellen Massentierhaltung eine einzige Quälerei, vom ersten Tag an. In der Regel wird ein Kalb nur wenige Stunden nach der Geburt von der Mutterkuh getrennt, worunter beide wochenlang leiden. Wobei weibliche Kälber noch die besseren Karten haben, zumindest die, aus denen fleißige Milchkühe werden sollen. Dagegen gelten männliche Exemplare eher als Abfallprodukte, erst recht, wenn sie krank werden. Nicht selten lässt man sie sterben, hilft dabei sogar noch nach. Ein neugeborenes Kalb muss erst nach sieben Tagen in der nationalen Datenbank registriert werden. Verschwindet es vorher, auf welche Weise auch immer, erfährt das niemand. Es scheint auch niemanden zu interessieren. Auch Totgeburten müssen Viehhalter nicht melden. Die Akademie für Tierschutz des Deutschen Tierschutzbunds hat hochgerechnet, dass jährlich etwa 600 000 Kälber sterben, die nicht sterben müssten. Da sind die rund 180 000 ungeborenen Föten, die bei der Schlachtung von ausrangierten, weil kranken, trächtigen Kühen im Mutterleib ersticken, nicht mitgezählt.

Jeder Tag, den ein Kalb gefüttert und gegebenenfalls medizinisch versorgt werden muss, kostet den Landwirt Geld, und zwar mehr, als durch den Verkauf wieder reinzuholen wäre. Milchkühe sind so gezüchtet, dass sie kaum Fleisch ansetzen, deswegen taugt der Nachwuchs nicht für die Mast. Außerdem gibt es viel zu viele Kälber. Das drückt den Preis und macht es generell schwierig, sie loszuwerden. Zehn, zwölf Euro, mehr kriegt man für ein Bullenkalb nicht.

Aussortierte Kuhkälber werden manchmal auch nur mit dem symbolischen Preis von einem Euro abgerechnet. Es kommt sogar vor, dass Landwirte den Viehhandel bezahlen müssen, damit der sie überhaupt abnimmt. Viele dieser Kälber landen auf direktem Weg im Schlachthof, um zu Tierfutter verarbeitet zu werden. Oder sie werden ins Ausland verscherbelt, wo kostengünstiger gemästet wird, mit weniger strengen Kontrollen.

Der Trend geht dahin, die Geburt von »Wegwerfkälbern« zu reduzieren. Ein Weg besteht darin, »gesextes« Sperma einzusetzen, bei dem X- und Y-Chromosomen voneinander getrennt werden. Das ist allerdings wesentlich teurer, was sich nicht jeder Milchbauer leisten kann. Es muss wahrscheinlich nicht extra erwähnt werden, dass Milchkühe heutzutage nicht durch Sex trächtig werden. Mit natürlichem Paarungsverhalten oder gar Spaß hat das nichts zu tun, eher mit Stress und unangenehmen Gefühlen. Das Sperma, ob gesext oder nicht, stammt von Zuchtbullen, denen es auf Besamungsstationen mithilfe einer künstlichen Scheide abgezapft wird. Ein Besamungstechniker, oder der Besitzer der Kühe, befördert es dann per Hand und Pipette über den Darmausgang in die Gebärmutter.

Angeboten wird Sperma über Bullen-Kataloge, die an Verkaufsbroschüren von Autohändlern erinnern – nur dass die technischen Kategorien andere sind: Milchleistung, Fettgehalt, Eiweißgehalt, Fundament (womit die Qualität des Gangwerks, der Beine also, gemeint ist), Euter, Beckenneigung, Melkbarkeit, Überlebensrate der Kälber, Nutzungsdauer. Ich blättere durch den 2022er-Katalog der Firma Masterrind, die eigenen Angaben zufolge jährlich fast 3 Millionen Portionen Sperma verkauft, über 1,5 Millionen Besamungen durchführt und rund 700 sogenannte Vererber im Programm hat. In der Einleitung geht es um die aktuellen Chartplatzierungen: »Neu an der Spitze der deutschen RZG-Liste (Gesamtzuchtwert, d. A.) stehen gleich zwei Kandidaten aus dem Masterrind-Angebot. Adwin … steigt als Nr. 2 ein und entstammt der bekannten Kuhfamilie von Pen-Col Grafeeti Bell VG-87. Vielen Züchtern dürfte diese Kuhfamilie bekannt sein: Der Masterrind-Star Topmodel ist ein Sohn der Urgroßmutter von Adwin, Pen-Col Silver Bella …« Also Sinn für originelle Namen haben die ja.

Einige Zeilen weiter erfahre ich, was für ein toller Hirsch – sprich: toller Bulle – Skater ist, der als Spross der Familie Wesswood-HC Rudy Missy EX-92 direkt zurückgehe auf die weit übers Zuchtgebiet hinaus bekannte Kuh Diva Mr VG-88, der Mutter des international hoch erfolgreichen Salvo RDC. »Damit wird verdeutlicht, woher Skater seinen überragenden Exterieur-Zuchtwert hat. Abgesehen von der Größenvererbung kann dieser als ideal angesehen werden: Viel Stärke, abfallende und breite Becken, kombiniert mit perfekter Hinterbeinwinkelung und sehr guter Bewegung. Dazu kommen die extrem festen und hohen Euter mit einem starken Zentralband. Alles in allem ein rundum gelungener Zuchtbulle.« Für mich klingt das, als wäre er der Aston Martin unter seinesgleichen.

Dann kann ich einige der Prachtexemplare auf Fotos bestaunen, alle fein in dieselbe Positur gestellt. Der Rücken gerade wie mit einem Lineal gezogen. Am Hinterteil geht die Körperlinie fast rechtwinklig nach unten, als läge das Fell direkt auf den Knochen. Auch die Rippen treten so markant hervor, dass sie nicht zu übersehen sind. Bei keinem einzigen entdecke ich Hörner, als wären die nur eine sinnlose Laune der Natur gewesen, die es auszumerzen galt. Überhaupt wirken diese kantigen Geschöpfe nicht wie Tiere aus Fleisch und Blut, eher wie technische Geräte – Maschinen.

Noch deutlicher wird das bei einer Aufnahme, die drei Kühe von hinten zeigt, mit überdimensionierten Eutern, zum Bersten prall gefüllt, sodass schon das Hinsehen Schmerzen bereitet. Wie es heißt, handelt es sich um Nachfahren eines gewissen Goaway. Ich forsche weiter, werde bei Facebook fündig. Dasselbe Foto, zusätzlich ein Video, das die Euter wie Trophäen in Großaufnahme präsentiert. Der Text dazu: »Wow! Dies sind drei Goaway-Töchter in der 3. Laktation (Phase der Milchbildung und des Milchgebens, d. A.) … und sie sehen einfach nur beeindruckend aus! Goaway ist ein Gold-Chip-Sohn und steht für Milchleistung … und vererbt bombig Eutermerkmale.«

Apropos Schmerzen – zurück zu den Kälbern und ihren ersten Lebenswochen: Obwohl die Anzahl hornlos gezüchteter Milchkühe rasant zunimmt, besitzen viele noch ihre Hörner, zumindest die Veranlagung zu deren Wachstum. Dass man in den Ställen trotzdem kaum Hörner sieht, rührt daher, dass die Kälber schon als Babys eine Tortur über sich ergehen lassen müssen, die gemäß Tierschutzgesetz als Amputation gilt und dementsprechend eigentlich verboten ist – für die aber im selben Gesetz eine Ausnahmeregelung geschaffen wurde. Gemeint ist das Enthornen, beziehungsweise das Unterbinden des Hornwachstums. Das darf man den Tieren in den ersten sechs Lebenswochen antun. Ohne Betäubung, nur mit Sedation und Schmerzmittel. Und mit Brennstab, elektrisch oder gasbetrieben – wichtig ist, dass er heiß genug wird, extrem heiß, 450 bis 600 Grad, deutlich über der Zündtemperatur etwa von Holz. So wird er auf die Lederhaut am Hornansatz, aus dem das Horn wachsen würde, aufgesetzt, angedrückt, dann leicht gedreht. Es zischt und raucht, bis eine etwa fünf Millimeter tiefe Furche entsteht. Die Prozedur nennt sich Ringbrennen oder Veröden. Zehn, fünfzehn Sekunden, länger sollte der Eingriff nicht dauern, doch der Schmerz wirkt ungefähr acht Wochen nach. So lange braucht die Wunde, um zu verheilen.

Man kann den Hornansatz auch ausstanzen oder ihn mit einer speziellen Ätz-Paste oder Säure traktieren. Diese Methoden sind zwar verboten, werden aber nach wie vor praktiziert, meistens von den Viehhaltern selbst. Tierärzte werden fürs Enthornen selten gerufen, sie kosten Geld, und vorgeschrieben ist es auch nicht.

Aber warum wird diese Quälerei, bei der die Kälber trotz aller Medikamente Schmerzen leiden und ihr Körper mit dem Stresshormon Cortisol regelrecht geflutet wird, immer noch praktiziert? Es soll verhindern, dass sie sich später gegenseitig mit den Hörnern verletzen oder Menschen gefährlich werden, die sie versorgen. Solche Verletzungen passieren aber hauptsächlich, weil die Tiere in den Ställen zu wenig Platz haben und zu eng beieinanderstehen. Anstatt mehr Platz zu schaffen oder weniger Kühe zu halten, werden sie massenhaft verstümmelt. Dabei wird ignoriert, dass Hörner keine tote Materie sind, sondern – ausgestattet mit Blut- und Nervenbahnen – Sinneseindrücke wie Berührungen und Temperaturen wahrnehmen und als Stoffwechselorgane bei der Verdauung eine Rolle spielen.

Auch auf Bio-Höfen dürfen Kälber dieser Prozedur unterzogen werden. Dort allerdings mit lokaler Betäubung durch einen Tierarzt und mit vorheriger Genehmigung der Behörde. Und es muss einen triftigen Grund geben. Erwähnte Verletzungsgefahr ist einer, Platzmangel auch. Selbst Demeter, der Öko-Anbauverband mit den vermutlich strengsten Richtlinien, der sich schon vor über zwanzig Jahren auf die Fahnen geschrieben hat, Kühen die Hörner zu erhalten, musste vor einiger Zeit eingestehen, dass es noch immer Mitglieder-Höfe mit einem Anteil an hornlosen Kühen gibt. Dabei soll es sich ausschließlich um genetisch hornlos gezüchtete Tiere handeln, die laut Demeter bald der Vergangenheit angehören sollen. Wäre ich bei der Arbeit an diesem Buch noch Milchtrinker gewesen, spätestens beim Thema Enthornung wäre ich auf das wachsende Angebot pflanzlicher Alternativen umgestiegen.

15 bis 18 Monate nach ihrer Geburt beginnt für eine Milchkuh die nächste Phase ihrer lebenslangen Tortur – sie wird besamt, dann trächtig. Ohne schwanger zu werden, kann eine Kuh keine Milchleistung erbringen. Falls das beim ersten Versuch nicht klappt, wird nach wenigen Wochen der nächste gestartet, bis es funktioniert. Um den Prozess der Fortpflanzung zu optimieren, vor allem, um möglichst viele Superkühe mit Spitzen-Milchleistung zu produzieren, wird immer häufiger das Verfahren des Embryonentransfers angewendet. Dafür benutzt man eine Hochleistungsmilchkuh als Spendertier. Mittels Hormonbehandlung wird eine sogenannte Superovulation herbeigeführt, bei der 20 bis 30 Eizellen gleichzeitig reifen. Die werden befruchtet und nach sieben Tagen als Embryonen ausgespült, sofort auf minus 197 Grad tiefgekühlt und nach Bedarf an Landwirte verkauft, die sie ihren brünstigen Kühen einsetzen lassen.

Mit dem Abkalben durchlebt die Kuh noch einmal, was ihr bereits als Kalb widerfahren ist: Mutter und Kind werden getrennt, und der Nachwuchs erhält statt Muttermilch – die wird an die Molkerei verkauft – ein Gemisch aus Magermilchpulver und Wasser. Die Kuh selbst wird gemolken. Und gemolken. Und noch mal gemolken. Jeden Tag gibt sie ein bisschen mehr Milch, erreicht nach etwa sieben Wochen das Maximum, das sie gut zwei Monate hält, vorausgesetzt, sie wird nicht krank und kriegt das für Hochleistungskühe notwendige Futter. Ohne hochenergetisches, eiweißreiches Kraftfutter geht heute nichts mehr, normale Nahrung würde nicht einmal ansatzweise die benötigte Energie liefern.

Dann ist es auch schon wieder so weit: Die nächste Besamung steht an, the same procedure as last time, nur dass die Kuh, während in ihrem Leib Kalb Nummer zwei heranwächst, fleißig weiter Milch zu liefern hat. Im Klartext: Zwischen Abkalben und Besamung liegen im Schnitt nur 60 bis 85 Tage, nicht einmal drei Monate. Erst sechs Wochen vor der Geburt bekommt die trächtige Kuh eine Erholungspause und wird »trockengestellt«. So heißt im Fachjargon der Zeitraum, in dem keine Milch abgezapft wird, ihr Organismus sich erholen, das Eutergewebe regenerieren soll.

Mit der zweiten Geburt geht alles von vorn los, das Karussell dreht sich wieder. Ich habe irgendwo gelesen, dass eine Kuh in der Hochphase des Milchgebens so viel Energie verbraucht wie ein Mensch, der drei Marathons läuft – an einem Tag. Eine ausgewachsene Milchkuh, die zwischen 600 und 650 Kilo auf die Waage bringt, hat etwa 50 Liter Blut im Körper. Damit nur ein einziger Liter Milch entstehen kann, muss dieses Blut mindestens zehn Mal durchs Euter gepumpt werden. Das heißt: Nicht nur das Euter, auch das Herz arbeitet auf Hochtouren. In den Fünfzigerjahren, als heutige Turbomilchkühe noch nach Science-Fiction oder Horrorfilm klangen, gab eine Kuh rund 2600 Liter Milch im Jahr. Heute liegt die Ausbeute bei 8000 bis 12 000, sogar 14 000 oder 15 000 Liter können erreicht werden. Das wäre bei 300 Melktagen im Jahr ein Durchschnitt von 46 bis 50 Litern. Pro Tag! Spätestens bei dieser Rechnung versteht man, warum solche Kühe täglich 50 000 Kalorien aufnehmen müssen, obwohl selbst die meist nicht ausreichen. Früher genügten um die 10 000 Kalorien.

Mit natürlicher Evolution hat all das nichts zu tun. Hier wurde – und wird – genetisch nachgeholfen, seit Jahren und Jahrzehnten, in einem Ausmaß, dass inzwischen von Qualzucht gesprochen wird. Und zwar nicht nur bei Tierschützern, sondern insbesondere bei Tierärzten.

Dazu noch mal ein Blick ins Tierschutzgesetz, Paragraf 11b. Sinngemäß verbietet dieser, bei der Züchtung von Tieren Eigenschaften zu fördern oder zu dulden, durch die Schmerzen, Leiden, Schäden oder Verhaltensstörungen entstehen. Klingt unpräzise und schwammig und wird genau so ausgelegt. Ich konnte keinen einzigen Fall finden, der vor Gericht gelandet wäre, nicht im Zusammenhang mit Milchkühen.

Zucht ohne Zügel: So krank sind Deutschlands Milchkühe

Beim Bundesministerium für Ernährung und Landwirtschaft scheint das Problem noch nicht angekommen zu sein. Auf seiner Website sind Tierschutzgutachten und -leitlinien zur Haltung von Hunden, Katzen, Papageien, Zierfischen und Straußenvögeln abrufbar, auch zu Pferden, Zirkustieren und Wild. Zu Rindern findet sich lediglich eine Haltungsempfehlung des Europarats, sie stammt aus dem Jahr 1988. In Artikel 19 heißt es: »Züchtungen und Zuchtprogramme, die entweder bei den Eltern oder bei den Nachkommen zu Leiden oder Schäden führen oder bei denen die Wahrscheinlichkeit gegeben ist, sollten nicht durchgeführt werden.« Sollten? Das klingt wie ein nett gemeinter Ratschlag.

Sucht man an gleicher Stelle den Begriff »Qualzucht«, bekommt man 19 Ergebnisse angezeigt. Nahezu alle beziehen sich auf Haustiere. Dazu passt die Einschätzung aus einem Gutachten des bereits erwähnten Wissenschaftlichen Beirats für Agrarpolitik: »Deutschland nimmt beim Tierschutz innerhalb Europas im Gegensatz zur allgemeinen Annahme keine Vorreiterposition ein, sondern befindet sich im ›gehobenen Mittelfeld‹.« Dies beziehe sich sowohl auf die Vollständigkeit von Detailregelungen im Bereich der Nutztierhaltung als auch auf das Regelungsniveau selbst.

Anders die Bundestierärztekammer. Dort existiert seit 2019 eine Arbeitsgruppe, die sich mit der Qualzucht bei Nutztieren beschäftigt und auch genau so heißt, was schon ein deutliches Statement ist. Einer der Initiatoren, der Veterinärmediziner Holger Martens, Professor a. D. des Instituts für Veterinärphysiologie der Freien Universität Berlin, beschreibt in seinem Buch *Das Dilemma der Milchkuh*, wie die auf extreme Milchleistungen getrimmte Zucht die Tiere regelrecht kaputtmacht. Ihr Organismus ist überfordert, solche Höchstleistungen zu erbringen. Dauerschwangerschaft und Dauermilchgeben lassen sie abmagern und schwächen ihr Immunsystem, sie werden anfällig für Krankheiten. Kühe haben normalerweise eine Lebenserwartung von über 20 Jahren. Hochleistungsmilchkühe sind meist nach 5 bis 6 Jahren so ausgelaugt oder krank, dass sie ausgemustert werden und auf der Schlachtbank landen. Sie stehen also maximal drei Geburten und drei Milchphasen durch.

Es gibt Ausnahmen: Kühe, die pro Tag zwar weniger Milch geben, das aber acht oder zehn Jahre lang. So schaffen sie eine Lebensleistung von 100 000 Litern oder mehr. Sie werden artgerechter gehalten, sind nicht kaputtgezüchtet zu Milchmaschinen auf wackeligen Beinen. Es sind Kühe, denen Bauern noch Namen geben, die also nicht in industriellen Großställen stehen.

Ich gehe davon aus, dass es intelligente, gut ausgebildete Menschen sind, die es schaffen, vierbeinige Lebewesen in lebende Zapfsäulen zu transformieren. Vielleicht beschäftigen sie sich nicht mit Ethik und Moral, solche Spezialisten trifft man in jeder Branche. Dass sie aber nicht wissen, wohin die Kombination aus einseitiger Züchtung und Dauerüberlastung zwangsläufig führt, halte ich für unwahrscheinlich. Meine Schlussfolgerung ist, dass diese Fachleute mit Vorsatz handeln und die gesundheitlichen Folgen billigend in Kauf nehmen: Gebärmutterentzündung, Stoffwechsel- und Fruchtbarkeitsstörung, Labmagenverlagerung, Euterentzündung, Gewichtsverlust, Trägheit – um nur die häufigsten der sogenannten Produktionskrankheiten zu nennen. Womit wir wieder beim Tierschutzgesetz wären.

Nun könnte man auf die beteiligten Landwirte losgehen, weil sie ein System stützen, für das sie verantwortlich sind. Sie pferchen die überzüchteten Kühe in ihre Ställe und melken sie, bis die Euter wund sind. Trotzdem bin ich sicher, dass sich keiner dieser Milchbauern kranke Kühe wünscht, im Gegenteil. Die meisten von ihnen dürften selbst Opfer sein, vor allem ökonomischer Zwänge: Es wird zu viel Milch produziert, die Konkurrenz ist groß, der Gewinn klein. Letztendlich sind Milchbauern

Einzelkämpfer, kleine Räder im großen Getriebe von Molkerei- und Lebensmittelkonzernen, die die Preise diktieren und Milliardenumsätze machen, von Zuchtunternehmen und nicht zuletzt der Pharmaindustrie, die an jedem kranken Tier verdient.

Aber selbst mit gesunden Kühen ist Profit zu machen: Die Umweltorganisation Germanwatch will herausgefunden haben, dass etwa 80 Prozent aller Milchkühe mit Antibiotika behandelt werden, bevor sie ein Kalb zur Welt bringen, prophylaktisch. Und das ist nur ein Beispiel.

Vor Jahren sorgte die Zulassung eines dafür verwendeten Medikaments für Diskussionen. Den Namen unterschlage ich, um nicht noch Werbung dafür zu machen. Seine Wirkung beruht darauf, den Energiehaushalt beim Übergang von der milchlosen Zeit vor der Geburt zur milchintensiven danach so zu stabilisieren, dass die Kuh nicht an Ketose erkrankt, einer schweren Störung des Kohlenhydratstoffwechsels, die unter anderem die Lunge schädigen kann, zu starkem Gewichtsverlust und zur Verringerung der Milchleistung führt. Kurz: Das Medikament wirkt wie Doping, die Milch sprudelt weiter, sogar in größeren Mengen. Klingt eigentlich ganz nützlich, wären da nicht zwei Fakten, die diese Behandlung in einem anderen Licht erscheinen lassen – abgesehen von der Tatsache, dass in der Massentierhaltung generell viel zu viel Antibiotika eingesetzt werden. Erstens: Würde man die Kühe nicht zu diesen gigantischen Milchleistungen optimieren, wie Züchter es gern nennen, bräuchte man ein solches Medikament gar nicht. Das ist keine Behauptung von mir, so bewerten es Tierärzte wie Professor Martens. Das Ketose-Risiko steigt nachweislich mit der Milchleistung. Und zweitens: Der Wirkstoff, der in dem Medikament enthalten ist, wurde vom Hersteller früher als Zusatz für Rinder- und Schweinefutter vermarktet. Aber die EU stufte ihn 2006 als problematischen Stoff ein, der unnatürliches Wachstum fördert, deshalb wurde er verboten. Wie es zur Rolle rückwärts kam? Das kann man in der Antwort der Bundesregierung auf eine Kleine Anfrage im Bundestag nachlesen: Weil der Wirkstoff, so heißt es da, nun nicht mehr einem Futtermittel beigefügt, sondern als Arzneimittel eingesetzt werde, also nicht wie vorher für die Masse bestimmt sei, sondern für die gezielte Behandlung einzelner

Tiere, wurde er erneut zugelassen. Diese Argumentation mag plausibel erscheinen, das ist sie aber nicht. Der erste Widerspruch findet sich in der Antwort selbst. Dort steht, dass Ketose aufgrund ihrer Häufigkeit und wirtschaftlichen Bedeutung eine wichtige Rolle spiele. Die Tiere mögen einzeln behandelt werden, aber man kann wohl kaum von wenigen sprechen, wenn im Durchschnitt fast 30 Prozent einer Herde betroffen sind. Der zweite Widerspruch ergibt sich beim Blick auf die Packungsbeilage: Das Medikament soll drei bis vier Wochen vor dem errechneten Geburtstermin verabreicht werden – da ist die Kuh noch gesund. Außerdem: Um das Risiko zu minimieren, Verluste durch die Krankheit zu erleiden, wird ein Milchbauer es bei möglichst vielen Tieren einsetzen wollen.

Bemerkenswert war im Zuge der neuerlichen Zulassung noch etwas anderes. Der Hersteller beantragte gleichzeitig die Heraufsetzung der Grenzwerte für Rückstände des Wirkstoffs in tierischen Lebensmitteln, speziell für Leber und Nieren. Auch das wurde von der zuständigen EU-Kommission durchgewinkt, der Grenzwert für Leber um fast 70 Prozent angehoben, der für Nieren sogar um 400 Prozent. Vielleicht sollte ich erwähnen, dass es sich bei dem Hersteller um eines der größten Pharmaunternehmen der Welt handelt. Und damit um eines der mächtigsten. Jetzt muss man sich nur noch den Einfluss der Agrarlobby dazudenken, die in Brüssel die Strippen zieht, aber das ist ein anderes Thema.

Wie krank Deutschlands Milchkühe sind, offenbart eine repräsentative Studie, für die ein Forscherteam aus Tierärzten 765 Milchkuhbetriebe mit insgesamt über 180 000 Kühen vier Jahre lang unter die Lupe nahm. Nachdem alle Daten ausgewertet waren, schienen die Veterinäre ziemlich schockiert gewesen zu sein. Zumindest was einige ihrer Befunde betraf, zum Beispiel, dass – je nach Region – bis zu 40 Prozent der Tiere lahmten, im Schnitt jede dritte Kuh. In den meisten Fällen war das auf Klauenerkrankungen zurückzuführen, verursacht durch dauerhafte Druckbelastung beim langen – genauer: zu langen – Stehen (noch dazu auf Spaltenböden) oder infolge unzureichender Klauenpflege oder einer Kombination aus beidem. Auf einigen der am stärksten betroffenen Höfe stießen die

Forscher auf ein Phänomen: Je mehr Kühe lahmten und je länger sie das taten, umso weniger fiel es den Landwirten auf. Was anscheinend damit zu erklären ist, dass sie schlicht den Blick dafür verloren. Lahmende Tiere waren irgendwann das normale, weil gewohnte Bild.

Nun klingt Lahmheit nicht besonders dramatisch, tatsächlich aber ist sie mit starken Schmerzen und Stress verbunden, und das über lange Zeiträume hinweg. Die Folge: Das Tier bewegt sich weniger, bleibt länger liegen, kommt nur schwer auf die Beine und frisst nicht genug. Dadurch verfällt es körperlich zusehends und produziert weniger Milch. Wird das Leiden nicht rechtzeitig erkannt und behandelt, landet die Kuh beim Schlachter. Für den Landwirt ein ärgerliches Minusgeschäft. Und vor allem ein Verstoß gegen das Tierschutzgesetz – gegen gleich zwei Paragrafen. Niemand darf einem Tier ohne vernünftigen Grund Schmerzen, Leiden oder Schäden zufügen, heißt es in Paragraf 1. Und Paragraf 2 verlangt von Tierhaltern, die Möglichkeit zu artgemäßer Bewegung nicht derart einzuschränken, dass Tieren Schmerzen, vermeidbare Leiden oder Schäden zugefügt werden. Genau das aber geschieht, jeden Tag, massenhaft. Die ernüchternde Bilanz der Forscher: »… die in der überwiegenden Zahl der Betriebe momentan vorhandenen Haltungs- und Managementbedingungen [sind] nicht geeignet, die Milchkühe langfristig gesund zu erhalten.«

Die Studie, finanziert vom Bundesministerium für Ernährung und Landwirtschaft, brachte noch weitere Krankheiten und Verletzungen ans Licht, die nicht ausschließlich, aber häufig auf unzulängliche Haltungsbedingungen zurückzuführen waren. Hier eine Auswahl:

- Läsionen am Nacken und am Rücken
- Frakturen oder Verrenkungen des Schwanzes
- Amputationen desselben, meist nach schweren Verletzungen oder weil die Schwanzspitze abgestorben war
- Rippenschwellungen, die auf aktuelle oder zurückliegende Frakturen hindeuteten
- Läsionen der Sprunggelenke, davon waren zwei Drittel aller untersuchten Kühe betroffen

Der letzte Punkt war für die Wissenschaftler ein klares Indiz, dass es bei vielen Liegeboxen an Komfort und Hygiene mangelte. Anders ausgedrückt: Sie waren zu eng, zu hart, zu schmutzig. Es gibt in der Milchkuh-Wissenschaft einen Liegeboxen-Komfort-Index. Um diesen zu errechnen, wird die Anzahl der korrekt liegenden Kühe zur Anzahl aller Kühe, die sich zur selben Zeit in Boxen aufhalten (korrekt liegende + nicht korrekt, das heißt nur halb in der Box liegende + ganz in der Box stehende + nur mit zwei Beinen in der Box stehende) ins Verhältnis gesetzt und dann mit dem Faktor 100 multipliziert. Ein Beispiel: 70 korrekt liegende Kühe bei insgesamt 100 Kühen in den Boxen, das ergibt die Gleichung 70 : 100 = 0,70; dieses Zwischenergebnis × 100 = 70 Prozent. Das Ergebnis solcher Berechnungen sollte mindestens bei 85 Prozent oder darüber liegen, sagen Tierärzte. Andernfalls müsse sich der Landwirt Gedanken machen, warum die Liegeplätze nicht besser angenommen werden.

Dieser Wert wurde in den meisten der begutachteten Höfe deutlich unterschritten. Zugleich stellte sich heraus, dass Kühe – genau wie Menschen – es am liebsten gemütlich mögen. In den Boxen, die statt einfacher Unterlagen aus Gummi mit weicheren Komfortmatratzen ausgestattet waren, ließen sich die Tiere viel häufiger nieder und blieben auch länger.

Bedenklich auch die Anzahl der Kühe, die als zu mager eingestuft wurden, besonders in der Phase nach dem Abkalben, zu Beginn des Melkens – Stichwort: Ketose. Zudem wurde bei einem Fünftel der Tiere die Sauberkeit der Euter beanstandet. Passend dazu ergab die Befragung der Milchviehhalter, dass bis zu 40 Prozent ihrer Tiere zumindest phasenweise an Milchdrüsen-Entzündungen oder anderen Euterkrankheiten litten, die mit Antibiotika bekämpft werden mussten.

Unappetitlich wird es, studiert man die Ergebnisse der Analysen von Milchproben aus Milchtanks (darin wird sie auf Höfen gesammelt) und von Umgebungsproben, womit unter anderem Kot gemeint ist. Es sollte untersucht werden, ob die Herden von Parasiten oder gefährlichen Bakterien befallen waren. Am häufigsten fanden sich Hinweise auf den Braunen Magenwurm, einen im ausgewachsenen Zustand etwa einen Zentimeter langen Fadenwurm, der direkt übers Weidegras oder frisch geschnittenes Gras im

Futtertrog aufgenommen wird, sich in der Schleimhaut des Labmagens, des sogenannten vierten Magens der Kuh, einnistet und sein Unwesen treibt. Tummeln sich dort zu viele Würmer, kann dies heftigen und anhaltenden Durchfall verursachen, das Tier magert ab, schlimmstenfalls stirbt es.

In größerer Zahl nachgewiesen wurden Antikörper, die auf einen Befall mit Exemplaren des Großen Leberegels hindeuteten, einem weiteren Weideparasiten. Groß heißt hier zwei bis vier Zentimeter. Possierlich kann man ihn also nicht nennen, eher hinterhältig. Hat eine Kuh sich dieses saugende Schleimwesen eingefangen (was auch bei Menschen vorkommen kann), arbeitet es sich bis zu den Gallengängen der Leber vor und sorgt für Infektionen und Blutungen. Im schlimmsten Fall wird die Leber angegriffen, bis sie versagt – was einem Todesurteil gleichkommt.

Und noch ein tückischer Krankheitserreger kam bei den Untersuchungen zum Vorschein, schwerpunktmäßig auf den Milchhöfen im Osten des Landes: das Bakterium mit dem unaussprechlichen Namen Mycobacterium avium subspecies paratuberculosis (fachsprachliche Abkürzung: MAP). Das letzte Wort bezeichnet die Krankheit, die es verursacht. Dabei nistet sich der Erreger in der Darmwand ein, und es kommt zu einer sehr langsam verlaufenden Entzündung. Besonders anfällig sind Kälber, je jünger, desto größer die Gefahr. Ein ungeborenes Kalb kann sich bereits in der Gebärmutter infizieren. Für Landwirte ist diese Paratuberkulose eine ernsthafte Bedrohung – weil sie unheilbar ist, aber auch, weil ihre Inkubationszeit zwischen zwei und zehn Jahren liegt, klinische Symptome also meist erst spät auftreten. Infizierte Tiere können die halbe Herde anstecken, ohne dass es auffällt. Übertragen wird der Erreger hauptsächlich über Milch, Kot und Kolostrum (die erste Muttermilch nach der Geburt). Ein Satz aus einem Ratgeber des Bundesministeriums für Ernährung und Landwirtschaft zu diesem Thema verdeutlicht die Dimension des Problems: »Da fast nie sicher ist, ob eine Kuh frei von Paratuberkulose ist oder nicht, sollte jede Kuhmilch als mögliche Infektionsquelle eingestuft werden.«

Wissenschaftler diskutieren seit geraumer Zeit, ob der Paratuberkulose-Erreger mitverantwortlich ist für Morbus Crohn, eine chronisch-entzündliche Darmerkrankung, von der in Deutschland rund 300 000 Menschen betroffen sind und deren Ursache bis heute nicht bekannt ist. Der Verdacht kam auf, nachdem das Bakterium wiederholt in Gewebeproben von Morbus-Crohn-Patienten nachgewiesen wurde. Auch wurde festgestellt, dass die pathologischen Veränderungen im Verdauungskanal, insbesondere im Dünndarm, bei Menschen denen bei Rindern ähneln. Vermutet wird, dass Betroffene den Erreger über kontaminiertes Fleisch, Gemüse oder durch Milch aufnehmen. Auch in Käse und sogar in Babynahrungspulver wurde er entdeckt. Forscher in mehreren Ländern fanden heraus, dass Trinkmilch tatsächlich eine Überträgersubstanz sein könnte. Zwar lässt sich die Keimzahl des Erregers durch die bei der Verarbeitung von Rohmilch üblichen Erhitzungsmethoden reduzieren, doch selbst nach einer Ultrahocherhitzung (über 135 Grad), die für H-Milch angewendet wird, waren nicht alle Keime abgetötet. Außerdem ist es wohl so, dass die überlebenden Erreger sich mit der Zeit neu vermehren können.

Das Bundesinstitut für Risikobewertung, das für das Bundesministerium für Ernährung und Landwirtschaft forscht und dessen gesetzlicher Auftrag darin besteht, die Öffentlichkeit über mögliche Gesundheitsrisiken bei Lebensmitteln zu informieren, beschäftigt sich seit Langem mit dem Thema. Kürzlich veröffentlichte es eine neue Erklärung, ohne allerdings Neues zu verkünden: »Über das Vorkommen von MAP in Lebensmitteln gibt es weiterhin keine systematischen Erhebungen. Es existieren nach wie vor keine international anerkannten Standardmethoden zum Nachweis von MAP in Lebensmitteln.« Aus den genannten Gründen sei die Datenlage ungenügend und mit großen Unsicherheiten behaftet, deshalb ließen sich keine validen Angaben zu Vorkommen und Konzentration des Erregers in Lebensmitteln treffen. Außerdem sei nicht bekannt, ab welcher Dosis sich Menschen infizieren würden. Somit könne auch nichts über Art, Dauer und Schwere möglicher gesundheitlicher Beeinträchtigungen gesagt werden. Immerhin wird empfohlen, den Kontakt mit dem Erreger durch die Aufnahme kontaminierter Lebensmittel so gering wie möglich zu halten, sein Vorkommen darin weitestgehend zu reduzieren oder ganz zu verhindern. Egal wie andere das sehen mögen, ich finde so viel Unwissenheit ausgesprochen beunruhigend.

So erstrebenswert die Freilandhaltung auch ist, Weiden sind für Kühe eine Gefahrenzone. Ein Alarmzeichen setzte eine Studie der Veterinärmedizinischen Universität Wien, bei der auf Weiden österreichischer Milchviehbetriebe zahlreiche Schimmelpilzgifte, sogenannte Mykotoxine, entdeckt wurden, zum Teil in hohen Konzentrationen. Bei der Auswertung der Daten fiel auf, dass die Umgebungstemperatur der wichtigste Faktor bei ihrer Vermehrung ist. Bei den meisten Arten kam es bei Durchschnittstemperaturen von 15 Grad zu einer exponentiellen Zunahme, die Klimakrise grüßt auch hier. Die Forscher sprachen von einem »unterschätzten Risiko« – für Tiere und ebenso für Menschen, die sich von tierischen Produkten ernähren. Dazu muss man wissen: Mykotoxine sind weitgehend hitzeresistent, werden bei der Verarbeitung von Nahrungsmitteln nicht zerstört und können nicht nur krebserregend wirken, sondern auch das Erbgut schädigen.

Fragen wirft auch das Ergebnis einer neuen Studie von Wissenschaftlern der Martin-Luther-Universität Halle-Wittenberg und des Leibnitz-Instituts für Pflanzenbiochemie auf, denen es erstmalig gelang, den Giftstoff Hypoglycin A in der Milch von Kühen nachzuweisen, genauer gesagt in Rohmilch. Die Tiere hatten auf einer Weide in Norddeutschland gegrast, auf der ein Bergahorn stand. Diese Baumsorte ist in Europa weit verbreitet. Ihre Samen und ihre Keimlinge enthalten Hypoglycin A. Wie gefährlich die Substanz für Menschen sein kann, weiß man spätestens seit 2017, nachdem US-amerikanische Forscher der Ursache einer rätselhaften Todesserie in Indien auf die Spur kamen. Dort waren über Jahrzehnte immer wieder Kinder gestorben, die in der Nähe von Litschi-Plantagen gelebt und im Frühsommer unreife Früchte stibitzt und verzehrt hatten. In unreifen Litschis und deren Kernen steckt ebenfalls Hypoglycin A. Einmal im Körper, zerstört es den Energiestoffwechsel und lässt den Blutzuckerspiegel abstürzen. Erbrechen, Krampfanfälle und Bewusstseinsstörungen sind die Folge – und Koma und Tod, wenn nicht schnell genug medizinische Hilfe erfolgt.

In Deutschland wurden Vergiftungserscheinungen im Zusammenhang mit Ahornbäumen bei Pferden beobachtet, die auf Weiden deren Samen oder Keimlinge gefressen hatten. Bei ihnen verursachte das Gift schwere Muskelerkrankungen, die mit heftigem Schwitzen, Muskelzittern, beschleunigter Atmung, Koliksymptomen und Steifheit einhergingen. Viele der Tiere verendeten innerhalb von drei Tagen.

Nun stellt sich die Frage, was Hypoglycin A bei Kühen anrichten kann. Und was mit ihrer Milch geschieht. Wie viel vom aufgenommenen Gift ist darin enthalten? Und kann es im Prozess der Verarbeitung unschädlich gemacht werden? Ab welcher Menge ist es für Menschen überhaupt gefährlich? All das muss noch erforscht werden.

Langsam verstehe ich, warum Hafermilch in den Supermärkten oft ausverkauft ist …

Das »Weiße Wunder«: Werbetricks und Lügen der Milchindustrie

Die Milchwirtschaft beruft sich darauf, dass Milch und Milchprodukte zu den bestkontrollierten und damit sichersten Lebensmitteln gehören. Das kann man nur hoffen, und vielleicht sollte es uns beruhigen. Meine Generation ist mit Milch aufgewachsen, sie gehörte einfach zum täglichen Leben, ohne dass man sich Gedanken darüber machte. Die Pausenmilch in der Schule, das Glas Nesquik oder Kaba, wenn man vom Bolzplatz kam, schön kalt aus dem Kühlschrank, oder vorm Schlafengehen die Tasse warme Milch mit Honig, wenn es mal im Hals kratzte oder Fieber im Anmarsch war. »Hier, trink das, schön langsam, das hilft.« Wahrscheinlich hat jeder solche Kindheitserinnerungen. Damals, als wir in Frankfurt lebten, kam morgens der Milchmann, stellte eine kleine Metallstiege mit zwei Flaschen vor die Tür, manchmal auch drei, unsere Tagesration, je nachdem wie durstig wir Kinder waren und wie viel Kaba uns genehmigt wurde. Die Milchflaschen waren aus Glas, mit aufgepresstem Alu-Verschluss. Abends spülte unsere Mutter die leeren Flaschen und stellte sie samt Stiege wieder vor die Tür. Ein fast perfekter Kreislauf. Nachhaltig würde man heute sagen, abgesehen vom Aluverschluss, der landete im Müll. Irgendwann gab es Milch dann in Plastiktüten, für meine Mutter überaus praktisch, für die Umwelt eine Katastrophe und der Beginn der heutigen Plastikpest. Aber darüber machte sich damals niemand Gedanken. Milch, egal in welcher Verpackung, war ein Grundnahrungsmittel. Die Werbung behauptete, »Milch macht müde Männer munter«, fördere einen gesunden Knochenbau, und überhaupt: »Die Milch macht's!«

Inzwischen ist die Welt eine andere. Globale Klimakrise, Hunger, Krieg, die Vermüllung unseres Planeten und unzählige ungelöste Fragen, wie wir in Zukunft mit den Ressourcen der Natur umgehen sollten. Und wie mit anderen Geschöpfen, Stichwort Tierschutz und Tierwohl. Schon die Unterscheidung in Haus- und Nutztiere sagt viel über unsere Gesellschaft. All diese Themen sind uns nicht plötzlich ein-, sondern auf die Füße gefallen. Nachdem wir jahrzehntelang achtlos draufloskonsumiert und irreparable Schäden angerichtet haben, ob mit Absicht, aus Rücksichtslosigkeit, Ignoranz, Arroganz oder weil wir es einfach nicht besser wussten oder wissen wollten. Jedes Problem, für das wir jetzt dringend Lösungen finden müssen, haben wir uns selbst eingebrockt. Fakt ist: Das Leben ist komplizierter geworden, Wissen und Wissenschaft haben gewaltige Fortschritte gemacht, alte Gewohnheiten schaden uns und gehören in den Mülleimer der Geschichte.

Das gilt auch für Milch – mit der ich mich für die Recherchen bei diesem Buch zum ersten Mal seit Jahren wieder beschäftigt habe. Ist sie nun gut oder schlecht, irgendwas dazwischen oder beides? Und wer kann das beantworten, wem können wir glauben?

Zuallererst – und das ist für alle Fragen von entscheidender Bedeutung – ist Milch ein Wirtschaftsfaktor, die Milchindustrie ein Milliardengeschäft. Im Jahr 2021 betrug ihr Umsatz in Deutschland rund 30 Milliarden Euro. Damit ist sie neben der Fleischindustrie die größte Lebensmittelbranche in Deutschland. Die Milcherzeugung ist der wichtigste Produktionszweig der Landwirtschaft, vor Getreideanbau und Schweinemast. Knapp 55 000 Milchviehbetriebe lieferten 31 Millionen Tonnen Rohmilch an Molkerei-Unternehmen, von denen die größten, wie die Unternehmensgruppe von Theo Müller (mit der bekanntesten Marke »Müllermilch«) und die DMK

Deutsches Milchkontor GmbH, längst multinationale Konzerne sind. Über die Hälfte der Produktion ging 2021 ins Ausland, als Trinkmilch oder in Form von Milchprodukten – weit mehr, als an den heimatlichen Einzelhandel verkauft wurde. Hauptexporterzeugnis ist Käse, kein Land in der EU liefert mehr. Käse ist das Wachstumsprodukt der Branche, bei trinkfertiger Milch zeigt der Pfeil dagegen seit Jahren abwärts. 2019 wurde die magische Marke von 50 Kilo beim Pro-Kopf-Verbrauch unterschritten. Inzwischen liegt er bei 47,8 Kilo. Im Verhältnis noch rasanter sinkt die Zahl der Milchviehbetriebe. Mehr als die Hälfte der Landwirte hat in den letzten 15 Jahren aufgegeben. Auch die Zahl der Kühe geht zurück. Nur die Milchleistung steigt weiter. Ein Irrsinn, aber das hatten wir schon.

In der Milchwirtschaft herrscht Alarmstimmung, nicht nur aus ökonomischen Gründen. Tierzucht- und Umweltschutz-Debatten, Lebensmittelskandale, öffentliche Proteste und Klima-Demonstrationen stellen das Geschäftsmodell infrage wie nie zuvor. Als alternder Mann gehöre ich mittlerweile eher zur betagten Greenpeace-Fraktion, bin also umso dankbarer für Greta Thunberg und ihre Fridays-for-Future-Bewegung, für Aktivisten wie Luisa Neubauer, Carla Reemtsma, Jakob Blasel, für »Die letzte Generation« und die Mitstreiter von Gruppierungen wie Extinction Rebellion. Sie haben es geschafft, weltweit eine ganze Generation aufzurütteln.

Zum Leidwesen der Milchindustrie sind das genau dieselben Leute, die in Zukunft den Absatz sichern sollen. Die aber verweigern sich schon jetzt zum großen Teil, greifen lieber zu Hafermilch (die ja nicht Milch heißen darf, wie der Europäische Gerichtshof lächerlicherweise festlegte, und jetzt als »Haferdrink« in den Supermarktregalen steht) oder anderen pflanzlichen Milchalternativen. Über 200 Millionen Liter wurden davon 2020 hierzulande verkauft. Der Marktanteil ist damit noch überschaubar, liegt bei etwa vier bis fünf Prozent im Segment Trinkmilch. Das entspricht ungefähr der Hälfte dessen, was an Bio-Milch über die Ladentische geht. Aber die Zuwachsraten sind außergewöhnlich. Innerhalb von zwei Jahren hat sich der Absatz fast verdoppelt. Bei den Konsumenten punkten diese Getränke nicht allein durch den Verzicht auf Tierisches, als Kaufanreiz zählt ebenso das Argument Nachhaltigkeit – CO_2-Abdruck, Wasserverbrauch,

Tierwohl. Und natürlich der Gesundheitsaspekt, angefangen bei Laktoseintoleranz und Allergien (dazu später mehr). Ob alle Alternativvarianten wirklich unter jedem Gesichtspunkt besser abschneiden, möchte und kann ich nicht beurteilen. Tatsache ist: Sie werden ohne Tierleid hergestellt.

Kuhmilch kriegt es gerade von allen Seiten. Es ist nur logisch und wenig überraschend, dass die Milchindustrie reagiert. Eine der Maßnahmen, die das Image der Milch retten und den Abwärtstrend stoppen sollen, ist eine bundesweite Kommunikationsstrategie. Branchenkommunikation nennt sich das. Eigens zu diesem Zweck wurde eine Firma gegründet: die Initiative Milch 2.0 GmbH. Deutscher Bauernverband, Milchindustrieverband und Raiffeisenverband fungieren als Gesellschafter. Für den Firmensitz wurde die Hauptstadt auserkoren, Französische Straße, nur wenige Schritte vom Gendarmenmarkt entfernt. Feinste und strategisch beste Lage, mitten im Planquadrat der Lobbyisten – Reichstagsgebäude, Regierungsviertel und diverse TV-Studios in Reichweite. Der ideale Ort, um seine Botschaften oder ausgeklügelte Marketing-Kampagnen ins Land hinauszusenden.

Organisieren soll das eine Ökotrophologin, die – im PR- und Lobby-Geschäft zu Hause – als Geschäftsführerin engagiert wurde. Zu ihrer Mission schrieb sie im *Milch-Politikreport* (Ausgabe März 2021) des Milchindustrie-Verbands: »Die Zweifler und Kritiker haben in der Öffentlichkeit die Oberhand gewonnen, Alternativen zur Kuhmilch werden gefeiert. Neue Wettbewerber greifen die Milch teils aggressiv an ... Doch die Zeit des Weckduckens ist zu Ende.« Hauptsächlich »junge Verbraucher:innen« würden ins Visier genommen, die immer häufiger Hafer- und Soja-Alternativen konsumierten.

Und so will die Lobbyistin bei ihnen einen Sinneswandel herbeiführen: »Milch muss digitaler werden, um hier Popularität zurückzugewinnen. Sie muss die Sprache der jungen Menschen sprechen, ohne sich anzubiedern, und sie muss die relevanten Themen aus dem riesigen Kosmos Milch finden.« Dafür werde sie die Milch zurück auf die Bühne bringen, mit neuem Selbstbewusstsein und Stolz. Schließlich sei Milch nicht weniger als das »Weiße Wunder«. Das steht da wirklich. Und auch: »Das Narrativ des

›Weißen Wunders‹ muss im urbanen Raum das des vermeidlichen (gemeint war wohl: vermeintlichen) Klimaschädlings Kuhmilch ablösen.«

Im Oktober 2021 dann der große Tag, die Initiative ging in die Offensive – im Supercandy Pop-Up Museum in Köln. Wer davon noch nie gehört hat, der ist vermutlich älter als 30 und weder auf Instagram noch auf YouTube oder TikTok unterwegs. 2000 Quadratmeter Hallenfläche, rosa Wände, Luftballons, Bällebad, aufblasbare Plastikflamingos, ein alter Cadillac, auch in Rosa, wie die Tanksäule daneben. Dazu Neonreklamen, Schminktische, ein paar Diskokugeln. All das ist gedacht als eine vielfältige Auswahl von Fotokulissen, um sein eigenes Ego in Szene zu setzen. Doch, so etwas gibt es.

Was allerdings im »Lifestyle-Hotspot« (O-Ton Milch-Initiative-Chefin) noch fehlte, war ein Milchraum. Der musste aber einen cooleren Namen kriegen, um die Social-Media-Klientel besser anlocken zu können. Schließlich war das der Zweck: reingehen, Fotos schießen, diese anschließend posten – und so die Milch richtig abfeiern, #thewhitewonder. Also wurde der Milchraum »Walk-in-Fridge« getauft. In Wirklichkeit aber war er weder das eine noch das andere, sondern ein mit Gipsplatten abgetrennter Bereich, eine Wand war mit großen, verglasten Kühlschränken zugestellt, wie man sie aus Supermärkten kennt. Als mediales Zugpferd wurde Franziska von Almsick eingekauft, als Moderatorin Mirja du Mont und für den Part des milchbegeisterten Promis ein bekannter Soap-Darsteller samt Ehefrau und kleiner Tochter. Alle drei trugen milchweiße T-Shirts mit dem Aufdruck: »Ohne Milch? Ohne mich!« So funktioniert Werbung im 21. Jahrhundert. Könnte man meinen. Die Milch-Initiative-Chefin jedenfalls jubelte danach, mit dem Kölner Live-Event »als Hebel« innerhalb von vier Wochen rund 500 Millionen Medienreichweite in TV, Print und Online erzielt zu haben. »Und der Zuspruch reißt nicht ab.« Die Leute würden immer wieder Leserbriefe schicken, einen zitierte sie: »Vielen Dank, dass ihr euch für eins der besten Lebensmittel einsetzt!« Leserbriefe also? Gut, wenn sie es sagt.

Doch lassen wir die Fakten sprechen: Franziska van Almsick postete nach ihrem Auftritt drei Fotos auf Instagram, die sie in einer großen, durchsichtigen Halbkugel sitzend zeigen. Schöne Aufnahmen, sie ganz in Weiß gekleidet, sonnengebräunt, perfektes Make-up, coole Posen. Unter den Bildern erklärt sie, für die Initiative Milch im Einsatz gewesen zu sein und noch immer gern Milch zu trinken, die sei lecker und gehöre zu ihrer ausgewogenen Ernährung. Die Reaktion ihrer Follower: über 2000 Likes, rund 200 Kommentare. Einige freuten sich über die Fotos, die meisten Äußerungen fielen jedoch eher so aus: »Pfui … schauen Sie sich lieber mal auf YouTube *Dominion* an, bevor Sie für so einen Müll werben … traurig, wirklich … Sie unterstützen unendliches Leid …« Oder man appellierte an ihr Gewissen: »Du bist doch zweifache Mutter? Wie hättest Du Dich gefühlt, wenn man Dir Deine Kinder weggenommen, Dir die Milch abgepumpt und Dich wieder und wieder zwangsbesamt hätte?« Um es abzukürzen: Sie erntete einen Shitstorm. Dasselbe auf Facebook.

Ihre Reichweite war nicht schlecht, jedoch verschwindend im Vergleich zu den Reichweiten der Influencer und Influencerinnen, die die Initiative Milch 2.0 einkaufte, sozusagen als Milch-Botschafter. Einer von ihnen, Mitte 20, hatte zu der Zeit zusammengerechnet über eine Million Follower auf Instagram, TikTok und bei YouTube. Das ist eine beachtliche Größenordnung – und die Währung, die in der digitalen Welt zählt. Der junge Mann sieht sich als Food-Experte und scheint für so ziemlich alles zu werben, was man in sich reinstopfen kann, aber besser nicht sollte. Obwohl seine Follower also an Junkfood-Promo gewöhnt sein mussten, brachte der Milch-Deal auch ihm einen Shitstorm ein: »Geht's noch?! Du machst Dich hiermit für millionenfaches Tierleid mitverantwortlich!!!« … »Milch ist so gestern. Und tötet Kälber und deren Mütter. Sie ist mindestens genauso brutal wie die Fleischindustrie.« Und so weiter, über 500 Kommentare, fast alle vom gleichen Kaliber. Ähnlich die Reaktionen, die die anderen Milch-Influencer erlebten. Die Chefin der Milch-Initiative verlor kein Wort darüber.

Wie die Initiative das Image von Milch im Alltagsgeschäft aufpolieren will, kann man auf ihren Social-Media-Accounts bewundern, die mithilfe einer Werbeagentur bespielt werden. Auf TikTok beispielsweise lernt man Kakao-Kalle kennen, der auch Pasa heißt, sich als Liebhaber von Vier-Käse-Pizza ausgibt, auf einem Sofa lümmelnd seine schokobeschmierten Finger ableckt oder mit einer halben Handvoll Cornflakes garnierte Milch aus einer großen Schüssel löffelt. Mein Lieblingsfilmchen ist der Kakao-Clip – der Text geht so: »Oh, da habt ihr mich jetzt erwischt. Ich bin der Kalle und trinke gerne Kakao. Trinkst du gerne Kakao? Oder willst du gerne auf den Geschmack kommen? Glaub mir, es hat nicht lange gebraucht, und ich habe mich sofort verliebt. Sofort.«

Wobei: Die junge Frau in einem anderen Clip, die sich im Bett räkelt, eine Flasche Milch vom Boden aufhebt und damit auf ihrem Kopfkissen kuschelt als wär's ein Teddybär – das muss einem erst mal einfallen. Oder Kakao-Kalle bei einem Date. Er fragt die Angebetete: »Magst du was trinken? Ich hab den Guten besorgt, 1,5er.« Dabei zaubert er – surprise, surprise! – eine Karaffe mit Milch herbei. Und sie antwortet dahinschmelzend: »Ich liebe 1,5er.« Woraufhin er sagt: »Echt? Schön zu hören.«

Bei der Milch-Initiative bekommt auch ein weißes Tetra Pak, animiert mit Augen und Mund, regelmäßig einen Auftritt. Klickt man sich durch diese Filmchen, kriegt man Leckereien zu sehen wie Burger, Cheesecake, Käsefondue, Pralinen, Torten, Muffins, Donuts, Milchshakes, Schokolade und Schlagsahne, mal auf Eis, mal auf Kuchen. Alles strotzt nur so vor Zucker und Fett. Obst taucht höchstens als Dekoration auf. Das Ganze läuft unter dem Claim: »Gönn dir deine tägliche Portion Milch.« Tu's bitte nicht, würde ich sagen, aber ich will hier jetzt nicht die Genuss-Bremse spielen. Wer beim Essen nie gesündigt hat, der werfe den ersten Stein. Gelegentlich ungesund zu schlemmen, kann wunderbar sein. Aber ob das die angeblich so gesunde Milch ins richtige Licht setzt – ich denke nicht.

Natürlich handelt es sich hier um banale Werbung. Fakten und Weisheiten sind da nicht zu erwarten. Ganz anders sieht es aus, wenn sie im Gewand einer seriösen Informationsquelle daherkommt. Auch hierfür ist die Milch-Initiative ein anschauliches Beispiel: Milch ist ein Alleskönner, ein Superfood mit 15 Powernährstoffen, äußerst nahrhaft, einfach nur spektakulär und auf keinen Fall ein Klimakiller – das in etwa sind die Botschaften, die einem von der Website entgegenspringen. Unter dem Punkt »Verantwortung« wird die Laufstallhaltung gefeiert. Es wird behauptet, nnten sich frei bewegen, jederzeit hinlegen und Frischluft ge-sen. Moderne Ställe seien ganz darauf ausgerichtet, die Vorzüge einer Weide in den Stall zu holen. Dass die Realität anders aussieht, wissen wir inzwischen.

Über die Klimabilanz von Butter erfährt man: »Mit Augenmaß betrachtet sind Bereiche wie Mobilität und Energie mit sehr viel mehr Emissionen verbunden als die Portion Butter von zehn Gramm auf dem Brot … Fakt ist: Emissionen aus der Tierhaltung bilden mit rund sieben Prozent einen vergleichsweise geringen Teil der Gesamtemissionen.« Moment – wird da allen Ernstes ein Stückchen Butter gegen den gesamten Verkehr und die Energiewirtschaft aufgewogen? Und erwähnte sieben Prozent beziehen sich, soweit ich in Erfahrung bringen konnte, auf Deutschland. Global betrachtet, und nur das macht bei Klimafragen Sinn, sind es über zwanzig Prozent, die durch Massentierhaltung verursacht werden. Und zur Klimabilanz von Butter: Um ein Kilo herzustellen, werden etwa 18 Liter Milch benötigt sowie riesige Mengen an Wasser und Energie für die einzelnen Verarbeitungsschritte. Bevor Milch fließt, müssen Kühe fressen. Das Futter enthält oft Soja, für dessen Anbau in Südamerika Regenwälder gerodet werden. Selbst wenn es aus unseren Breitengraden stammt, müssen die Felder bearbeitet, die Pflanzen gesät, gedüngt, bewässert und abgeerntet werden. Außerdem furzen und rülpsen die Kühe in einer Tour, dafür können sie nichts, sie sind Wiederkäuer. Dabei entweichen große Mengen unterschiedlicher Gase, hauptsächlich Methan, pro Jahr und Tier an die 100 Kilo. Über einen Zeitraum von 20 Jahren heizt Methan die Erde 81 Mal stärker auf als das vielgescholtene CO_2. Unterm Strich: Bei der Herstellung von einem Kilo Butter entstehen 24 Kilo klimaschädliche Gase. Egal wie man es dreht: Butter ist als Klimakiller der unrühmliche Spitzenreiter unter den Lebensmitteln, noch vor Fleisch.

Dass die Milchwirtschaft solche Tatsachen geflissentlich verschweigt, ist schändlich, aber nachvollziehbar. Wo also findet der Konsument glaubwürdige Informationen? Man sollte meinen, das zuständige Bundesministerium für Ernährung und Landwirtschaft wäre die richtige Adresse. Dem Volke dienen, Schaden von ihm wenden, so steht's im Amtseid, Artikel 56 des Grundgesetzes. Eine Studie von Foodwatch belegt jedoch, dass dem leider nicht so ist. Die Verbraucherschutzorganisation analysierte Broschüren, Websites und Berichte zum Thema Nutztierhaltung und kam zu dem Schluss, dass die Öffentlichkeit unzureichend und einseitig informiert wird. Missstände würden verschwiegen, die Zustände in den Ställen beschönigt, selbst weit verbreitete Krankheiten kaum erwähnt.

Ich mache den Test, gebe am Computer die Wörter »Bundesministerium«, »Ernährung« und »Milch« ein. Zwei Klicks weiter lande ich auf der Seite des Ministeriums, in der Rubrik »Gesunde Ernährung«, und entdecke dort die erste Botschaft: Milch ist gesund! Unter einem Foto – es zeigt zwei junge Frauen vor einem Supermarktregal, die vor Glück fast zu platzen scheinen (auch das soll eine Botschaft sein) – erfahre ich, dass Milch und Milchprodukte hochwertige Lebensmittel sind, die eine Vielzahl wertvoller Nährstoffe enthalten. Das Eiweiß der Milch verfüge neben dem von Hühnereiern über die höchste biologische Wertigkeit, sei für Menschen leicht verdaulich und besitze günstige ernährungsphysiologische Wirkungen beim Muskelaufbau und bei der Stabilität unserer Knochen. Auch das Milchfett, das zu rund 70 Prozent aus gesättigten Fettsäuren besteht, sei nicht so schlecht, wie manche denken, Studien hätten das bewiesen. Ein weiterer Vorzug der Milch sei ihr Kalziumgehalt, sehr wichtig zur Vorbeugung gegen Osteoporose. Schließlich wird darauf verwiesen, dass die Deutsche Gesellschaft für Ernährung in ihren berühmten »10 Regeln der DGE« dazu rät, möglichst täglich Milch und Milcherzeugnisse zu konsumieren. Kein Wort darüber, dass diese Regeln höchst umstritten sind und die Fachgesellschaft, die sich einer neutralen, unabhängigen und transparenten Arbeitsweise rühmt, selbst öfters in die Kritik geriet, etwa wegen ihrer Lobbyarbeit in Sachen Milch. Auch zu den zuvor zitierten Erkenntnissen des Ministeriums gibt es viele abweichende Meinungen.

Als Quelle der ministerialen Milch-Empfehlungen wird ein Bericht des Max Rubner-Instituts (MRI) angeführt: »Ernährungsphysiologische Bewertung von Milch und Milchprodukten und ihren Inhaltsstoffen«. Erst bei genauerem Lesen fiel mir auf, dass der Bericht aus dem Jahr 2014 stammt und bereits damals nur die Aktualisierung einer noch älteren

Fassung war. Das Max Rubner-Institut ist vergleichbar mit dem Robert Koch-Institut, wie dieses eine Bundesforschungseinrichtung, allerdings mit der Ausrichtung auf gesundheitlichen Verbraucherschutz im Ernährungsbereich. Das nur zur Erklärung. Worum es eigentlich geht: Der Bericht ist veraltet und überholt. Zur Milch wird laufend geforscht, ganze Lehrstühle beschäftigen sich damit, an den renommiertesten Universitäten, in nahezu allen Ländern, in denen sie auf dem Speiseplan steht. Abgesehen davon sieht LobbyControl e. V., ein Verein, der es sich zur Aufgabe gemacht hat, über Machtstrukturen und Einflussstrategien in Deutschland und der EU aufzuklären, mögliche Interessenkonflikte bei führenden Mitarbeitern des Instituts. Als besagter Bericht verfasst wurde, war der damalige Präsident in zwei der Führungsgremien des International Life Sciences Institute (ILSI) aktiv, und er war nicht der Einzige aus seinem Haus, der sich dort engagierte. Das ILSI, von Unternehmen der Lebensmittel-, Gentechnik-, Pharma- und Chemieindustrie gegründet und finanziert, segelt unter der Flagge einer gemeinnützigen Organisation – Hauptsitz in Washington, D.C., ein EU-Ableger in Brüssel. Es gilt als die weltweit einflussreichste Lobbyorganisation der Nahrungsmittelindustrie. Das ILSI bringt, so LobbyControl, Wissenschaftler aus der Industrie mit Wissenschaftlern aus Regulierungsbehörden in Gremien, Arbeits- und Expertengruppen zusammen, um auf diese Weise staatliche Gesetze, Verordnungen und Empfehlungen zu beeinflussen – natürlich im Sinne der Mitglieder, zu denen Unternehmen wie Pepsi, Nestlé, Danone, Südzucker, Unilever, Pfizer, BASF und Bayer gehören. Es hat den Lobbyismus in seinem Sinne perfektioniert: Anstatt von außen Einfluss zu nehmen, wie es in Lobbykratien sonst üblich ist, werden Institutionen, ja selbst staatliche Behörden, mit Leuten infiltriert, die die Interessen der Industrie vertreten.

Das alles muss nicht automatisch Auswirkungen auf die Milch-Bewertung des Rubner-Instituts fürs Bundesministerium für Ernährung und Landwirtschaft gehabt haben. Trotzdem ist es gut zu wissen, was hinter den Kulissen läuft, wo und wie die Beteiligten klüngeln und was dies für uns Verbraucher bedeutet – nämlich dass man solche Informationen zumindest hinterfragen sollte. Vor einigen Jahren sorgte eine Studie der

University of Bristol, in der suggeriert wurde, zuckerreduzierte Light-Getränke seien beim Abnehmen gesünder als Wasser, weltweit für Furore – bis jemand herausfand, dass die Arbeit vom ILSI finanziell unterstützt worden war. Und dass der Professor, der die Studie leitete, mit Vertretern von Coco-Cola und Pepsi in einer ILSI-Arbeitsgruppe saß. Welch ein Zufall.

Milchforschung: Beunruhigende Studien und Lobbyverflechtungen

Zu den Milch-Forschungen, die in jüngerer Zeit auch international Aufmerksamkeit erregten, gehört eine Studie des Deutschen Krebsforschungsinstituts in Heidelberg, für die Blutserum von Hunderten europäischen Rindern, Kuhmilch sowie Milchprodukte aus Supermärkten analysiert wurden. Und Blutproben von Menschen, von gesunden und von Darmkrebs-Patienten. Dabei entdeckte das Forscherteam um den Nobelpreisträger Harald zur Hausen und dessen Frau Ethel-Michele de Villiers eine bislang unbekannte Form infektiöser Erreger, die im Darm, möglicherweise auch im Brust-, Prostata- und Lungengewebe, die Entstehung von Krebs fördern können. Infizieren, so die These der Wissenschaftler, würden sich Kinder im Säuglingsalter, die nach dem Abstillen Kuhmilch oder Rindfleisch von eurasischen Tieren verzehren – vermutlich weil ihr Immunsystem, das bei Menschen erst nach ein bis zwei Lebensjahren ausgereift ist, noch nicht genug Abwehrkräfte gebildet hat. Die Forscher und Forscherinnen nannten diese Erreger »Bovine Meat and Milk Factors« (BMMFs), weil sie in Fleisch und Milch gefunden wurden. Es handelt sich dabei um ringförmige DNA-Moleküle, wie sie auch in manchen Bakterien und Hefen vorkommen. Charakteristisch für diese BMMFs ist unter anderem, dass sie ein Gen in sich tragen, das die eigene Vervielfältigung organisieren kann. Was es auch tut, sobald der Erreger in menschliche Zellen gelangt und dort auf bestimmte Proteine trifft. Dies wiederum kann zu chronischen Entzündungsreaktionen führen, die über einen Zeitraum von Jahrzehnten Erbgutveränderungen hervorrufen, und die Entstehung von Krebserkrankungen begünstigen. Daher, so die Wissenschaftler, seien BMMFs als indirekte Krebserreger anzusehen. Sie würden nicht selbst in krebsfördernde Prozesse eingreifen, jedoch eine krebsfördernde Umgebung schaffen.

Obwohl die Forschungen noch andauern, sieht Harald zur Hausen die Hypothese seines Teams schon jetzt untermauert, wonach der Konsum von Milch und Rindfleisch ursächlich mit der Entstehung von Darmkrebs zusammenhängt – insbesondere hinsichtlich Milch- und Fleischprodukten, die von europäischen Rinderrassen stammen. Aufschlussreich hierzu ist eine Analyse der geografischen Verteilungsmuster von Krebserkrankungsraten, die den Forschern als Ausgangsüberlegung diente. Demnach sind die Darm- und Brustkrebszahlen genau dort besonders hoch, wo vergleichsweise große Mengen an Milch und Rindfleisch konsumiert werden: Nordamerika, Argentinien, Europa, Australien. Eine Ausnahme bildet die Mongolei. Dort war die Neuerkrankungsrate niedrig, obwohl traditionell viel Milch getrunken und viel Fleisch verspeist wird, auch in rohem Zustand. Allerdings stammte beides über lange Zeit hauptsächlich von Yak-Rindern. Nachdem andere Rinderarten eingeführt wurden, europäische Rassen oder Kreuzungen mit diesen, stieg die Zahl der Krebserkrankungen. Ähnlich die Entwicklung in China, seit vor rund 40 Jahren begonnen wurde, herdenweise Milchkühe europäischer Abstammung zu importieren.

Gegenwind bekamen Harald zur Hausen und die Heidelberger Wissenschaftler vom Bundesinstitut für Risikoforschung, das gemeinsam mit dem Max Rubner-Institut in einer Erklärung kritisierte, die Datenlage sei unzureichend, weshalb eine Bewertung eventueller Krebsrisiken nicht möglich sei. Nach gegenwärtigem Wissensstand würde der Konsum von Kuhmilch weiterhin uneingeschränkt empfohlen. Überhaupt müsse man auch andere Arbeiten in Betracht ziehen und die Sachlage differenziert betrachten. Während es durchaus Studien gäbe, die einen Zusammenhang zwischen dem Verzehr von rotem und verarbeitetem Fleisch und Darmkrebs herstellten, hätten andere Forschungen ergeben, dass gerade ein hoher Konsum von Milch und Milchprodukten das Darmkrebsrisiko verringern könne. Als Argumente wurden zahlreiche Studien aufgelistet, neueren und älteren Datums, als wollte man die Ergebnisse der Krebsforscher nicht bloß infrage stellen, sondern regelrecht pulverisieren. Ich bin nur der Sohn eines Wissenschaftlers, aber wenn es sich tatsächlich um die Entdeckung eines völlig neuen Erregers handelt, was soll es bitte nützen, sich als Gegenbeweis auf Arbeiten zu stützen, die auf einem längst überholten Kenntnisstand beruhen?

Eine Vermutung wäre, dass es in erster Linie darum ging, die Öffentlichkeit zu beruhigen. »Neuartige Infektionserreger als Krebsrisikofaktoren« – mit dieser Überschrift hatte das Krebsforschungszentrum zur Pressekonferenz geladen, auf der die Forschungsergebnisse präsentiert wurden. Das Wort Krebs in Verbindung mit unserer Milch? Und das nicht von einem unbekannten Wissenschaftler irgendwo weit weg, sondern von einem renommierten deutschen Krebsforscher, der in seinem Fachgebiet mit jedem nur denkbaren Preis und Dutzenden Ehrendoktorwürden ausgezeichnet wurde? Entsprechend heftig waren die Reaktionen in den Medien. Das dürfte vielen übel aufgestoßen sein – dem Bauernverband, der Milchindustrie, dem Bundesministerium für Ernährung und Landwirtschaft. Dafür spricht auch, dass sich das Krebsforschungsinstitut veranlasst sah, in der Woche darauf eine Pressemitteilung zu verschicken, um etwas Dampf aus dem Kessel zu lassen. Einige Zeitungen hätten das Thema zugespitzt dargestellt, manche Aussagen seien verzerrt worden. Das Institut, so hieß es in der Erklärung, warne nicht vor Milch- und Fleischkonsum, bemühe sich aber, seit Langem bekannte Zusammenhänge mit chronischen Erkrankungen ursächlich aufzuklären. An den Fakten jedoch gab es nichts zu rütteln.

Vom Tisch ist die Sache weder beim Bundesinstitut für Risikoforschung noch beim Max Rubner-Institut. Im Gegenteil, dort wird inzwischen selbst dazu geforscht. Zum Beispiel, in welchen Lebensmitteln BMMFs vorkommen – offenbar nicht nur in tierischen, sondern auch in pflanzlichen. Mit welchen Methoden man sie am zuverlässigsten nachweisen kann, wie es um ihre Infektiosität bestellt ist, und ob es Möglichkeiten gibt, sie in Lebensmitteln unschädlich zu machen. Allerdings geschieht das interessanterweise weitgehend unter Ausschluss der Öffentlichkeit. Man muss gründlich suchen, um einen diesbezüglichen Hinweis zu finden.

Im Protokoll zur 5. Sitzung der »Kommission Biologische Gefahren und Hygiene« am Bundesinstitut für Risikoforschung vom 3. Dezember 2021 wird zumindest erwähnt, dass aktuelle Ergebnisse der verschiedenen Forschungsgruppen vorgetragen wurden, ohne allerdings Details zu nennen. Da in dem Papier ebenso vermerkt ist, die gemeinsame Stellungnahme des Bundesinstituts für Risikobewertung und des Max Rubner-Instituts zum Thema BMMFs würde derzeit überarbeitet, was auf neue Erkenntnisse hoffen lässt, bat ich die Pressesprecherin des Bundesinstituts per Mail um genauere Informationen. Immerhin waren seit der Sitzung mehr als fünf Monate vergangen. Doch Fehlanzeige, nach drei Wochen noch immer keine Antwort. Meine freundliche Nachfrage wurde ebenfalls ignoriert. Dieses dröhnende Schweigen kenne ich gut. Bei den Recherchen für unsere ZDF-Dokus über Lachsfarmen (2020) und Massentierhaltung (2022) haben wir dieselben Erfahrungen gemacht. Als dann doch noch eine Mail vom Bundesinstitut einging, war ich überrascht. Die Stellungnahme, so wurde mir mitgeteilt, sei im April 2022 aktualisiert worden, ihre Veröffentlichung sei »demnächst« vorgesehen. An der Kernaussage habe sich allerdings wenig geändert.

Welche Kernaussage? In der ursprünglichen Stellungnahme heißt es unter dem Punkt »Fazit«: »Eine Bewertung möglicher Gefahren durch die sogenannten ›Bovine Meat and Milk Factors‹ (BMMFs) als mögliche Krebsrisikofaktoren ist aufgrund unzureichender Datenlage zurzeit nicht möglich.« Auf Grundlage des bisherigen Wissens über den Zusammenhang zwischen dem Konsum von rotem und prozessiertem Fleisch und einem erhöhten Darmkrebsrisiko wird im Einklang mit der Deutschen Gesellschaft für Ernährung aber empfohlen, den Fleischverzehr auf maximal 600 Gramm pro Woche zu begrenzen. Dagegen wird der Konsum von Kuhmilch »weiterhin uneingeschränkt empfohlen« und speziell für Kinder im ersten Lebensjahr »befürwortet«.

Zu gern hätte ich gewusst, ob dieses mehr als fragwürdige Fazit damit gemeint ist. Nicht einmal die Deutsche Gesellschaft für Ernährung empfiehlt einen uneingeschränkten Milchkonsum. Doch noch Anfang September, neun Monate nach besagter Sitzung und fünf nach der angeblichen Überarbeitung der Risikoeinschätzung, war die avisierte Stellungnahme nicht zugänglich. Manche Behörden arbeiten offenbar noch langsamer als meine Wahlheimat Bayern an der Energiewende.

In der Mail wurde mir außerdem erklärt, dass besagte Sitzung der Kommission nicht öffentlich gewesen sei, folglich würden auch die Vorträge zu den Forschungsergebnissen, die dort gehalten wurden, nicht veröffentlicht. Man fragt sich, warum solche Kommissionen dermaßen im Verborgenen arbeiten. Wenn dafür Steuergelder aufgewendet werden, was nahe liegt, haben wir Steuerzahler ein Recht darauf, über die Tätigkeit und wichtige Ergebnisse zeitnah informiert zu werden, anstatt erst aufwendig suchen zu müssen und am Ende doch nichts zu erfahren. Das Gleiche gilt für die entsprechenden Forschungsarbeiten am Max Rubner-Institut, auch sie werden größtenteils mit Staatsmitteln finanziert.

Ich muss zugeben, vorher noch nie von dieser Kommission gehört zu haben. Wahrscheinlich bin ich da nicht der Einzige. Dabei hat die Kommission eine überaus wichtige Aufgabe, nämlich das Bundesinstitut »bei der Identifizierung von Gefahren, die in Lebensmittelinfektionen und -intoxikationen resultieren«, zu beraten. »Einen besonderen Schwerpunkt bilden Fragen zum Vorkommen und zur Bewertung von Krankheitserregern und deren Toxinen entlang der Lebensmittelkette.« Zu Mitgliedern der Kommission werden Wissenschaftler und Wissenschaftlerinnen aus Universitäten, Landesuntersuchungsämtern, den Bundesforschungsanstalten, der Bundeswehr und der Industrie berufen. Sie agieren ehrenamtlich, wissenschaftlich und unabhängig – zumindest wird das auf der Website des Instituts behauptet. Ein Blick auf die Liste der aktuellen Gremiumsmitglieder zeigt aber, dass bei mindestens zwei von ihnen enge Verbindungen zur Agrarindustrie bestehen. Da ist einmal die Geschäftsführerin eines Labor- und Dienstleistungszentrums im Allgäu, dessen Kundenliste nach eigener Darstellung von führenden Unternehmen der europäischen

Milchwirtschaft über Firmen der gesamten Lebensmittelbranche bis hin zu großen Handelsketten reicht. Gesellschafter des Unternehmens ist der Milchwirtschaftliche Verein Bayern e. V., der gemäß eigener Satzung die Milchwirtschaft zu fördern und deren Belange im Interesse der Vereinsmitglieder zu vertreten hat. Das macht er mithilfe verschiedener eigener Institutionen, darunter der Bayerische Bauernverband, der Verband der Milcherzeuger Bayern e. V. und die Süddeutsche Butter- und Käse-Börse.

Ebenfalls in der Kommission vertreten, immerhin durch ein Vorstandsmitglied, ist die Deutsche Landwirtschafts-Gesellschaft, eine Netzwerkorganisation der Agrar- und Ernährungswirtschaft mit über 30 000 Mitgliedern, die als gemeinnütziger Verein mit zahlreichen Tochterunternehmen im In- und Ausland agiert, etwa in China, Thailand, Russland, Polen, Bulgarien und der Ukraine. Bei Konsumenten dürfte sie vor allem durch das DLG-Siegel bekannt sein, mit dem jedes Jahr Lebens- und Genussmittel in den Kategorien Gold, Silber und Bronze prämiert werden (hierzu später mehr).

Abgesehen davon ist auch das Bundesinstitut für Risikoforschung des Öfteren wegen möglicher Interessenkonflikte von Kommissionsmitgliedern (zum Beispiel Verbindungen zur Lobbyorganisation ILSI) und zweifelhafter Bewertungen in die Kritik geraten. An den wohl spektakulärsten Fall kann vermutlich nicht nur ich mich noch gut erinnern. Es ging um das umstrittene Totalherbizid Glyphosat, das Krebsforscher der Weltgesundheitsorganisation WHO als »wahrscheinlich krebserregend« bewertet hatten. Das Bundesinstitut verfasste daraufhin eine Risikoanalyse für die Europäische Behörde für Lebensmittelsicherheit (EFSA), auf deren Grundlage über die weitere Zulassung des Unkrautvernichters in der EU entschieden werden sollte. Im Zuge des Skandals wandten sich rund 100 Wissenschaftler und Wissenschaftlerinnen mit einem offenen Brief an den EU-Gesundheitskommissar und erhoben schwere Vorwürfe gegen die EFSA und das Bundesinstitut. Dessen Analyse enthalte schwerwiegende Mängel, sei in Teilen wissenschaftlich inakzeptabel, und ihre Ergebnisse würden von den vorliegenden Daten nicht gedeckt. Zuvor hatte die *Süddeutsche Zeitung* publik gemacht, dass die Prüfer des Bundesinstituts wesentliche Teile ihres Berichts, insbesondere wo es um mögliche Krebsrisiken geht, nahezu wortwörtlich aus Bewertungsunterlagen des größten Glyphosat-Produzenten Monsanto (mittlerweile Teil des deutschen Chemie- und Pharmakonzerns Bayer) übernommen hatten, ohne dies entsprechend zu kennzeichnen. Der Hersteller des Pflanzengifts selbst durfte also ungeprüft die Verträglichkeit seines eigenen Produkts bewerten, und das Resultat wurde dann als unabhängige Facheinschätzung deklariert. Das ist in etwa so, als würde man die Entscheidung darüber, ob ein neues Medikament tatsächlich unbedenklich ist, dem jeweiligen Pharmaunternehmen überlassen.

Darüber hinaus wurde die Behauptung der Verfasser angezweifelt, für ihre Risikobewertung mehr als 1000 Studien, Dokumente und Veröffentlichungen gründlich geprüft und ausgewertet zu haben. Vielmehr, so der Vorwurf, hätten sie fast alle unabhängigen kritischen Glyphosat-Studien unberücksichtigt gelassen, nachdem diese von Glyphosat-Herstellern als »not reliable« abqualifiziert worden seien. Wie die Sache ausging, ist bekannt, das Pflanzengift darf aufgrund massiver Lobbyarbeit der Agrar- und Chemieindustrie weiterhin verwendet werden. Dieses Jahr sollte eine neue Entscheidung getroffen werden, ob es in der EU zugelassen bleibt, sie wurde aber auf 2023 vertagt. Angeblich braucht die zuständige EU-Behörde mehr Zeit, um ein Gutachten zu erstellen. Vielleicht hätte man früher damit anfangen sollen, der Termin stand seit Jahren fest. Vermutlich sind im Hintergrund aber wieder ganz andere Kräfte am Werk. Derweil laufen in den USA zahlreiche Klagen gegen Bayer-Monsanto, in denen glyphosathaltige Produkte für Krebserkrankungen verantwortlich gemacht werden.

Und noch ein Wort zu Harald zur Hausen: Für den hochangesehenen Forscher waren die Reaktionen, die ihm und seinem Team entgegenschlugen, keine neue Erfahrung. Als er in den Siebzigerjahren erstmals seine Theorie zu Papillomviren veröffentlichte, dass diese an der Entstehung von Gebärmutterhalskrebs beteiligt sein könnten, wurde ihm nicht geglaubt. Er forschte weiter und fand im Krebsgewebe betroffener Frauen tatsächlich solche Viren. Seine Entdeckung, für die er den Nobelpreis erhielt, führte schließlich dazu, dass ein Impfstoff entwickelt werden konnte, auch wenn die Impfung umstritten ist. 30 Jahre vergingen bis dahin. Man kann nur hoffen, dass es nicht so lange dauert, bis in Sachen BMMFs Klarheit herrscht, welche Auswirkungen sie auf die Gesundheit haben.

Vor allem frage ich mich, wie man als Durchschnittsbürger Informationen findet, auf die man sich verlassen kann. Kaum eine Woche vergeht, ohne dass irgendwo auf der Welt neue Erkenntnisse über die gesundheitliche Wirkung von Kuhmilch oder Milchprodukten verbreitet werden. Aber wer ordnet diese ein? Wer beurteilt, welchen Nachrichten man trauen kann oder ob möglicherweise wirtschaftliche Interessen dahinterstecken? Und wie geht man angesichts unterschiedlichster Meinungen damit um, wenn sich beispielsweise ein leitender und angesehener Mitarbeiter des Max Rubner-Instituts, einer staatlichen Einrichtung, immer wieder mit der Aussage zitieren lässt, Milch habe sehr viel Eiweiß, sehr viel Kalzium, sehr viele Vitamine und sei und bleibe aus ernährungswissenschaftlicher Sicht ein sehr gesundes Lebensmittel? Bernhard Watzl heißt der Mann, ein Professor, der hartnäckig ein positives Image der Milch propagiert. Dieser Tage wurde er nach über 30 Jahren beim Rubner-Institut verabschiedet, bekleidet aber noch das Amt eines von zwei Vizepräsidenten bei der Deutschen Gesellschaft für Ernährung. Von ihr und ihren zehn Ernährungsregeln war schon die Rede. Sie ist sozusagen die oberste Instanz für gesunde Kost im Land, so wird es zumindest gern dargestellt. Die Gesellschaft firmiert als eingetragener Verein, der laut Satzung ausschließlich und unmittelbar gemeinnützige Ziele verfolgt. Zu seinen Grundsätzen gehört, nur wissenschaftlich fundierte Aussagen zu treffen, die neutral, unabhängig und transparent erarbeitet werden. Das Jahresbudget lag zuletzt bei über acht Millionen Euro. Etwa drei Viertel davon kamen aus der Steuerkasse. Soweit die leicht zugänglichen Fakten. Gräbt man tiefer, erfährt man, dass in manchen Arbeitskreisen und Beiräten dieser vorgeblich unabhängig agierenden Gesellschaft Vertreter der Milchwirtschaft oder ihrer Interessenverbände sitzen. Es ist also wenig überraschend, dass die DGE der Milch überaus wohlgesonnen zu sein scheint. Die Thüringer Sektion der Gesellschaft zum Beispiel veranstaltet seit Jahren sogenannte Milchpartys an Kitas und Schulen, als Projekt der praktischen

Gesundheitsförderung – finanziert von der Landesvereinigung Thüringer Milch e. V., in der sich milcherzeugende und -verarbeitende Betriebe mit anderen Unternehmen und Verbänden der Milchwirtschaft des Freistaats zusammengeschlossen haben.

Professor Watzl sitzt auch im Verwaltungsrat der Gesellschaft, der die Geschäftsführung bestellt und deren Arbeit überwacht. Und sein Name findet sich im Lobbyregister des Bundestags – als eine von fünf vertretungsberechtigten Personen eben jener Ernährungsgesellschaft, der DGE. Das Lobbyregister wurde zum 1. Januar 2022 neu eingeführt, per Gesetz. Es soll jedem Bürger ermöglichen, »Strukturen der Einflussnahme durch Interessenvertreterinnen und Interessenvertreter auf den politischen Willensbildungs- und Entscheidungsprozess transparent nachzuvollziehen«. Mit Lobbyarbeit hatte der Professor übrigens schon vor Jahren zu tun, als er dem Wissenschaftlichen Beirat von ILSI Europe angehörte. Da sei die Frage gestattet, wie das alles zusammenpasst – Wissenschaftler, Vizepräsident, Interessenvertreter, unabhängig, neutral, staatsfinanziert?

Wenn man den Faktor Tierwohl ignoriert, scheint die Entscheidung pro oder contra Milch eine Glaubensfrage zu sein. Ein Beispiel, das seit Jahren kontrovers diskutiert wird, ist der Einfluss von Milchkonsum auf Osteoporose. Lange hieß es, das Kalzium der Milch würde helfen, der Skeletterkrankung vorzubeugen. Für die Deutsche Gesellschaft für Ernährung gilt das immer noch – Milch sei Kalziumlieferant Nummer 1, sorge für gesunde Knochen und schütze vor Osteoporose. Auch deshalb empfiehlt sie, täglich Milch- und Milchprodukte zu konsumieren, noch bis vor Kurzem riet sie zu 200 bis 250 Gramm Milch und 50 Gramm Käse. Immerhin sieht Professor Watzl diese Empfehlung differenzierter. Er hält die Kalzium-Versorgung durch Milch bei Kindern und Jugendlichen für wichtig, sie festige die Knochen und beeinflusse ihre Dichte und Masse. Ab einem Alter von etwa 20 Jahren aber sei die Knochenfestigkeit nicht mehr zu verbessern.

US-amerikanische Wissenschaftler wiederum kamen nach Auswertung Dutzender Studien zu dem eindeutigen Schluss, dass Milchkonsum keineswegs vor Osteoporose und Knochenbrüchen schütze. Selbst die These zum erhöhten Kalziumbedarf bei Kindern und Jugendlichen zweifelten sie an, da der Organismus die körpereigene Absorption von Kalzium von selbst hochfahre, sobald zu wenig über die Nahrung aufgenommen würde. Nach den Daten der Forscher aus Boston steigt das Risiko von Knochenbrüchen sogar, je mehr Milch und Milchprodukte verzehrt werden. Einige der ausgewerteten Studien lieferten Anhaltspunkte dafür, dass häufiger Milchkonsum in der Kindheit zu einem höheren Frakturrisiko im Alter führen kann.

Ähnlich gegensätzlich verlaufen die Fronten bei Fragen wie:

- Fördert Milchkonsum Übergewicht?
- Begünstigt Milch die Entstehung von Diabetes?
- Wirken Milchfette positiv auf die Gesundheit?
- Lässt hoher Milchkonsum den Blutdruck sinken?
- Erhöht fettarme Milch das Risiko, an Parkinson zu erkranken?
- Kann Milch den Cholesterinspiegel senken?
- Bekommen Teenager durch Milch Akne?
- Sind Umweltgifte wie Dioxin und PCB in Milch gefährlich, auch wenn sie die zulässigen Höchstwerte nicht überschreiten?
- Schützt Milch vor Herz-Kreislauf-Erkrankungen oder bewirkt sie genau das Gegenteil?

Größere Einigkeit herrscht beim Thema Prostatakrebs, auch wenn das potenzielle Risiko von den Lagern unterschiedlich bewertet wird. Allgemein anerkannt ist mittlerweile, dass der tägliche Konsum von einem Liter Milch oder mehr das Erkrankungsrisiko erhöht. Wer nicht solche Mengen konsumiert, ist trotzdem gefährdet, wenn er zusätzlich bestimmte Mengen an Joghurt und Käse zu sich nimmt. Nach einer erst kürzlich veröffentlichten US-Studie steigt das Risiko bereits bei zwei Gläsern Milch am Tag um etwa 25 Prozent – verglichen mit Männern, die innerhalb einer Woche nicht mehr als ein Dreiviertel Glas trinken.

Auch die erhöhte Wahrscheinlichkeit, als Frau durch tägliches Milchtrinken an Brustkrebs zu erkranken, lässt sich kaum noch wegdiskutieren.

So offenbarte eine Studie der Loma Linda University in Kalifornien, für die rund 53 000 Frauen über einen Zeitraum von knapp acht Jahren beobachtet wurden, dass bereits geringe Mengen das Risiko signifikant erhöhen – im Vergleich zu Frauen, die keine Milch trinken. Besonders interessant dabei: Für die Studie wurden ausschließlich Daten von Frauen gesammelt, die den Adventisten angehören. Sie sind dafür bekannt, dass sie Wert auf eine gesunde Lebensführung legen. Viele ernähren sich vegetarisch oder vegan und verzichten auf Alkohol und Tabak. Bei ihnen waren andere Risikofaktoren automatisch ausgeschlossen.

Nur 60 bis 80 Milliliter pro Tag, so das Ergebnis der Studie, ließen das Krebsrisiko um 30 Prozent ansteigen, eine Tasse, also etwa 240 Milliliter, um 50 Prozent. Tranken Frauen jeden Tag zwei oder drei Tassen, waren es schon bis zu 80 Prozent, und das nahezu unabhängig vom Fettgehalt der Milch. Um es anschaulicher zu machen: Allgemein liegt das Brustkrebsrisiko für Frauen in entwickelten Industrieländern bei etwa 10 Prozent. Durch eine Tasse Milch täglich würde es gemäß der Studie auf 15 Prozent steigen, durch zwei oder drei Tassen auf bis zu 18 Prozent. Als mögliche Ursache wird, nicht nur bei dieser Studie, die Wirkung von Hormonen vermutet. Wie beschrieben, werden Milchkühe in der industriellen Tierhaltung fast das ganze Jahr über trächtig gehalten, deshalb ist ihre Milch reich an Geschlechtshormonen. Diese begünstigen die Entstehung von Brustkrebs – und vermutlich auch anderer Arten wie Hoden- und Eierstockkrebs.

Der Hautarzt Bodo Melnik, einer der entschiedensten Milchgegner in unserem Land, sieht noch ein weiteres Hormon kritisch. In der Fachwelt wird es als »IGF-1« bezeichnet, die Buchstaben stehen für »insulin-like growth factor«. Es ist das stärkste Wachstumshormon des Menschen. Nach Melniks Theorie stimulieren in Kuhmilch enthaltene Aminosäuren die Bildung von IGF-1 und Insulin, einem anderen Wachstumshormon. Beide wiederum aktivieren ein bestimmtes Enzym, das das Zellwachstum reguliert, in jeder einzelnen Zelle. Das ist in den ersten Monaten nach der Geburt und in der Wachstumsphase enorm wichtig. Eine dauerhafte Überaktivierung aber gilt für Melnik als gemeinsamer Nenner aller

Zivilisationskrankheiten. Deshalb fordert er seit Jahren, Milch nicht als Nahrung zu sehen, sondern als biologisches Signalsystem zwischen Mutter und Neugeborenem, mit der Aufgabe, für die begrenzte Zeit des Stillens Wachstum und Programmierung des Kindes zu fördern. Fakt ist, dass der Mensch als einziges Lebewesen die Muttermilch einer anderen Art trinkt, und das sein ganzes Leben lang. Im gesamten Tierreich gibt es keine Spezies, die nach dem Abstillen weiterhin Milch konsumiert.

In der Forschung sind Hormone und ihre Wirkung als Krebsverursacher ein Dauerthema. Ein wesentlicher Faktor ist, dass die heutige Milch ein völlig anderes Produkt ist als vor 20 und erst recht vor 50 Jahren. Problematisch scheint demnach nicht die Milch per se, sondern die industrialisierten Methoden ihrer Produktion, das erzwungene Dauerträchtigsein, der Melkrhythmus fast übers ganze Jahr hinweg, die Haltung eingepfercht in Ställen, das Füttern mit speziellem Kraftfutter (ob genmanipuliert oder nicht, es ist für die Tiere keine natürliche Nahrung), das Verarzten mit Antibiotika, die Verarbeitung der Rohmilch nach dem Melken, das Haltbarmachen. Milch kommt nicht von gesunden, glücklichen, sondern von gequälten, oft kranken Kühen. Dieses System kann auf Dauer weder funktionieren noch gesunde Nahrungsmittel produzieren. Bei Sportlern sagt man: höher, schneller, weiter. Übertragen auf Milchkühe heißt das: mehr, mehr, noch mehr. Aber ob das der richtige Weg ist? Meiner Ansicht nach definitiv nicht.

Unsere Gesundheit: Warum es die Milch (eben) nicht macht

Auf keinen Fall das Richtige ist Milch für Menschen, die eine Laktoseintoleranz haben. Wer sich mit dem Thema befasst, stößt schnell darauf, dass Laktoseintoleranz menschheitsgeschichtlich einmal der Normalzustand war. Vor Tausenden von Jahren bildeten vermutlich nur Säuglinge und Kinder das Enzym Laktase in ihrem Darm. Dessen Aufgabe war es, die über die Muttermilch aufgenommene Laktose (Milchzucker) aufzuspalten, damit ihre Bestandteile durch die Darmwand ins Blut gelangen konnten. Mit fortschreitendem Alter stellte der Körper die Produktion des Enzyms komplett ein oder drosselte sie auf ein Minimum – weil der heranwachsende Körper es nicht mehr benötigte. In der Natur geschieht selten etwas ohne Grund.

Seit Langem wird erforscht, warum heute auch Erwachsene Kuhmilch verdauen können wie Babys die Muttermilch. Zunächst wurde vermutet, dass die Entstehung der Landwirtschaft und die damit verbundene Verwendung von Kuh-, Schaf- und Ziegenmilch als Nahrungsmittel dazu führte. Dass sich also der menschliche Organismus durch die Gewohnheit, Milch zu trinken, daran anpasste. Heute geht die Wissenschaft davon aus, dass eine Mutation des Gens, das die Bildung des Enzyms ermöglicht, dafür verantwortlich ist. Durch diese Genmutation wird das Enzym im Erwachsenenalter weiter produziert. Das wiederum wirft die Frage auf, warum sich – entwicklungsgeschichtlich betrachtet – ausgerechnet diese Genveränderung so schnell durchsetzen und verbreiten konnte. Eine mögliche Erklärung liefert eine internationale Studie, die im Juli 2022 in der Fachzeitschrift *Nature* veröffentlicht wurde. Ihr zufolge könnten Hungersnöte und Krankheitsepidemien diese biologische Selektion beschleunigt haben. Während in normalen Zeiten der Milchkonsum bei Laktoseintoleranten zu Krämpfen, Durchfall und Blähungen führte, könnte das bei stark Unterernährten und von Infektionskrankheiten Betroffenen zu einer erhöhten Sterblichkeit geführt haben. Ihr Organismus war geschwächt und verkraftete die Auswirkungen des hohen Laktosegehalts von Milch nicht. So weit die Theorie der Forschungsgruppe. Einfacher ausgedrückt: Menschen mit dem veränderten Gen, das Milch für sie verdaulich machte, überstanden solche Krisenzeiten besser. Dagegen starben viele, die nicht das mutierte Gen hatten, bereits in jungen Jahren, noch bevor sie für Nachwuchs und damit die Fortsetzung ihrer Ahnenlinie sorgen konnten.

Interessanterweise trifft dies nicht in gleichem Maß auf alle Regionen der Erde zu. Die Mehrheit der erwachsenen Weltbevölkerung, etwa 75 Prozent, ist bis heute laktoseintolerant. Sie stellt also mit zunehmendem Alter die Bildung des Enzyms Laktase ein, zumindest so weit, dass damit kein Milchzucker mehr aufgespalten werden kann. Es gibt ein starkes Nord-Süd-Gefälle, weltweit und in Europa. In Schweden und Dänemark zum Beispiel weisen nur 2 bis 5 Prozent der Bevölkerung eine Laktoseunverträglichkeit auf. In Südfrankreich sind es etwa 65 Prozent, in Afrika und Asien zwischen 65 und 90 Prozent, in manchen Teilen Asiens sogar über 90 Prozent. Die Angaben für Deutschland schwanken zwischen 15 und 20 Prozent – mit eindeutig steigender Tendenz. Ein Grund dafür dürfte sein, dass in Wirklichkeit schon jetzt viel mehr Menschen laktoseintolerant sind, es aber erst später feststellen. Entweder weil sie ohnehin selten oder wenig Milch und laktosehaltige Produkte konsumieren und meist nur leichte, vorübergehende Beschwerden haben, die entweder ignoriert oder still hingenommen werden. Oder weil sie für ihre Beschwerden, wenn sie stärker sind, andere Ursachen verantwortlich machen. Typische Symptome bei Laktoseunverträglichkeit sind Blähungen, Völlegefühl, Durchfall, Übelkeit und Erbrechen. Wenn einem von Kindheit an eingetrichtert wird, Milch sei gesund, sucht man logischerweise erst mal woanders nach dem Grund des Übels. Es gibt noch eine dritte Möglichkeit, die bei Laktoseintoleranz nicht selten vorkommt: dass sich trotz Milchkonsums gar keine Symptome einstellen.

Laktoseintoleranz hat viele Gesichter. Grundsätzlich unterscheidet man zwischen einer genetisch bedingten (primäre Laktoseintoleranz) und einer, die sich als Folge bestimmter Erkrankungen einstellen kann (sekundäre Laktoseintoleranz), beispielsweise durch Darmentzündungen, Zöliakie (Glutenunverträglichkeit), Diabetes oder Morbus Crohn. Bei erster Variante handelt es sich entwicklungshistorisch wie dargestellt um den Ausgangszustand und nicht um einen später entstandenen Gendefekt. Daher ist es auch falsch, Laktoseintoleranz als Krankheit zu bezeichnen, was ausgerechnet das Bundeszentrum für Ernährung auf seiner Website tut. Dort heißt es: »Gesunde Menschen können Laktose im Dünndarm durch das körpereigene Enzym Laktase in die Zucker Galaktose und Glukose spalten.« So formuliert, werden alle, deren Körper das nicht kann, als krank abgestempelt – immerhin ein paar Millionen. Dieses Bundeszentrum arbeitet im Auftrag des Bundesministeriums für Ernährung und Landwirtschaft und bezeichnet sich selbst als »Kompetenz- und Kommunikationszentrum für Ernährungsfragen in Deutschland«. Eigentlich wollte ich mich hier über die neuesten Erkenntnisse zum Thema informieren. Wenn jedoch schon das Grundsätzliche nicht stimmt, verzichte ich lieber auf diese Quelle. Leider bestätigt das nur meine bisherigen Erfahrungen, und es wird sich in den nächsten Kapiteln immer wieder zeigen, dass Informationen auf den Webseiten der Behörden mit Vorsicht zu genießen sind.

Was es für Menschen mit Laktoseintoleranz besonders schwierig macht, ist, dass Milchzucker längst nicht nur in Milch oder Milchprodukten vorkommt. Auch bei vielen anderen Lebensmitteln müssen sie vorsichtig sein. Dafür gibt es mehrere Gründe. Einer der wichtigsten, vor allem für die profitgesteuerte Lebensmittelindustrie: Laktose ist billig. Sie wird aus Molke gewonnen, im Prinzip ein Abfallprodukt, zum Beispiel bei der Käseherstellung. Weil Laktose sich gut als Bindemittel, Geschmacksverstärker und Füllmaterial eignet, wird sie den unterschiedlichsten Produkten beigemischt, auch solchen, bei denen man es nicht vermuten würde. Hier eine Auswahl: Medikamente, Zahnpasta, Mundwasser, Tiefkühlgerichte/Tiefkühlpizza, Wurst/Aufschnitt, Bratwurst, Gemüsekonserven, Brot, Gebäck, Aufstrich, Schokolade, Fertigteig, Likör, Suppen, Desserts, Salatsoßen, Müsli. Im Idealfall kann man der gesetzlich vorgeschriebenen Zutatenliste auf der Verpackung entnehmen, ob Laktose enthalten ist. Dummerweise steht es nicht drauf, wenn sie in einem Milchprodukt enthalten ist, das als Zutat verwendet wurde. In diesem Fall muss sie nicht gesondert aufgeführt werden. Beispiele hierfür sind: Butter, Crème Fraîche, Milch oder Milchpulver, Frischkäse, Joghurt, kurzgereifte Käsesorten, Milchfett, Molke, Quark, Rahm, Sahne, Schokoladenzubereitung und E 966 (dahinter verbirgt sich das synthetische Süßungsmittel Lactit).

Wer unter den genannten Symptomen von Laktoseintoleranz leidet, aber unsicher ist, ob der Enzymmangel tatsächlich die Ursache ist, der kann beim Arzt verschiedene Tests machen lassen. Einer davon ist ein unkomplizierter Wasserstoff-Atemtest. Der Patient trinkt eine Milchzucker-Lösung und pustet anschließend in bestimmten Zeitabständen in ein Messgerät, ähnlich wie bei einer Alkoholkontrolle der Polizei. Das Gerät misst den Wasserstoffgehalt der Atemluft. Wasserstoff bildet sich, wenn Laktose im nicht aufgespaltenen Zustand in den Dickdarm gerät und dort von Bakterien zersetzt wird.

Wer sich den Arztbesuch ersparen will, sollte einfach eine Zeit lang auf Milch und milchhaltige Produkte verzichten – bei den meisten stellt sich schnell heraus, ob die Symptome dadurch abklingen. In meinem Bekanntenkreis gibt es mehrere Leute, die durch den Verzicht auf Milchprodukte die unterschiedlichsten Beschwerden losgeworden sind. Eine befreundete Kollegin schlug sich jahrelang mit Hautproblemen herum. Sie probierte so ziemlich alles, alternativ-medizinisch und konventionell – ohne Erfolg. Darauf, dass es an der Milch liegen könnte, waren weder sie noch ihre Ärzte je gekommen. Dann musste sie für einige Wochen zum Arbeiten nach Asien, in eine Region, in der Milch nicht auf dem Speiseplan stand. Schon nach zwei Wochen ging es ihrer Haut wesentlich besser. Der Sohn von Freunden, der trotz seiner Neigung zu Pizza, Cola und Süßkram im Alter von 14 bereits im Hochleistungssport unterwegs ist, klagte jahrelang über Bauchweh. Er versuchte alles, verzichtete auf Pizza, auf Zuckerbrause, auf Müsli- und Energieriegel. Vor einem Jahr stieg er auf pflanzliche Milchprodukte um, ist seitdem beschwerdefrei – und darf weiterhin seine geliebten Pizzas und Riegel futtern.

Auch bei Akne, Allergien, Neurodermitis, Hormonstörungen und Autoimmunerkrankungen kann es vorteilhaft sein, Milchprodukte vom Einkaufszettel zu streichen. In diesen Fällen geht es allerdings nicht nur um die Laktase-Problematik. So wird beispielsweise Neurodermitis mit einer Milcheiweiß-Unverträglichkeit in Verbindung gebracht. Bei dem Milcheiweiß handelt es sich um Casein, so heißt der Proteinanteil in Milch, der etwa 80 Prozent aller Milcheiweiße ausmacht. Casein besteht aus mehreren Proteinen, die bei der Käseherstellung dafür sorgen, dass der Käse fest wird, ebenso bei Quark. Casein kann Allergien auslösen, die schlimmstenfalls lebensbedrohlich werden können. Die Kuhmilch-Allergie ist dabei nur eine Variante. Sie kann auch durch andere Milch- beziehungsweise

Molke-Eiweiße verursacht werden. Allgemein wird Casein oft als *der* Bösewicht der Milch betrachtet: entzündungsfördernd (etwa bei Gelenk- und Knochenschmerzen), schädlich bei Autoimmunerkrankungen, sogar eine krebsfördernde Wirkung wurde dem Protein in verschiedenen Studien zugeschrieben.

Auch wenn Milch seit unserer Kindheit das selbstverständlichste und alltäglichste aller Nahrungsmittel zu sein scheint: Der Lack am Image der guten alten Milch ist ab. Trotz aller Werbekampagnen verliert sie den Nimbus eines gesunden Produkts. Wer das bestreitet, ignoriert die Realität – anders kann man es nicht sagen.

II.

ECHTE KERLE ESSEN FLEISCH – ABER WISSEN SIE AUCH, WIE IHR SCHNITZEL HERANGEMÄSTET WIRD?

Stuten und Zuchtsauen: »Blutsschwestern« wider Willen

Jeden Frühling beginnt ein deutsches Ritual, das aus Männern wahlweise Neandertaler oder vermeintlich echte Kerle und aus männlichen Küchenmuffeln leidenschaftliche (Chef-)Köche macht: die Grillsaison. Der geliebte Grill wird ausgemottet, im Supermarkt, Discounter oder beim Metzger des Vertrauens möglichst preiswert Fleisch und Wurst besorgt, Bier kaltgestellt, und schon kann man dem archaischen Brauch frönen, nach seinerzeit erfolgreicher Mammut-, Bären- oder Wildjagd auf dem Feuer vor der Höhle seine Paläo-Diät zuzubereiten. Dass wir Mitteleuropäer uns nach monatelangem Winter, nasskaltem Wetter, Dunkelheit und Schneeregen freuen, endlich wieder im Freien, unter freiem Himmel und unter Leuten spachteln zu können, kann ich nur zu gut verstehen. Auch dass meine Geschlechtsgenossen nach der kindlichen Freude an Streichhölzern, Feuerchenmachen, Lagerfeuer und Silvesterfeuerwerk, auch im Erwachsenenalter noch gern herumzündeln, kann ich nachvollziehen. Fragwürdig scheint mir dabei nur, was auf teuren Weber- oder billigen Einweg-Grills landet, um gebraten zu werden, ohne dass die Grillmeister und ihre Gäste auch nur ahnen, wie es produziert wurde. Das wird uns seitens der Fleischindustrie aus guten Gründen verheimlicht. Ich denke aber, dass jeder Freund von Kotelett, Rostbratwürstchen, Steak oder Burger ein Recht darauf hat, zu wissen, was auf seinem Grill vor sich hin brutzelt, wo es herkommt und wie es hergestellt wurde. Womit wir beim Thema wären ...

Meura. Ich hatte diesen Namen noch nie gehört. Meura ist ein kleiner Ort im Thüringer Schiefergebirge, ein verschlafenes Nest, wie man sagt, das sich an einen Hang schmiegt, umgeben von Wald und Wiesen. Etwa 450 Einwohner, eine Kirche, evangelisch, Gasthof, Feuerwehr, ein altes Dorfbackhaus und eine noch ältere Linde, an die 500 Jahre soll sie sein. Sie steht in der Mitte des Dorfs, direkt an der Hauptstraße, wie beiseitegeschoben, die

Krone kräftig gestutzt. Die Hauptstraße heißt Ortsstraße, und die Straßen, die von ihr abgehen, heißen alle genauso. Einen Dorfbach gibt es auch. Und Vereine, mehr als man vermuten würde. Kirmesverein, Männergesangsverein, Schützenverein, Feuerwehrverein, Rassegeflügelzuchtverein, bestimmt habe ich welche übersehen. All das ist aber nicht der Grund, warum Menschen nach Meura kommen. Der Grund liegt ein Stück oberhalb der Dorfkirche. Auf dem Areal, das sich dort erstreckt, befindet sich ein Pferdegestüt – die größte Haflingerzucht Europas. Mit Ställen, Reithalle und Koppeln. Ein beliebtes Ausflugsziel für Pferdeliebhaber und Freunde des Reitsports, große wie kleine.

Die Geschichte dieses Gestüts reicht bis in die Sechzigerjahre zurück, in graue DDR-Zeiten. Damals war es ein »VEG Tierproduktion«, ein volkseigenes Gut. Da es in der sozialistischen Landwirtschaft an motorisierten Fahrzeugen ebenso mangelte wie an Benzin, war jemand auf die Idee gekommen, Haflinger, die als robuste Gebirgspferde gelten, aus Tirol zu importieren, Nachwuchs zu züchten und diesen als »Wirtschaftskleinpferde« einzusetzen. Oder anders ausgedrückt: als Transport- und Ackergäule – kräftig, pflegeleicht, sparsam im Futter. Und irgendwann entdeckten DDR-Veterinärwissenschaftler, dass man diese folgsamen Tiere auch für andere Zwecke nutzen kann, genauer gesagt: ihr Blut. Dabei ging es um das Blut der Stuten, und zwar, wenn diese trächtig waren. Dann nämlich bildet sich ein Sexualhormon, das für eine gewisse Zeit die Funktion der Eierstöcke anregt. Pregnant Mare Serum Gonadotropin nennt sich das, abgekürzt: PMSG.

Fragt sich, was das mit unserer Grillsaison zu tun hat. Die Antwort ist so kompliziert wie beunruhigend und führt uns zur industrialisierten Schweinezucht. Schon zu DDR-Zeiten wurde das PMSG-Hormon aus dem Stutenblut extrahiert und Zuchtsauen injiziert, um so deren Fruchtbarkeit zu steigern und den Brunstzyklus zu synchronisieren. Geforscht wurde daran vermutlich seit den Siebzigerjahren. Die Wissenschaftler spritzten den Versuchsschweinen das Hormon und ließen sie anschließend schlachten, um anhand von Gewebeproben herauszufinden, ob bewirkt wurde, was man beabsichtigt hatte. So steht es in alten Forschungsarbeiten.

Dazu sollte man wissen, dass es in der kleinen DDR Schweinemastanlagen gigantischen Ausmaßes gab. Die größte wurde in Haßleben betrieben, einem Dorf in der Uckermark, belegt mit über 140 000 Schweinen. Das Elend dieser Tiere mag man sich kaum vorstellen. Zuchtanlagen solcher und noch größerer Dimensionen werden aktuell in China gebaut, wo Mastfabriken mit Schweinehochhäusern entstehen, die bis zu 13 Etagen hoch sind. Vorbild könnte ein sechsstöckiger Plattenbau in Maasdorf/Sachsen-Anhalt gewesen sein, der zu DDR-Zeiten als Prestigeobjekt galt und noch bis 2018 für die Sauen-Zucht genutzt wurde, zuletzt von einem niederländischen Betreiber. Die Zustände müssen katastrophal gewesen sein. Tierschützer waren mehrfach in das Gebäude eingedrungen, um die Haltungsbedingungen zu dokumentieren. Dabei hatten sie auch gefilmt, wie Mitarbeiter Ferkel mit dem Kopf auf den Boden schlugen, um sie zu töten.

Doch zurück zur sozialistischen Ferkelproduktion. Um diese zahlenmäßig nach oben zu treiben, maximal effizient zu gestalten und die Arbeitsabläufe zu vereinfachen, sollten die Sauen eines Stalls alle zur gleichen Zeit trächtig werden und simultan »abferkeln«, also den Nachwuchs zur Welt bringen. Das wird erreicht, indem PMSG in Kombination mit einem weiteren Hormon verabreicht wird, das den Eisprung stimuliert – und zwar so präzise, dass man es auf den Tag genau steuern kann.

Soweit zur Vorgeschichte, die bis in die Gegenwart reicht. Denn das Hormon wird weiterhin eingesetzt, auch bei Rindern, Schafen und Ziegen, aber nirgends so systematisch wie in der Produktion von Schweinefleisch. Und der Bedarf an PMSG steigt rasant: Wurden von 2013 bis 2016 rund 3,8 Millionen Einzeldosen mit je fünf Milliliter PMSG in deutschen Ställen verabreicht, so erhöhte sich die Zahl von 2016 bis 2019 auf etwa 6,4 Millionen Dosen. Das kann man flächendeckend nennen, zumindest was größere Schweinemasten betrifft.

Als die Tierschutzorganisation Animal Welfare Foundation vor einigen Jahren mit schockierenden Videoaufnahmen enthüllte, dass für die PMSG-Gewinnung auf Blutfarmen in Argentinien und Uruguay Tausende Pferdestuten regelrecht ausgeblutet und ihre Föten im Mutterleib anschließend getötet werden, um sie möglichst schnell wieder trächtig werden zu lassen, war die Empörung groß. Nicht nur in den Medien, sondern auch in der Politik. Zumal bekannt wurde, dass mindestens ein deutsches Pharmaunternehmen, die in Dessau ansässige IDT Biologika, hervorgegangen aus dem DDR-Veterinärimpfstoffkombinat, PSMG aus Pferdeserum bezog, das von dort stammte. Gleiches galt für mehrere ausländische Firmen, die Niederlassungen in Deutschland betrieben. Auch das Fleisch der geschundenen Stuten, die geschlachtet werden, sobald ihre Fruchtbarkeit nachlässt, wird in EU-Länder geliefert, wo größtenteils Katzen- und Hundefutter daraus gemacht wird. Oder gelegentlich auch Lasagne für den menschlichen Konsum, was 2013 in Deutschland und ganz Europa für einen Aufschrei sorgte.

Nach dem Skandal machten sich Biologika und andere Pharmafirmen schleunigst auf die Suche nach neuen Lieferanten. Fündig wurden sie zum Beispiel in Island, wo das Geschäft mit Stutenblut seit Jahren floriert und mittlerweile mehr einbringen soll als die Zucht von Fohlen. Allein im Jahr 2020 machten isländische Blutlieferanten mit 5000 »Blutstuten« geschätzt rund zehn Millionen Euro Erlös. Wieder waren es die Aktivisten von Animal Welfare, die 2021 anhand von Videoaufnahmen belegten, dass auch auf der kühlen Insel mit den Stuten nicht gerade zimperlich umgegangen wird. Selbst für hartgesottene Doku-Gucker wie mich ist es schwer anzuschauen, wie die trächtigen Stuten mit Peitschenhieben und Schlägen oder von Hunden gejagt in Fixierboxen getrieben und dort an Rücken und Kopf festgeschnallt werden, damit sie stillhalten, wenn ihnen eine Kanüle, fast so dick wie ein Finger, in die Halsvene geschoben wird. Fünf Liter werden in einem Zug abgezapft, sie fließen per Schlauch direkt in einen Kanister. Diese Prozedur wird zwischen dem 45. und 110. Trächtigkeitstag – da ist die PMSG-Konzentration im Blut am höchsten – so oft wiederholt, bis jede Stute 40 bis 50 Liter geliefert hat.

Aufschlussreich waren im Zuge der Enthüllungen die Reaktionen der zuständigen deutschen Behörden. Die fanden das natürlich alles schlimm und zeigten die übliche Betroffenheit. Sie teilten mit, dass man in den Ländern, die PMSG liefern, den Austausch mit den verantwortlichen

Dienststellen suchen werde, um Änderungen anzuregen. Das übliche Blabla, selbstredend ohne jegliches Ergebnis.

Als erste Hinweise auftauchten, auch in Deutschland würde trächtigen Stuten Blut abgezapft, um PMSG zu gewinnen, gab man sich ahnungslos – darüber sei der Bundesregierung, konkret dem Bundesministerium für Ernährung und Landwirtschaft, nichts bekannt. Selbst nachdem Erkenntnisse der Staatsanwaltschaft in Dessau (dort wurde ein Strafantrag gegen IDT Biologika gestellt, Geschäftsnummer: 308 Js 26577/17) öffentlich wurden, die den Verdacht bestätigten, hieß es auf eine Anfrage von Bündnis 90/Die Grünen, der Bundesregierung lägen weder zu dem Schreiben noch dem darin dargestellten Sachverhalt »bezüglich einer angeblichen Produktion und Gewinnung von Pregnant Mare Serum Gonadotropin in Deutschland« Informationen vor. Die Gewinnung von PMSG, so wurde erklärt, wäre nach dem Tierschutzgesetz – Paragraf 7a, Absatz 1 Nummer 4 – als Tierversuch einzustufen und somit grundsätzlich genehmigungspflichtig. Allerdings oblägen Genehmigungen dieser Art den Länderbehörden, weshalb es in Berlin zu einzelnen Versuchsvorhaben keine Erkenntnisse gäbe.

Ich weiß, wie kompliziert und anstrengend Beamtendeutsch ist. Und wie schwer es der deutschen Bürokratie fällt, Klartext abzusondern. Die Details sind jedoch wichtig, um einordnen zu können, was danach geschah. In der Grünen-Anfrage wurde auch auf die »Leitlinien zur Gewinnung, Lagerung, Transport und Verabreichung von Blut und Blutprodukten im Veterinärbereich« verwiesen, die vom Bundesamt für Verbraucherschutz und Lebensmittelsicherheit erlassen wurden und die immer noch gelten. Demnach dürfen Stuten generell weder trächtig noch laktierend (milchgebend) sein, wenn sie als Blutspender benutzt werden.

Und noch etwas sollte erwähnt werden: Als die Anfrage der Grünen zu PMSG im Parlament behandelt wurde, war das Thema längst nicht neu, sondern den Behörden seit Jahren bekannt. Diese hätten also reichlich Zeit gehabt, sich bei den Landesministerien kundig zu machen. Umgekehrt hätten diese mehr als genügend Gelegenheiten gehabt, Licht ins Dunkel zu bringen. Beispielsweise bei der Agrarministerkonferenz, zu der sich die Agrarminister der Länder turnusmäßig zweimal im Jahr mit dem Bundesminister oder der -ministerin treffen. Ganz zu schweigen von diversen Fachgremien, die ständig im Austausch sein sollten, zumindest stellt man sich das so vor. Bei einer dieser Agrarministerkonferenzen – und hier wird's wahlweise amüsant, ignorant oder verlogen – hatten die versammelten Landesminister, einschließlich des Vertreters aus Thüringen, von der Bundesregierung gefordert, doch bitte zu prüfen, ob das umstrittene Bluthormon womöglich auch in Deutschland produziert werde.

Womit wir wieder in Meura wären, dem kleinen Dorf in Thüringen, und der dortigen Haflingerzucht. Im selben Jahr, als auf erwähnter Minister-Besprechung PMSG thematisiert wurde, gründete die Besitzerin des Gestüts die IGM-Inno Meura GmbH, eine Firma zur »Herstellung von Plasma, Serum oder anderen Produkten aus dem Blut von Pferden und deren Aufarbeitung zur Weiterverarbeitung«. Dabei war das zu dem Zeitpunkt keine neue Geschäftsidee, im Gegenteil. Die geschäftstüchtige Frau goss den Wein lediglich in ein anderes Gefäß. Was nun amtlich im Handelsregister als »Gegenstand des Unternehmens« stand, wurde bereits seit 1980 auf dem Gestüt praktiziert. Und genauso lange wurde nach Dessau geliefert, zunächst ans volkseigene Impfstoffkombinat, nach der Wende, mit kurzer Unterbrechung, dann an Biologika. Als wäre es eine gute alte Tradition.

In jedem Fall war und ist es ein einträgliches Geschäft. Und als das Thüringer Landwirtschaftsministerium endlich mit der Wahrheit herausrückte oder sich Durchblick verschafft hatte – immerhin soll die Landesregierung dem Gestüt bereits 2016 rund 470 000 Euro EU-Fördermittel für die PMSG-Produktion überwiesen haben –, klang es auf einmal, als wäre seit jeher alles in bester Ordnung: »Das Haflingergestüt Meura gewinnt Vollblut. Die IGM-Inno Meura GmbH gewinnt aus dem Blut Serum, welches als Rohstoff für die PMSG-Herstellung dient.« Und im Übrigen sei das Produzieren von PMSG weder als Tierversuch zu bewerten noch unterläge es den Leitlinien des Bundesamts für Verbraucherschutz. Frei nach Pippi Langstrumpf: Wir machen uns die Welt, widdewidde wie sie uns gefällt.

Die ministeriale Erklärung deckte sich interessanterweise exakt mit dem Standpunkt der Gestütschefin. Sie habe keine Genehmigung, erklärte sie Reportern, weil sie keine brauche. Auch beim zuständigen Veterinäramt verkündete man, der Gesetzgeber habe für solches Tun keine Genehmigung vorgesehen, somit sei es weder erforderlich noch möglich, eine zu erteilen. Zu einem anderen Schluss kam das Gutachten eines auf Pharmarecht spezialisierten Anwalts, der die Blutabnahmen als rechtswidrig einstufte, selbst wenn man sie als Tierversuch deklarieren würde. Denn dann müssten sie unerlässlich sein – was bedeutet: einem Zweck dienen, den, erstens, das Tierschutzgesetz gestattet und der, zweitens, nicht durch andere Mittel und Methoden erfüllt werden kann. Wie dehnbar das Tierschutzgesetz in Deutschland ausgelegt wird, ist hinlänglich bekannt. Aber der zweite Punkt trifft eben auch nicht zu – es gibt mehrere synthetisch hergestellte Tierarzneimittel zur Steuerung der Fruchtbarkeit von Zuchtsauen.

Die Besitzerin des Gestüts, das in den Medien und sozialen Netzwerken zum Teil heftig angefeindet wurde, beeilte sich zu erklären, die Blutgewinnung auf ihrem Hof sei nicht vergleichbar mit der in Südamerika oder Island. Bei ihr würde sie von einem Tierarzt vorgenommen, »unter strengen hygienischen Bedingungen und Einhaltung aller Tierwohlkriterien und gesetzlichen Regelungen«. Gleichzeitig offenbarte sie, dass zumindest die Tierwohlkriterien Auslegungssache sind. Nach ihren Angaben wurden den Stuten pro Woche viermal vier Liter abgenommen, davon am Tag danach zwei Liter mit roten Blutkörperchen wieder zurückgeführt. Experten sehen darin sehr wohl eine Gefahr für die Gesundheit der Pferde. Einerseits aufgrund der Menge, andererseits wegen der kurzen Zeitintervalle. Beides stört den Blutkreislauf und beeinträchtigt den Gehalt an Gerinnungsfaktoren, der lebenswichtig sein kann. Gefährlich sind auch die wiederholten großen Einstiche in die Halsvene, diese können zu einem Thrombose-Risiko führen. In jedem Fall dürfte die Prozedur für die Tiere eine Qual sein.

Stand der Dinge heute: In Meura werden trächtige Stuten weiter eifrig zur Ader gelassen, wie mir York Ditfurth, Vorstand der Animal Welfare Foundation, am Telefon berichtete. Sogar mit behördlichem Segen. Obwohl die Gestütschefin erklärt hatte, die Blutproduktion sei aus ihrer

Sicht nicht als Tierversuch einzustufen und deshalb weder anzeige- noch genehmigungspflichtig, tat sie genau das – »um allen Kritiken aus dem Weg zu gehen«. Beim Thüringer Landesamt für Verbraucherschutz prüfte man die Angelegenheit, fachlich und rechtlich, wie es hieß, und entschied, dass sie nun doch als Tierversuch anzusehen sei – um diesen dann prompt zu genehmigen.

Im Übrigen war das Gestüt in Meura kein Einzelfall. Zu DDR-Zeiten gab es mehrere Pferdezuchtbetriebe, in denen Blut für PMSG und andere Forschungszwecke gewonnen wurde. Einige befanden sich direkt neben großen Schweinemastanlagen, das verkürzte die Wege und sparte Zeit. In einem Internetforum wird berichtet, dass mancherorts mit den ungeborenen Föten in gleicher Weise verfahren wurde wie auf den südamerikanischen Blutfarmen. Das ist zwar noch kein Beweis, aber durch eine Doktorarbeit an der Friedrich-Schiller-Universität Jena von 2020, die sich mit dem Leben bäuerlicher Familien in der DDR befasst, hoffte ich, einen weiteren Hinweis zu finden. Darin berichtet einer der Interviewpartner, der früher LPG-Bauer war, die Serumproduktion auf einem Gestüt in Süd-Thüringen mit aufgebaut zu haben. Das könnte Meura gewesen sein, die Orts- und Zeitangaben passen. Später habe er sein dort erworbenes Fachwissen genutzt, um zu Hause im eigenen Stall selbst mehrere Stuten zu halten und regelmäßig für die Serumgewinnung bluten zu lassen. »Das brachte immer zwischen viereinhalb und sechstausend Mark, das war alles steuerfreies Geld.« Gern hätte ich diesen Mann selbst gesprochen, um noch mehr herauszufinden. Doch wie ich erfuhr, war er inzwischen verstorben.

Ausgenutzt: Nutztier Schwein

Es stellt sich die Frage, wen man mehr bedauern soll, die Pferde oder die Schweine. Im Allgemeinen gehören die Sympathien eher den Pferden. Was vermutlich anders wäre, wenn wir sie essen würden. Das tun manche zwar, bekanntlich gilt Pferdefleisch nicht nur in Frankreich als Delikatesse. Aber es ist kein Massenprodukt wie Schweine-, Rind- oder Geflügelfleisch. Kurioserweise hängt die Empathie, die wir Tieren entgegenbringen, davon ab, ob ihre Artgenossen in unseren Bratpfannen landen oder nicht.

Haustiere – Wildtiere – Nutztiere, das ist die Hierarchie, nach der wir unsere Zuneigung verteilen. Und die ist einerseits entlarvend, andererseits schizophren. Für Haustiere geben wir jährlich mehrere Milliarden aus, greifen für Futter und Accessoires tief ins Portemonnaie und verwöhnen unsere meist vierbeinigen Lieblinge. Ob sie artgerecht und mit genügend Platz gehalten werden, interessiert uns nur bedingt, und von Qualzüchtungen wie Möpsen, französischen Bulldoggen, deutschen Schäferhunden oder neuerdings Hunden mit verschiedenfarbigen Augen will ich hier gar nicht erst anfangen. Wildtiere wiederum bewundern wir, sie faszinieren uns – solange sie uns nicht zu nahe kommen, siehe Hai, Wolf oder Braunbär Bruno, der als zweijähriges Bärenjunges durch die Alpen streifte, in Bayern Schafe und Hühner tötete und deswegen 2006 als gefährlicher »Problembär« erschossen wurde.

Bei Nutztieren allerdings verhalten wir uns wie gefühllose Sadisten. Für Grillabend und Wurstsemmel sperren wir sie lebenslang ein, trennen sie von Familie und Nachwuchs, treten jedes Tierschutzgesetz mit Füßen, transportieren sie eingepfercht in LKWs kreuz und quer durch Europa und schlachten sie auf bestialische Weise. Ausgenommen vielleicht das knapp eine (!) Prozent der Tiere, die bei uns als Bio-Fleisch auf den Markt kommen. Schon das Wort »Nutztier« sagt alles: Diese Tiere werden benutzt, genutzt, ausgenutzt, damit wir sie kochen, räuchern, garen, braten oder grillen können. Der Begriff Nutztier suggeriert, dass ihr Wesen und damit ihre Existenzberechtigung einzig und allein darin besteht, einen Nutzen für uns Menschen zu haben – in erster Linie als Nahrungsmittellieferant und Einnahmequelle. Ich kenne niemanden, der ein Reitpferd, einen Spür-, Blinden- oder Lawinenhund als Nutztier bezeichnen würde. Nutztiere werden wie Sachgegenstände behandelt: Sobald sie keinen Nutzen mehr für uns haben, beispielsweise als Kuh nicht mehr genug Milch liefern (im wirtschaftlichen Sinne), werden sie ohne ethische oder sonstige Skrupel und mit mörderischer Routine entsorgt beziehungsweise getötet.

Erzeugt, nicht gezeugt, werden sie sowieso nur, um sie schnellstmöglich zu mästen und zu schlachten, sobald sie die sogenannte Schlachtreife erreicht haben. Auch das ist ein perverser Begriff. Als wäre »schlachtreif« ein natürlich anzustrebender Zustand, wie »erntereif« bei Obst oder Gemüse.

»Wann ist ein Schwein schlachtreif?«, fragt eine Überschrift auf der Website des Bundesinformationszentrums Landwirtschaft, die im Auftrag und als Sprachrohr des Bundesministeriums für Ernährung und Landwirtschaft betrieben wird. Die Antwort: »Mastschweine sind schlachtreif, wenn sie ein Gewicht von 110 bis 120 Kilogramm erreicht haben. Unter guten Mastbedingungen benötigen sie dafür etwa fünf bis sechs Monate.« Diese Formulierung klingt, als würden die Tiere nur darauf warten, endlich beim Schlachter zu landen.

Warum das Schlachtgewicht – also der optimale Zeitpunkt zur Tötung eines Schweins – bei 110 bis 120 Kilogramm liegt, beantwortet das Bundesinformationszentrum so (hier leicht komprimiert): Am Anfang brauchen Schweine etwa zwei Kilo Futter, um ein Kilo Fleisch anzusetzen. Nach fünf, sechs Monaten müssen sie mehr als das Doppelte dafür fressen. Und da rentiert es sich für den Landwirt nicht mehr.

Entscheidend sind also die Futterkosten. Und der Fettanteil. Der darf nicht zu hoch sein, schließlich wollen die Verbraucher lieber fettarmes Fleisch als glibberige Speckschwarten auf dem Teller – und an der Hüfte. Randbemerkung: Die natürliche Lebenserwartung eines Hausschweins liegt bei 15 bis 20 Jahren.

Was mich zu dem tröstlichen Gedanken bringt, dass Schweine ihr Leid nicht sehr lange ertragen müssen. Zumindest die, die als Mastschweine ihr Dasein fristen. Noch so ein Wort: Mastschweine. Und Ferkelproduktion. Und Lebendmasse. Für ein intelligentes, soziales und sensibles Tier erschreckend technokratische Begriffe. Autos werden produziert. Oder Teller und Töpfe, Werkzeuge, Möbel, tote Gegenstände jeglicher Art. Aber Tiere?

Meine Denkart wird gern als Gefühlsduselei belächelt. Aber das kommt auf den Standpunkt an. Warum gehen wir mit unseren Nutztieren so anders um als mit unseren Haustieren? Bei Haustieren zeigen wir Mitgefühl, Liebe, Zuneigung, Schutz- und Helferinstinkte, ermöglichen ihnen die beste medizinische Versorgung. Dabei wird von Land zu Land äußerst unterschiedlich betrachtet, was ein Haustier und was ein Nutztier ist. In China gelten Hunde und Katzen als Delikatesse, also als Nutztiere, in Südamerika Meerschweinchen, in Asien Schildkröten, in Südeuropa Singvögel, in Frankreich Pferde. Den dortigen Umgang mit diesen Tieren empfinden wir als grausam und empörend, verlangen Verbote und Strafen, unterstützen Tierschutzorganisationen, die diese Art des Fleischkonsums bekämpfen. Beim Umgang mit unseren Nutztieren aber fehlt dieses Empfinden, die Empörung bleibt weitestgehend aus. Dieser Widerspruch ist verlogen, wenn nicht gar schizophren.

Nüchtern betrachtet beschreibt unsere Sprache mit Begriffen wie Lebendmasse oder Ferkelproduktion natürlich genau das, was in der industriellen Massentierhaltung und Fleischproduktion vonstattengeht. Angefangen beim Kastenstand bis hin zur Verarbeitung zu Schnitzel, Kotelett oder Wurst. Und – auch das war mir bislang unbekannt – zu allen möglichen Produkten, die sich in Zahnpasta, Shampoo, Waschpulver, Seifen, Cremes, Zigarettenfiltern, Medikamenten, Kaugummi, Brot und Gebäck, Eis, Aromen, Wein – insgesamt etwa 7000 Konsumartikeln – wiederfinden. Selbst in den Bremsen von Zügen und in Waffenmunition, wo Gelatine genutzt wird, um den Treibsatz in die Patronenhülsen zu bekommen.

Schweineprodukte sind also auch jenseits der Fleischtheke ein Verkaufsschlager. Und das Ganze fängt lange vor dem Einsatz des Pferde-Hormons PMSG zur Gleichschaltung der Ferkelproduktion an: bei den Zucht-Ebern, in sogenannten Absambuchten. Dort wird ihnen das Ejakulat abgemolken, während sie auf einem Springbock hängen, je Durchgang bis zu einem Liter.

Etwa 20 000 Eber werden in Deutschland gehalten, ein Viertel davon auf Besamungsstationen. Im Schnitt müssen sie zweimal die Woche ran und geben dabei so viel Sperma, dass ein Teil ins Ausland verkauft werden kann – auch das ein einträgliches Geschäft. Vor allem in Osteuropa und den Benelux-Staaten genießt Eber-Samen made in Germany einen ausgezeichneten Ruf. »Deutsches Schweine-Sperma ein Exportschlager«, ließ sich die Branche vor einigen Monaten in den Medien feiern.

Einer der größten Anbieter auf diesem Gebiet ist die Bundes Hybrid Zucht Programm GmbH im niedersächsischen Dahlenburg, die Eber und Sauen züchtet und mit dem humorigen Slogan wirbt: »Wir sind sausolide.« Und mit Viktoria, einer prächtigen Zuchtsau, »robust, mütterlich, modern«, die die beste Mitarbeiterin im Stall des Kunden werden wolle. Womit natürlich Viktorias möglichst zahlreiche Nachfahren gemeint sind, die Träger ihrer gepriesenen Gene. Die GmbH betreibt an vier Standorten Besamungsstationen und liefert im Jahr rund 1,6 Millionen Sperma-Portionen. Bei der Genossenschaft zur Förderung der Schweinehaltung in Nordrhein-Westfalen sind es sechs Eberstationen mit rund 2300 Tieren und einer jährlichen Ausbeute von vier Millionen Sperma-Tuben. Beide Unternehmen exportieren davon rund zehn Prozent, Tendenz steigend – um die schwächelnde Nachfrage auf dem Heimatmarkt zu kompensieren.

Das Statistische Bundesamt vermeldete Ende 2021 den niedrigsten Schweinebestand seit 25 Jahren: 23,6 Millionen. Und der Abwärtstrend scheint sich zu beschleunigen. Sank die Zahl der schlauen Borstentiere in den zurückliegenden zehn Jahren insgesamt um knapp 14 Prozent, ging sie allein in den letzten beiden Jahren um 9,4 Prozent zurück. Coronapandemie, Handelskrise, Umweltbelastung, Preisverfall, Afrikanische Schweinepest, Krieg in der Ukraine … immer mehr geben auf, müssen aufgeben. Eine Umfrage unter 1000 Schweinebauern ergab kürzlich, dass rund 60 Prozent innerhalb der nächsten zehn Jahre das Handtuch werfen wollen. Die Gründe: zu viele Auflagen durch die Behörden, zu wenig Planungssicherheit, Preisdruck und sinkende Gewinnmargen, mangelnde Perspektive. Hauptsächlich kleine Betriebe planen den Ausstieg, auch kurzfristig. Für sie ist die beschriebene Entwicklung dramatisch. Dagegen werden die großen noch größer. Wie bei den Milchkühen geht es meines Erachtens exakt in die falsche Richtung, was die Probleme und Krisen nur noch verschärft. Hierzu empfehle ich die Lektüre des »Fleischatlas 2021« der Heinrich-Böll-Stiftung (in Kooperation mit BUND und *Le Monde Diplomatique*). Darin wird aufgelistet, worauf wir zusteuern, falls wir nicht schleunigst umsteuern: Klimakatastrophe, die nächsten Pandemien, Antibiotikaresistenzen, Pestizidverseuchung, Übergüllung, Wasserknappheit.

Alles altbekannte Themen, und genau das ist das Dilemma. Obwohl die Auswirkungen längst überall auf der Welt zu spüren sind, ändert sich zu wenig und das viel zu langsam. Einzige Hoffnung scheinen die jüngeren Generationen zu sein. Rund zwei Drittel der 15- bis 29-Jährigen, so steht es dort, lehnen sowohl die Tierhaltung als auch die Fleischindustrie in ihrer jetzigen Form ab.

Aber noch einmal zu des Deutschen liebstem Fleischgericht und seinen Produktionsmethoden. Am Anfang des Prozesses steht der Eber mit seinen Säften. Ohne ihn nützt auch das Stutenhormon PMSG nichts. Kein noch so winziges Detail des Zuchtprozesses wird der Natur, also dem Zufall oder den natürlichen Trieben eines Ebers überlassen. Eberzucht ist eine Hightech-Wissenschaft. Großelternlinien, Mutterlinien, Vaterlinien, systematische Kreuzungen verschiedener Rassen und am Ende kommen sogenannte Hybridschweine heraus. »Sauen und Eber nach Maß«, »Genetik ohne Kompromisse«, »Höchstleistungen für ihren Betrieb«, »Spitzengenetik für Spitzennachwuchs« – mit solchen Versprechen werben Zuchtunternehmen. Zum Beispiel die Erzeugergemeinschaft und Zuchtvereinigung für Zucht- und Hybridschweine in Bayern, trotz ihres etwas sperrigen Namens Marktführer im südlichsten Bundesland, der sich auf Piétrains spezialisiert hat, eine schwarz gefleckte Rasse, die für ihr fettarmes Fleisch geschätzt wird. Im Angebot: Goliath, der Fleischeber – »des Metzgers Liebling«, mit einem hohen Muskel- und Bauchfleischanteil. Oder: Relax, der entspannte Eber. »Wissenschaftlich basierte Stresstests, eine Bonitur nach SINS (Entzündungs- und Nekrosen-Syndrom, d. A.) und ein Komplex aus vielen Zuchtmerkmalen resultieren in dem ruhigsten Piétrain-Eber, der zu finden ist.« Die Gene dieses Prachtburschen helfen angeblich sogar, die Problematik des Schwanzbeißens im Stall zu mildern. Der absolute Hit aber ist: Turbo, der Wachstumseber. Auf der Überholspur mit höchsten Tageszunahmen und bester Futterverwertung.

»Wir haben den passenden Eber für ihre Betriebsbedingungen«, verspricht bereits erwähnte Bundes Hybrid Zucht Programm GmbH. Und legt ihren Eber Siegfried jenen Landwirten ans Herz, die ein robustes Tier brauchen, mit Fremdarbeitskräften arbeiten (was immer damit gemeint ist) und Probleme mit Schwanzbeißern haben. Ein anderer, der keinen Namen abgekriegt hat, nur eine Nummer, wird für seine überragende Futterverwertung und »höchste Indexpunkte bei Schinken und Lachs« angepriesen. Er sei ideal für Schweinehalter, »die ihren Betrieb kompromisslos auf Leistung ausgerichtet haben«. Als »Umweltkönig« wird er auch noch beschrieben – weil seine Nachkommen, so steht es da, angeblich weniger Gülle produzieren.

So begehrt diese fruchtbaren Eber als Vererber solch angezüchteter Qualitätsmerkmale sind, in der Ferkelproduktion würde man gern auf den männlichen Nachwuchs verzichten. Dann wäre nämlich auch ein anderes leidiges Thema vom Tisch, das nicht nur Tierschützer in Rage bringt: die Kastration. Fleisch von unkastrierten Ebern will niemand, weil es, wenn die Tiere geschlechtsreif sind, spätestens in der Pfanne oder auf dem Grill einen Geruch entwickeln kann, der nicht besonders appetitlich ist. So heißt es zumindest, ich selbst habe noch nicht das zweifelhafte Vergnügen gehabt. Ich mag Schweine, aber nur lebende.

Kürzlich habe ich mit meinem Team eine ZDF-Doku über diese erstaunlichen Tiere gedreht. Der Film kam bei Zuschauern und Medien hervorragend an, nur nicht bei der Agrarlobby, also den Bauern- und Schweinezüchter-Verbänden. Wir verzichteten bewusst auf Schockbilder mit Blut und Kot, mit zerfetzten Ohren, abgebissenen Schwänzen, madenbesiedelten Wunden, grausamen Tiertransporten. Wir wollten einmal zeigen, was für tolle Geschöpfe das sind, wie intelligent, sozial, neugierig, empfindsam. Und wie reinlich. Das wusste ich vor den Dreharbeiten selbst nicht. Schweine haben wie Hunde einen extrem gut ausgeprägten Geruchssinn. Sobald man sie ins Freie lässt und sie selbst entscheiden dürfen, wo sie sich aufhalten, würden sie sich nie in den eigenen Exkrementen suhlen. In Mastanlagen aber haben sie gar keine andere Möglichkeit.

Also haben wir Schweinezüchter besucht, die mit ihrer Arbeit beweisen, dass es bessere Haltungsmethoden gibt. Artgerechter, weg von der Massenproduktion, mit Tieren, die nicht mit Hormonen und Antibiotika vollgestopft sind. Weg vom Billigfleisch und davon, dreimal täglich welches essen zu müssen. Ich plädiere für die Variante aus Großmutters

Zeiten. Bei meiner Oma, Nonna genannt, kam einmal die Woche Fleisch auf den Tisch – der Sonntagsbraten. Und niemand aus meiner Familie ist von den Knochen gefallen. Wir müssen nicht alle Vegetarier oder Veganer werden, aber unseren Fleischkonsum sollten wir radikal reduzieren. Für die Umwelt, fürs Klima, für die Tiere – und für unsere Gesundheit wäre es definitiv auch ein Gewinn.

Das klingt jetzt wie das Wort zum Sonntag und dem dazugehörigen Braten. Die Realität sieht so aus, dass jeder – und jede – Deutsche 2021 durchschnittlich 55 Kilo Fleisch verzehrt hat. Davon 31 Kilo Schwein, 13,1 Kilo Geflügel, 9,4 Kilo Kalb und Rind. Das sind pro Kopf gut zwei Kilo weniger als im Jahr davor und über sieben Kilo weniger als vor zehn Jahren. Wir bewegen uns also in die richtige Richtung.

»Grundlagenforschung«: Wie Eber zu Sauen gemacht werden

Zurück zu den unerwünschten männlichen Ferkeln. Bis vor Kurzem durften sie bis zum siebten Lebenstag ohne Betäubung kastriert werden. Dafür wird der Hodensack an zwei Stellen aufgeschlitzt, die Hoden werden mit den Fingern herausgedrückt und die Samenstränge durchtrennt. Anschließend kommt Desinfektionsspray auf die Wunden, schon ist der Eingriff erledigt. Zwar wurde bereits 2013 das Tierschutzgesetz dahingehend geändert, dass in Zukunft nur noch mit Betäubung kastriert werden darf, allerdings mit einer Übergangsfrist von fünf Jahren. Und als die 2018 verstrichen war, genehmigten Julia Klöckner und ihr Bundesministerium für Ernährung und Landwirtschaft eine Verlängerung um zwei Jahre, bis Ende 2020 – und das, obwohl der Bundesrat dagegen stimmte. Diesen zweifelhaften Erfolg konnten die Interessenverbände der Schweinehalter samt Agrarlobby, allen voran der Bauernverband, für sich verbuchen. Die machten im Hintergrund Druck auf die Politik, hauptsächlich mit dem Argument, nur so könnten die deutschen Schweinezüchter wirtschaftlich arbeiten und konkurrenzfähig bleiben.

Es ist immer die gleiche Masche: Wenn Deutschland innerhalb der EU einmal Vorreiter sein könnte, jammern die Agrarlobbyisten, nationale Bestimmungen würden auf dem internationalen Markt zu Wettbewerbsnachteilen führen. Gleichzeitig tun sie in Brüssel alles, um vergleichbare Regeln, die EU-weit gelten sollen, gar nicht erst auf den Tisch kommen zu lassen oder abzuschmettern.

Jetzt wird also unter Narkose kastriert, für die entweder ein Tierarzt sorgt, per Injektion, oder ein Inhalationssachkundiger, der über eine Maske Narkosegas verabreicht, das kann der Züchter selbst sein. Schmerzhaft ist es für die Tiere trotzdem, schließlich verheilen die Wunden nicht über Nacht. Eine andere Lösung, dachte man, könnte »gesextes« Sperma sein, also die Trennung von X- und Y-Chromosomen zur Bestimmung des gewünschten Geschlechts, wie es bei Milchkühen angewendet wird. Seit Jahren wird dazu geforscht. Dass es prinzipiell machbar ist, haben zahlreiche Versuche bewiesen. Doch im Unterschied zu Kühen brauchen Sauen Unmengen an Spermien, um trächtig zu werden, mehr als 1,5 Milliarden pro Versuch, und zwei Versuche sind üblich. Um die Portion für nur eine einzige Sau zusammenzubekommen, benötigt man neben spendierfreudigen Ebern ungefähr fünf Stunden, um mit einem maschinellen Sortierverfahren X- und Y-Chromosomen voneinander zu trennen. Zusätzlich kompliziert macht es die Anatomie des Genitaltrakts der Sauen, aber so genau will man das gar nicht wissen.

Das aktuell heiße Thema ist »Genome Editing« (mehr dazu in Kapitel IV), insbesondere die relativ neue CRISPR/Cas-Methode, die viel diskutierte Gen-Schere. Mit der lässt sich die DNA aller Organismen gezielt schneiden und verändern. Einzelne Bausteine können an der gewünschten Stelle eingefügt, entfernt oder ausgeknipst werden. Am Institut für Nutztiertechnik des Friedrich-Loeffler-Instituts, das für das Bundesministerium für Ernährung und Landwirtschaft forscht, haben Wissenschaftler es geschafft, das Genmaterial von Embryonen so zu verändern, dass Schweine daraus entstanden, die genetisch männlich waren, aber keine Hoden hatten. Stattdessen besaßen sie weibliche Geschlechtsorgane – Gebärmutter, Eierstöcke, Vulva – alles war vorhanden. Nur fielen diese Organe um einiges kleiner aus als bei gewöhnlichen Sauen, sie wuchsen auch kaum. Und die Tiere waren unfruchtbar.

So unterhaltsam Filme wie *Jurassic Park* auch sein mögen, diese Art der genetischen Forschung und Entwicklung finde ich beunruhigend. Frankensteins Labor im 21. Jahrhundert. Ich möchte ehrlich gesagt nicht wissen, was für Kreaturen beziehungsweise Kreationen in den Laboren der Welt gerade entwickelt werden. Das heißt, eigentlich sollten wir es wissen. Sonst werden aus Science-Fiction und Fantasy schnell Realität und Horror.

Die Wissenschaftler des Friedrich-Löffler-Instituts nannten ihre Arbeit dann auch recht lapidar »Grundlagenforschung«. Sie ist also noch nicht reif für die Serienproduktion im Schweinestall. Das würde das Gentechnikgesetz auch gar nicht zulassen. Weitergeforscht wird trotzdem. Das nächste Ziel dürfte sein, das Y-Chromosom von Ebern so zu verändern, dass aus ihrem Sperma nur weibliche Nachkommen entstehen. Oder einen Weg zu finden, das Geschlechtshormon Androstenon auszuschalten, das für den Ebergeruch mitverantwortlich sein soll. Ich vermute, dass beides schon durchexerziert wurde.

Derweil geht es in den Ställen erst mal weiter wie bisher. Jungfräuliche Sauen werden mit ungefähr acht Monaten das erste Mal besamt, künstlich versteht sich. In diesem Alter sind sie meist körperlich noch nicht voll entwickelt. Da man es kaum ehrlicher formulieren kann, hier ein Zitat aus einem Fachartikel im *Bauernblatt* zur Frage, wann der beste Zeitpunkt für die Besamung ist: »Die Gründe für die frühe Erstbesamung liegen aus wirtschaftlichen Gesichtspunkten auf der Hand. Können die Sauen deutlich früher besamt werden und somit abferkeln, entfallen unproduktive Tage im Berufsleben der Sau. Dadurch werden Futterkosten eingespart, und die Sau trägt über den Ferkelverkauf früher zum Betriebseinkommen bei.« Berufsleben und Betriebseinkommen also – es sind ja nur Nutztiere.

Anlass des Beitrags war die Analyse einer Super-Sau namens Camborough, die die britische Pig Improvement Company, eines der größten Zuchtunternehmen der Welt, über eine Tochterfirma in deutsche Ställe bringt. Camboroughs wichtigste Qualitäten (interessant, dass die erste

Silbe dieses Worts aus *Qual* besteht): extrem frühe Zuchtreife, kurze Güstzeit (die Tage zwischen dem Abferkeln und neuer Trächtigkeit, d. A.), geringste Kosten pro Ferkel. Im Klartext heißt das, Sauen aus dieser Linie können bereits mit knapp sieben Monaten besamt und nach dem Abferkeln schneller wieder trächtig werden. Das senkt die Ausgaben fürs Futter und steigert die Rendite. Und es zeigt in etwa, was in diesem Universum zählt, zumindest in der Massenproduktion, aus der über 99 Prozent unseres Fleisches stammt. Tierwohl? Gesundheitsaspekte des Produkts? Umweltaspekte? Fehlanzeige. Auf Bio-Höfen mag es anders zugehen, und die Bauern dort denken sicherlich anders, aber der Bio-Anteil des in Deutschland verkauften Schweinefleischs liegt derzeit wie erwähnt bei nicht einmal einem Prozent.

Einzelhaft für Schweine: Eingepfercht im Kastenstand

Schweine sind gesellige Wesen. Könnten sie es sich aussuchen, sie würden in Rotten leben, Freundschaften schließen, im Stroh kuscheln, das älteste Weibchen wäre die Herden-Chefin. Stattdessen müssen Muttersauen, die üblicherweise mehr als zweimal im Jahr zur Trächtigkeit gezwungen werden, insgesamt fast sechs Monate in Einzelhaft verbringen. Zum Besamen, bis es funktioniert hat, zum Gebären und während der Wochen, in denen sie ihre Ferkel säugen. Einzelhaft heißt im Fachjargon Kastenstand, eine überaus brutale Erfindung, die wegen Verstoßes gegen die Tierhaltungsverordnung eigentlich seit 1992 verboten ist. Das wird allerdings seit 30 Jahren ungestraft ignoriert. Kastenstand bedeutet: Betonboden, mindestens die halbe Fläche mit Spalten, damit die Exkremente darin verschwinden, rundherum Metallstangen und Gitter. Und eine Enge, die Menschen als klaustrophobische Folter erleben würden. Ich weiß nicht, ob Schweine Platzangst empfinden, aber Stress verursacht dieses Eingekerkertsein auf engstem Raum in jedem Fall. Dabei sind Schweine von Natur aus sehr aktive Tiere, die ständig in Bewegung sein wollen – erkunden, buddeln, spielen, wühlen und nach Fressbarem suchen. Im Kastenstand können sie nur auf der Seite liegen. Der Platz reicht nicht einmal, um die Beine auszustrecken, sodass sie in die Nachbarbox ragen, wo es genauso eng ist. In einem schweinegerechten Leben würden sie sich ähnlich wie Katzen eine Stelle suchen, um Kot und Urin abzusondern, eine Art Toilette – auch das ist nicht möglich. Genauso wenig wie in der Abferkelbucht, auch die ist ein Gittergefängnis. Dafür gibt es in der Branche einen beschönigenden Fachausdruck: »Ferkelschutzkorb« – da er die Kleinen davor schützen soll, von der eigenen Mutter erdrückt zu werden. Was nicht passieren würde, wenn man den Tieren genügend Platz geben würde. Wovor die Abferkelbucht die Neugeborenen nicht schützt: dass sie als Erstes mit den keim- und bakterienbelasteten Ausscheidungen ihrer Mutter in Kontakt kommen, noch während der Geburt.

Wie lange die Sauen im Kastenstand eingepfercht werden dürfen und wie groß dieser sein muss, das schreibt die Tierschutz-Nutztierhaltungsverordnung vor, neben zahllosen anderen Dingen. Ich weiß nicht, wer die Idee hatte, das Wort Tierschutz für diese Verordnung zu missbrauchen. Meines Erachtens ist es reine Heuchelei. Das wird beim Thema Kastenstand besonders deutlich. Nach jahrelanger Kritik, vor allem von Tierschützern und Tierärzteverbänden, wurde um eine Änderung der Vorschriften gerungen. Damit einher gingen politische Debatten über Tierwohl und Haltungsbedingungen. Die Lobbyisten und Strippenzieher im Hintergrund liefen zur Hochform auf, wieder vergingen Jahre. Was ein Bestandteil der Taktik gewesen sein dürfte – hinauszögern, verschieben, taktieren, schmieren, aussitzen. 2021 endlich kam eine Änderung zustande, genauer gesagt: ein (fauler) Kompromiss. Die Kastenstände bleiben, die Tiere dürfen nur nicht mehr ganz so lange darin eingesperrt werden. Und der Clou: Als Übergangsfrist, bis die neuen Regelungen gelten, wurden 8 bis 15 Jahre festgelegt. In Schweineleben gerechnet, auf Sauen in der Massentierhaltung bezogen, sind das ungefähr vier bis sieben Generationen.

Purer Zynismus ist auch die Behauptung der Bauern- und Schweinezüchter-Verbände, der Kastenstand sei eine Tierschutzmaßnahme zum Wohle der Tiere. Das ist in etwa so plausibel, wie wenn ich einen Gitterkäfig über eine Badewanne montieren, einen erwachsenen Menschen darin einsperren und dann behaupten würde, dies würde ihn vor Verletzungen schützen.

Dass es auch ohne Kastenstände geht, beweisen Länder wie Schweden und Norwegen. Dort sind diese Kleinstgefängnisse seit 1988 verboten. Und meines Wissens verhungern die Menschen dort nicht. Aber den Schweinen dürfte es wesentlich besser gehen.

Drei Wochen, höchstens vier, säugen die Mütter ihre Babys. Dann werden sie ihnen entrissen, und die Mutter kommt zurück in den Deckstall – für die nächste (künstliche) Besamung. Vorher wird noch die nächste Dosis Hormone verabreicht. Da die Gene der Mastsauen auf höchste Fruchtbarkeit und maximale Wurfgröße (Zahl der Nachkommen) getrimmt werden, bringen sie es auf über 30 Ferkel pro Jahr. Meistens gebären sie bei einem Wurf mehr Junge, als sie Zitzen haben. Früher waren 10 Zitzen normal, heute sind es 14, auch da wurde zuchttechnisch nachgeholfen. Sind die Ferkel in der Überzahl, beginnt ihr Leben sofort mit dem Kampf um eine freie Saugstelle. Und schon gibt es das nächste Problem: Bei den Rangeleien können die scharfen Eckzähnchen ihre Geschwister oder die Zitzen der Mutter verletzen. Daher werden die Spitzen der Zähne abgeschliffen oder abgekniffen. Ein kurzer Blick ins Tierschutzgesetz: Eigentlich verboten – und doch erlaubt. Die üblichen Ausnahmen, selbstverständlich nur zum Schutz der Tiere.

Dasselbe bei den Schwänzen. EU-Recht verbietet das sogenannte Kupieren, wobei nicht der komplette Schwanz, sondern nur ein Teil abgeschnitten wird. Es sei denn, das Kupieren verhindert, dass die Tiere sich ihre Ringelschwänze gegenseitig abbeißen. Aber wer überprüft vorher, ob das wirklich so ist und nicht vorsorglich das Messer gewetzt wird? Mastbetriebe in Deutschland werden im Schnitt nur alle 14 bis 17 Jahre von Amts wegen kontrolliert, und dann in der Regel mit Voranmeldung. Der Züchter kann sich also in aller Ruhe auf die Kontrolle vorbereiten. Niedergelassene Tierärzte kommen öfter mal vorbei, aber wer will es sich mit einem guten Kunden verscherzen und auf Einnahmen verzichten? Wo doch alle kupieren, fast alle, bei über 95 Prozent der Ferkel wird der putzige Ringelschwanz gestutzt.

Auch hier lohnt ein Blick zu unseren nordeuropäischen Nachbarn. Nach Schweden und Norwegen oder nach Finnland. Dort sind die Schwanz-Amputationen seit fast 20 Jahren verboten, ohne Ausnahmeregelungen oder gesetzliche Schlupflöcher. Dadurch ist die Haltung der Schweine etwa 30 Prozent teurer als im europäischen Schnitt. Man braucht anderes Futter, vor allem mehr Platz, der Aufwand ist größer. Dafür wachsen die Tiere schneller, sind robuster und gesünder. Atemwegserkrankungen, die in deutschen Ställen gang und gäbe sind, gibt es so gut wie gar nicht. Es geht also anders, obwohl der Vergleich zugegebenermaßen hinkt: Denn die Finnen haben nicht den Anspruch, den Exportweltmeister zu spielen und für die halbe Welt Schweinefleisch zu produzieren, wie das bei uns Schlachthof-Giganten wie Tönnies, Westfleisch und Co. anstreben. Finnische Schweinebauern sichern die Versorgung der eigenen Bevölkerung, Export findet kaum statt. Doch was ist daran falsch?

Trotz dieser scheinbar mangelnden Profitgier ist Finnland übrigens wohlhabender als Deutschland, seine Bürger haben eine höhere Lebenserwartung und eine niedrigere Krebserkrankungsrate.

Antibiotikaresistente Keime: Steak mit Risikobeilage

Zurück in deutsche Ställe: Das Leben und Leiden der Mastsauen im Akkord bleibt nicht ohne Folgen. Verschiedenste Krankheiten, Entzündungen, Gelenkveränderungen, Fruchtbarkeitsstörungen – spätestens mit drei Jahren sind die meisten Tiere ein Fall für den Schlachthof. Das ist im Vergleich zu ihren Ferkeln, die im Maststall landen, ein relativ langes Dasein. Auf die wartet bereits nach fünf oder sechs Monaten die CO_2-Betäubungskammer. Was nicht bedeutet, dass ihnen bis dahin Leid erspart bliebe. Niemand, nicht einmal die Lobbyisten der Fleischindustrie, würden behaupten, dass Ferkel hierzulande auch nur ansatzweise artgerecht gehalten werden. Es geht einzig und allein darum, sie schnellstmöglich wieder aus dem Stall zu bekommen – schlachtreif, versteht sich. Da dies selten ohne Krankheiten (besonders der Verdauungstrakte und Atemwege) abläuft, wofür in erster Linie die Haltungsbedingungen verantwortlich sein dürften, gehört das Verabreichen von Medikamenten, insbesondere Antibiotika, zur Routine – die nächste Baustelle.

Im Jahr 2020 wurden in der deutschen Tierproduktion insgesamt 701 Tonnen Antibiotika verbraucht (erst von 2023 an werden die Daten nach Tierarten aufgeschlüsselt gemeldet). Das waren im Vergleich zum Vorjahr 31 Tonnen mehr. Und ohnehin viel zu viel. Zumal nicht selten Präparate aus der Humanmedizin verwendet werden, darunter immer häufiger Reserveantibiotika. Diese werden bei Menschen nur dann eingesetzt, wenn nichts anderes mehr hilft, sozusagen als letzte Chance. Der latente Antibiotika-Missbrauch hat dazu geführt, dass die Zahl resistenter Keime massiv zunimmt, was zu einer echten Bedrohung geworden ist, nicht nur bei uns. Solche Keime können von Mensch zu Mensch, von Tier zu Mensch, aber eben auch von Nahrungsmitteln wie Fleisch auf Menschen übertragen werden. Weltweit gerechnet werden zwei Drittel aller Antibiotika für Tiere verwendet, davon fast 90 Prozent in der Massentierhaltung.

Einer kürzlich veröffentlichten internationalen Studie zufolge starben 2019 weltweit fast 5 Millionen Menschen an Krankheiten, die mit Antibiotikaresistenzen in Zusammenhang standen, davon knapp 1,3 Millionen direkt infolge einer Infektion mit antibiotikaresistenten Erregern. Für die WHO zählen diese zu den zehn größten Gefahren der globalen Gesundheit. 100 Jahre medizinischer Fortschritt könne durch Antibiotikaresistenzen zunichte gemacht werden, warnte WHO-Generalsekretär Tedros Adhanom Ghebreyesus bereits 2019. Experten befürchten, dass sich die Zahl der Todesopfer bis 2050 auf 10 Millionen steigern könnte – jährlich.

Zum Vergleich: Pro Jahr sterben nach WHO-Berechnungen auf der Welt durchschnittlich 200 000 Menschen durch Drogenkonsum, etwa 3 Millionen infolge von Alkoholmissbrauch, und etwa 1,3 Millionen verlieren ihr Leben im Straßenverkehr. Diese Todesursachen werden von der breiten Öffentlichkeit mit Sorge wahrgenommen, der Tod aufgrund von Antibiotikaresistenzen dagegen wird außerhalb medizinischer Kreise kaum diskutiert, obwohl er weitaus häufiger vorkommt.

Als existierten all diese Erkenntnisse und Warnungen nicht, schmetterte das EU-Parlament im Herbst 2021 einen Antrag der Grünen ab, die Verwendung von Antibiotika in der Massentierhaltung strenger zu reglementieren und bestimmte Medikamentengruppen ausschließlich für den Einsatz in der Humanmedizin zu reservieren. Wer die siegreichen Gegenstimmen organisierte, kann man sich denken. Der EU-Abgeordnete Martin Häusling, der den Grünen-Antrag einbrachte, selbst Landwirt, dessen Familie einen Bio-Hof mit Milchkühen und Schweinen betreibt, sagte hinterher, die Agrarlobby habe gewaltig Druck ausgeübt. Unterstützt worden sei sie vom Verband praktizierender Tierärzte, der Umsatzeinbußen für die Tierarztpraxen befürchtete; laut Germanwatch e. V. und Deutscher Umwelthilfe generieren manche Praxen bis zu 78 Prozent ihres Umsatzes durch den Verkauf von Antibiotika. Im Vorfeld der Abstimmung sei er beschimpft worden und habe Morddrohungen erhalten. Der Präsident der Bundesärztekammer, Klaus Reinhardt, warnte nach der Brüsseler Entscheidung in einem Interview: »Sehenden Auges steuert Europa auf Zeiten zu, in denen es keine lebensrettenden Reserveantibiotika mehr gibt.« Früher hieß es, die dümmsten Bauern hätten die dicksten Kartoffeln. Heute haben sie die stärkste Lobby.

Auch die Bundesregierung unternimmt anscheinend zu wenig, um die Ausbreitung von Antibiotikaresistenzen durch die Massentierhaltung einzudämmen. Zu diesem Ergebnis kommt ein von Germanwatch in Auftrag gegebenes Rechtsgutachten vom Frühjahr 2022. Bisher getroffene Regelungen seien völlig unzureichend. Damit verletze unsere Regierung ihre im Grundgesetz verankerte Schutzpflicht gegenüber den Bürgern und Bürgerinnen. Laut neuestem Verbrauchermonitor des Bundesamtes für Risikobewertung (Ausgabe Februar 2022), für den halbjährlich eine repräsentative Bevölkerungsbefragung zu Themen des gesundheitlichen Verbraucherschutzes durchgeführt wird, fühlen sich 71 Prozent der Befragten beunruhigt, was Antibiotikaresistenzen betrifft, davon 51 Prozent sehr.

Dass die Gefahr keineswegs abstrakt ist, sondern jeden von uns im Alltag bedroht, machte eine Aktion von Greenpeace im Mai 2021 deutlich. Die Umweltschützer kauften in der Region Hamburg 33 luftdicht verschweißte Fleischprodukte aus Selbstbedienungstheken von Aldi, Lidl, Rewe, Kaufland, Edeka und Netto sowie 17 aus Werksverkaufsstellen in Schlachtbetrieben der Unternehmen Tönnies, Goldschmaus und Heidemark, um sie auf antibiotikaresistente Keime untersuchen zu lassen. Bis auf die Ware von Heidemark, einem der größten europäischen Hersteller von Geflügelkost, handelte es sich bei den Proben ausschließlich um Schweinefleisch beziehungsweise Produkte daraus – passend zur Jahreszeit, was auf den Grill kommt: verschiedene Sorten Bratwurst, Minutensteak, Nackenkotelett, Schinkenschnitzel, Bauchscheiben. Alle Produkte stammten laut Kennzeichnung aus den Haltungsformen 1 oder 2, den beiden untersten Kategorien, die in den Supermärkten nach wie vor am häufigsten zu finden sind (in Kapitel III mehr dazu).

Das Ergebnis: Bei sämtlichen Geflügelprodukten fielen die Untersuchungen negativ aus. Bei denen aus Schweinefleisch jedoch waren 10 von 44 – somit 23 Prozent – mit antibiotikaresistenten Bakterien belastet, manche gleich mit zwei verschiedenen Erregern. Und immerhin vier mit Bakterien, die eine Resistenz gegen Colistin entwickelt hatten. Colistin ist eines der erwähnten Reserveantibiotika. Es wird überwiegend in der Tiermedizin eingesetzt (jährlich über 70 Tonnen), vor allem bei Schweinen und Geflügel und dort vornehmlich gegen Infektionen des Magen-Darm-Trakts, aber als Reserveantibiotikum eben auch bei Menschen. Das Gefährliche daran: Bakterien, die eine Colistin-Resistenz entwickeln, können diese an andere Bakterien weitergeben, sodass sie sich auch ohne neue Antibiotika-Gaben weiterverbreitet.

Bereits Ende 2020 war ein Greenpeace-Team Antibiotikaresistenzen auf der Spur, die in der Tierproduktion verursacht werden. Im Abstand von zwei Wochen wurden insgesamt 33 Abwasserproben von sieben Schlachthöfen in Niedersachsen, Nordrhein-Westfalen und Thüringen gesammelt. Das Ergebnis war ernüchternd: In 30 der Proben wurden antibiotikaresistente Bakterien nachgewiesen. Betroffen waren alle überprüften

Schlachthöfe, darunter Firmen wie Westfleisch, Goldschmaus, Heidemark, Geestland (gehört zu Wiesenhof) und ein Schlacht- und Zerlegebetrieb des Tönnies-Konzerns. Die meisten Proben wiesen Mehrfachresistenzen auf. Auch das Reserveantibiotikum Colistin spielte wieder eine Rolle, elf Resistenzen gegen das Mittel wurden gefunden.

Als die Greenpeace-Aktivisten Anfang 2022 in gleicher Mission noch einmal ausrückten und neue Abwasserproben von vier der zuvor überprüften Schlachthöfe zusammentrugen, fielen die Laborbefunde ähnlich aus. Diesmal waren 35 von 44 Proben positiv. Wieder handelte es sich meist um Mehrfachresistenzen, in acht Fällen gegen Colistin und einen anderen Erreger.

Was genauso beunruhigend ist und dringend adressiert werden sollte, gilt für beide Aktionen: Bis auf einen Schlachthof leiteten alle Betriebe ihre keimbelasteten Abwässer direkt in die Umwelt, wo sie sich ungefiltert weiterverbreiten. Sie landen im Grundwasser, werden von Pflanzen aufgenommen, schwirren durch die Luft. Man muss weder Wissenschaftler noch Greenpeace-Aktivist sein, um zu verstehen, dass wir uns auf diese Weise selbst gefährden. Erst recht, wenn man sich vor Augen führt, dass über Gülle, die in der Fleischproduktion massenhaft anfällt (mehr als 200 Millionen Tonnen pro Jahr), neben vielen anderen ungesunden Substanzen auch noch Unmengen resistenter Bakterien auf unseren Äckern verteilt werden und so in den Wasser- und Nahrungskreislauf gelangen.

Bezeichnend ist der Fall Paulushofen. Das ist ein Dorf in Oberbayern, Landkreis Eichstätt. Dort wurden in einer Biogasanlage über drei Jahre hinweg Schlachtabfälle von Schweinen vergoren, obwohl der Betreiber keine Genehmigung dafür hatte. Rund 13 000 Tonnen sollen in der Zeit angeliefert worden sein. Blut, Gedärme samt Inhalt und andere unappetitliche Reste, die beim Reinigen von Schlachthof-Abwässern anfallen, inklusive möglicher Krankheitserreger und antibiotikaresistenter Keime. Dieses giftige Gebräu landete auf den umliegenden Feldern, auf denen Weizen, Hafer und Raps angebaut wurden. Eine Fläche von über 300 Hektar wurde mit diesem »Spezialdünger« versorgt – man könnte auch sagen: verseucht. Der größte Teil der Abfälle stammte aus einem Schlachthof in Sachsen-Anhalt, der zum Tönnies-Konzern gehört. Ganz ehrlich, es ist keine Absicht, dass dieser Name so häufig fällt. Die Verantwortlichen bei Tönnies gaben an, nicht gewusst zu haben, dass die Sache illegal war. Der Deal sei über einen Vermittler gelaufen. Vom Betreiber der Anlage seien gefälschte Papiere vorgelegt worden. Da muss man sich fragen: Wenn das so einfach geht und jahrelang niemandem auffällt – immerhin handelte es sich um mehr als 450 Lkw-Ladungen –, wo bitte findet das sonst noch statt und wird als normale Gülle oder normaler Dünger deklariert?

Apropos Gülle, da geht die große Sauerei weiter. Knapp 30 Prozent des Grundwassers, so das Umweltbundesamt (UBA), ist zu stark mit Nitrat belastet. Nitrat an sich ist ungefährlich. Aber im menschlichen Körper kann daraus Nitrit entstehen, das im Zusammenwirken mit anderen Stoffen als krebserregend gilt. Der erlaubte Nitratwert im Grundwasser beträgt 50 Milligramm pro Liter. In manchen Gegenden, besonders dort, wo intensive Viehhaltung betrieben wird, liegen die Werte beim Zwei- bis Fünffachen. Darüber muss man sich nicht wundern, wenn Schweinemastfabriken in Wasserschutzgebieten errichtet werden dürfen, wie im Kreis Viersen in Nordrhein-Westfalen geschehen. Aus derselben Gegend wurde im Frühjahr 2022 mit knapp 248 Milligramm je Liter der deutschlandweit höchste Nitratwert im Grundwasser gemeldet. Dabei kommt ein Teil der Gülle, die dort auf den Feldern landet, als Import aus den Niederlanden, wo die Einhaltung der Düngemittelhöchstgrenzen offenbar sehr viel strenger überwacht wird. Unsere Nachbarn liefern auch in andere Bundesländer, und aus Belgien und der Schweiz kommt zusätzlich stinkende Fracht, die im Amtsdeutsch als »Wirtschaftsdünger« deklariert wird. 2019 waren es rund 450 000 Tonnen. Dieser zum Himmel stinkende Irrsinn übersteigt den gesunden Menschenverstand. Die einzige Erklärung ist, dass es sich wie üblich um ein einträgliches Geschäft handelt. Man kann also tatsächlich aus Scheiße Gold machen, zumindest in Deutschland. Niederländische Landwirte sollen bis zu 35 Euro für jeden Kubikmeter zahlen, um den sie erleichtert werden.

Wie fahrlässig Politik und Agrarindustrie mit dem Thema Übergüllung umgehen, offenbarte ein Prozess am Europäischen Gerichtshof, der

Deutschland 2018 wegen Verletzung von EU-Recht verurteilte und eine Geldstrafe in Milliardenhöhe androhte, sollten keine wirksameren Maßnahmen zum Schutz des Grundwassers unternommen werden. Seitdem gärt das Problem vor sich hin, es wird herumgewurschtelt und Scheinpolitik betrieben. Das Düngerecht wurde novelliert, wie es so schön heißt, geändert hat sich allerdings kaum etwas. Nun soll es Cem Özdemir richten, der neue Bundeslandwirtschaftsminister. Man kann ihm nur herkulische Kräfte wünschen beim Ausmisten dieses Augiasstalls, sprich: im Kampf gegen die Agrarlobby.

Wie viel ich während der Dreharbeiten zu unserer Schweine-Doku über diese Tiere gelernt habe, erwähnte ich bereits. Sie sind verspielt, sozial und unglaublich lernfähig. Sie schließen Freundschaften untereinander und pflegen diese – wenn man sie denn lässt. Sie können Computer bedienen und Puzzles zusammenfügen, sie verwenden Werkzeuge, besitzen ein Langzeitgedächtnis und kognitive Fähigkeiten, die denen von Primaten nicht nachstehen. Sie haben Gefühle wie Hunde und Katzen und hören auf ihren Namen, wenn man ihnen einen gibt. Sie erkennen die Stimme der Mutter, artikulieren ihre Emotionen durch zahlreiche Grunzlaute, ihrer nach neuesten Erkenntnissen überaus subtilen Sprache. Und sie sind uns Menschen physiologisch erstaunlich ähnlich, wie wir stressanfällig und haben vergleichbare Herz-Kreislauf-Probleme. Anfang 2022 wurde in den USA erstmalig einem Menschen ein Schweineherz transplantiert. Die Operation gilt als sensationeller Erfolg, auch wenn der Patient zwei Monate später verstarb – vermutlich weil das Spenderorgan mit einem Virus infiziert war.

All das scheint nicht zu zählen in unserer Gesellschaft. Abgesehen von wenigen Ausnahmen wie dem »Land der Tiere« in Mecklenburg-Vorpommern, wo einst geschundenen Tieren aus der Massentierhaltung Namen gegeben werden und sie ein Leben führen dürfen, wie es ihrer Natur entspricht. Wenn man sich die Tiere dort anschaut, geht einem das Herz auf. Oder es vergeht einem der Appetit auf Fleisch, und man verzweifelt am menschlichen Umgang mit Tier und Natur.

Nächtliche Stallkontrollen: »Durchschnitt« und Grauen in der Schweinemast

Wie Schweine hierzulande behandelt werden, erlebte ich mit meiner Doku-Crew bei einem Dreh in Baden-Württemberg im Herbst 2021. Für die Vorbereitung hatten wir Friedrich Mülln um Unterstützung gebeten, den Gründer und Chef der »Soko Tierschutz«. Ein unermüdlicher Kämpfer, der seit seiner Jugend Tierschutz-Verstößen auf der Spur ist, diese dokumentiert und möglichst zur Anklage bringt. Und immer wieder erlebt, wie Ämter, Polizei und selbst die Justiz trotz erdrückender Beweise wegsehen, untätig bleiben oder Gerichtsverfahren mit lächerlich milden Geldstrafen ausgehen lassen.

Wir trafen uns unauffällig auf einer Autobahnraststätte nahe der bayerischen Grenze, circa zehn Kilometer vom Drehort entfernt, in einem dieser charmanten Autobahnhotels – und fühlten uns wie Waffen- oder Drogendealer. Weil Friedrich Mülln bei Tierzüchtern bundesweit verhasst, gefürchtet und bekannt ist wie ein bunter Hund, warteten wir gemeinsam mit seinem Soko-Team, bis es dunkel war. Dann fuhren wir über Forstwege und ohne Licht in ein Waldstück, das etwa zehn Minuten entfernt lag. Für solche Aktionen muss man Geduld mitbringen. Im Wald war wieder Warten angesagt. Warten, beobachten, die Lage sondieren. Gegen Mitternacht stiefelten wir mit unserem Kamera-Equipment los, quer über ein Maisfeld. Bewölkter Himmel, vom Mond nichts zu sehen. Dunkelheit ist bei nicht genehmigten Drehs die beste Tarnung. In einem Spielfilm hätte irgendwann überraschend ein Hund gebellt, oder es wäre Licht in einem nahegelegenen Wohngebäude angegangen, damit es spannender wird. In der Wirklichkeit blieb es still.

Vorsichtig näherten wir uns der Schweinemastanlage. Drinnen brannte Licht, und es stank schon aus der Entfernung nach Gülle und Kot. 50 Meter von der Halle entfernt blieben wir stehen und teilten uns auf. Zwei Leute von jedem Team, alle ausgestattet mit Walkie-Talkies, versteckten sich im Maisfeld und schoben Wache. Friedrich, eine seiner Mitarbeiterinnen, mein Kameramann Markus und ich schlichen uns zum Eingangstor der Halle. Es war nicht abgeschlossen. Das hätte mich gewundert, hätte Friedrich vorher nicht erzählt, dass alle großen Schweinefabriken abgeriegelt, gesichert und für Unbefugte unzugänglich sind, aber die mittelgroßen und kleineren eher selten. Wir hatten es hier mit einer mittelgroßen Anlage zu tun.

Viele Bauern, so seine Erfahrung, hätten nicht das Gefühl, dass sie etwas falsch machen. Das erinnert an die Studie zu den Milchkühen. Die Landwirte, denen nicht auffällt, dass ihre halbe Herde lahmt. In Schweineställen stinkt es seit jeher. Und zu Kabbeleien zwischen den Tieren kommt es auch schon immer. Vielleicht eine Mischung aus Abgestumpftheit und Betriebsblindheit bei den Betreibern. Gepaart mit gewaltigem ökonomischem Druck. Schweinebauern müssen auf Masse setzen, wenn sie Geld verdienen wollen. Zieht man die Investitionen (Kosten für Ferkel, Futter, Wasser, Strom, Medikamente, Arbeitsleistung) vom Erlös fürs schlachtfertige Vieh ab, bleiben pro Tier mal 20 Euro, mal 40, manchmal sogar weniger als 10 Euro übrig. Je nachdem, wie die Kurse stehen. An der Schweinebörse geht's zu wie beim Achterbahnfahren – rauf und runter, scharfe Kurven, Loopings, Steilfahrt nach oben und Abstürze. Dabei sitzen die Schweinehalter im allerletzten Wagen, bildlich gesprochen, das Steuer führen andere, Handelskonzerne und große Schlachtfirmen, zusammen kaum mehr als eine Handvoll. Sie diktieren die Preise, die Züchter können nur mitspielen oder aufgeben. Bei dieser ziemlich einzigartigen Machtkonzentration im Nahrungsmittelsektor fragt man sich, was sie beim Bundeskartellamt eigentlich den lieben langen Tag treiben. Denen müssen sowohl Schweinehalter als auch Schweine ziemlich egal sein. Würden die Beamten einmal sehen, was wir in diesem mittelständischen Betrieb vor die Kamera bekamen, würden sie vermutlich kurz schlucken – und dann jahrelang diskutieren, ob und wie man diesen Preis-Monopolismus entflechten könnte.

Wir standen in einer unglaublich dreckigen, stinkigen Halle voller riesiger Spinnweben und filmten die ansonsten unsichtbaren, anonymen Schweine. Friedrich nennt solche Einsätze »nächtliche Stallkontrollen«.

Rechtlich sind sie Gratwanderungen. Ein fremdes Grundstück darf man verständlicherweise ohne Genehmigung nicht betreten, schon gar nicht mit Kameras. Ich würde mich auch bedanken, wenn plötzlich ein ungebetener Gast vor meiner Wohnung stehen und filmen würde. »Außer es liegt ein rechtfertigender Notstand vor«, erklärte Friedrich. Paragraf 34, Strafgesetzbuch. »Du darfst ein geringeres Unrecht begehen, um ein größeres aufzudecken und damit zu beenden.« Selbst Hausfriedensbruch sei im Notfall dadurch abgedeckt. Und zu unserem konkreten Vorhaben: »Hier gibt es eine Vorgeschichte. Der Betrieb ist in der Vergangenheit negativ aufgefallen und gemeldet worden, ohne dass irgendetwas unternommen wurde.«

Was wir zu sehen – und zu riechen – bekamen, ist nach Friedrichs Erfahrung, er war schon in unzähligen Ställen, so etwas wie der »Durchschnitt«. Grelle Neonbeleuchtung mitten in der Nacht. Und ein Gestank, Ammoniak vermutlich, der selbst unseren Kameramann, einen 100-Kilo-Brocken, der absolut angstfrei und alles andere als empfindlich ist, mehrfach nach draußen trieb, um frische Luft zu schnappen. Ammoniak ist ein typisches Schadstoffgas in Schweineställen. Es entsteht beim Abbau von Kot und Urin durch ein bestimmtes Enzym, riecht stechend und ist in höherer Konzentration giftig. Seine Wirkung wird durch verschiedene Faktoren, wie etwa Hitze, verstärkt.

In diesem Gestank standen Hunderte von Schweinen, Muttersauen in Abferkelkörben, mit Ferkeln, die daneben herumwuselten, und andere, die keinen Nachwuchs hatten, in Kastenständen. Manche standen, waren wach, manche schliefen oder dösten. Auf den ersten Blick nichts Spektakuläres. Aber Friedrich wusste natürlich, wo er genauer hinschauen musste. Erst war es nur eine Vermutung, der erfahrene Blick, dann maß er nach und sah sich bestätigt – die Kastenstände, nach den Vorschriften ohnehin äußerst eng bemessen, waren etwa zehn Zentimeter zu schmal und damit rechtswidrig. Und zwar alle. Die Tiere stießen sich ständig an den Metallstangen rechts und links von ihnen, was man daran erkennen konnte, dass viele von ihnen Wunden hatten, größere und kleinere, offene und vernarbte. Außerdem sahen wir zahlreiche Bisswunden und eingerissene Ohren. Friedrich wollte am nächsten Tag das Veterinäramt informieren. »Da wird aber nichts passieren«, sagte er, nachdem wir wieder bei unseren Wachen im Maisfeld waren und durchatmen konnten.

Einen weitaus schlimmeren Fall deckten er und seine Leute vor zwei Jahren in einem kleinen Ort im Schwarzwald auf. Nach dem Hinweis eines Mannes, der in der Gegend wohnte, stießen sie in dem völlig überbelegten und verdreckten Stall auf Hunderte von kranken und verletzten Schweinen, zum Teil mit schwersten Verstümmelungen, als wären ausgehungerte Kannibalen über sie hergefallen. Mittendrin sterbende und tote Schweine, manche halb aufgefressen. In Kastenständen lagen Zuchtsauen bis zur Bewegungslosigkeit eingezwängt in Fäkalien. In einem anderen Bereich kraftlos taumelnde, abgemagerte Ferkel. Ein Anblick, der selbst die Leute der Soko Tierschutz schockte.

Ich habe die Aufnahmen gesehen, sie hätten für einen gut inszenierten Horrorstreifen getaugt. Wie sich herausstellte, gehörte der Stall einem Funktionär des Kreisbauernverbands, er galt als Vorzeige-Landwirt und hatte auch einen Posten in der Gemeindepolitik. Es gibt Fotos, auf denen er, eine schwarz-pinke Schweinchenkrawatte um den Hals, mit Ex-Bundeslandwirtschaftsministerin Julia Klöckner zu sehen ist, als die noch als Lobbymarionette fungierte. Seine Posten und gesellschaftlichen Aktivitäten müssen der Grund gewesen sein, warum monatelang behördlicherseits nicht eingeschritten wurde, obwohl der Hinweisgeber zuerst das zuständige Veterinäramt eingeschaltet hatte. Wer nun denkt oder hofft, der Funktionär sei schwer bestraft worden – Irrtum. Er verlor seine politischen Ämter, und er darf keine Schweine mehr halten. Aber gerichtlich endete es für ihn mit der Zahlung einer lächerlich niedrigen Geldstrafe.

So läuft es leider meistens, falls Hinweise oder Anzeigen überhaupt juristische Konsequenzen nach sich ziehen. Ich kenne bundesweit nur einen einzigen Fall, bei dem ein Landwirt aus der Massentierhaltung wegen Tierquälerei zu einer Haftstrafe verurteilt wurde – die er allerdings nicht antreten musste, da das Urteil in der Berufungsverhandlung kassiert und in eine Bewährungsstrafe umgewandelt wurde. Auch diese Geschichte hatte die Soko Tierschutz aufgedeckt, 2016, in einem Dorf in Baden-Württemberg, Alb-Donau-Kreis. In dem Stall herrschte das pure Grauen. Hunderte von verwahrlosten Schweinen auch dort, verletzt und krank, sterbende und tote Tiere. Als Friedrich das erste Mal vor Ort war, musste er regelrecht über Tierkadaver klettern. Der Gestank in dem schlecht belüfteten Stall war unerträglich. Vor Gericht kam heraus, dass innerhalb von zwei Jahren mindestens 800 bis 900 Tiere wegen völliger Vernachlässigung verendet waren. *Verenden*, das nur als Erläuterung, ist nicht dasselbe wie *sterben*. Es ist, wie es im Duden heißt, ein »langsames, qualvolles Sterben«.

Bei wie vielen der Bauer nachgeholfen hatte, war nicht mehr zu ermitteln. Eine von der Soko installierte versteckte Kamera hatte ihn gefilmt, wie er zwei Schweine mit einem Vorschlaghammer erschlug. Die zuständigen Behörden wollten von all dem nichts mitbekommen haben. Zwar hätte es auf dem Hof Kontrollen gegeben, allerdings nur in einem von zwei Ställen, dem neueren. Die alte Halle mit den gequälten Schweinen, immerhin 50 Meter lang, sei »übersehen« worden. Der Richter im ersten Verfahren übte dann auch scharfe Kritik an der Verquickung der Behörden mit der Massentierhaltungsindustrie und dem institutionalisierten Rechtsbruch in der Branche. Er nannte es einen rechtsfreien Raum, der aus Profitstreben Tierquälerei verursache.

Übrigens: Das Fleisch von den Schweinen dieses Landwirts wurde europaweit vertrieben – geschmückt mit dem Siegel »Qualitätszeichen Baden-Württemberg«. Das soll für Lebensmittel ausgezeichneter Qualität mit nachvollziehbarer Herkunft und dreistufigem Kontrollsystem stehen. Außerdem war der Hof mit dem QS-Prüfsiegel zertifiziert. Konsumenten, die sich über die Vorzüge der mit dem Prüfsiegel ausgewiesenen Waren informieren möchten, erfahren auf der Homepage der QS Qualität und Sicherheit GmbH, die das Prüfzeichen vergibt: »QS-zertifizierte Landwirte, die Schweine halten, sorgen im Stall für Qualitätssicherung: Die Tiere werden gewissenhaft betreut und unter optimalen Bedingungen gehalten. Außerdem achten die Tierhalter auf eine hohe Betriebshygiene und den Einsatz zertifizierter Futtermittel.« Und schließlich gehörte der Schweinebauer zu den Teilnehmern der Initiative Tierwohl, die Prämienzahlungen dafür erhalten, dass sie eine Reihe von Kriterien erfüllen, die den Tieren ihr Dasein etwas erträglicher machen (zu den Siegeln mehr in Kapitel III).

Wer glaubt, dies seien grausige Einzelfälle, der sollte sich die Arbeit der Soko Tierschutz angucken. Oder sich mal mit Friedrich Mülln unterhalten. Oder mit anderen Tierschützern, etwa von Animal Rights Watch oder Animal Equality, die sind zu den Themen auch seit Jahren aktiv. Und wer es aushält und starke Nerven hat, der kann sich im Internet, beispielsweise auf YouTube, Videoaufnahmen aus solchen Ställen anschauen. Davon gibt es mehr, als man sehen möchte.

Man kann darüber streiten, ob diese Art der Aufdeckung Denunziantentum ist. Mit solchen Veröffentlichungen, im Fernsehen, im Netz oder sonst wo, werden Menschen an den Pranger gestellt, und ihre Familien, ihre Kinder gleich mit. Gerade in ländlichen Gegenden, wo jeder jeden kennt, ist das bedenklich. Andererseits, und das ist auch meine Erfahrung, lässt sich heutzutage ohne Öffentlichkeit kaum etwas bewirken. Als bräuchten die Behörden, die von sich aus handeln müssten, es aber häufig nicht tun, erst mal einen Tritt in den Hintern, oder eben ein PR-Debakel. Weil das offensichtlich so ist, muss etwas Grundsätzliches am System im Argen liegen – bei den Strukturen, der Motivation, der Personalauswahl, der Ausbildung. Genauso wie ein System defekt ist, in dem manche Landwirte heillos überfordert sind und niemand es bemerkt, manchmal sogar sie selbst nicht. Oder in dem sie von früh bis spät in die Nacht schuften und trotzdem kein vernünftiges Auskommen haben – weil der Markt nur eine Maxime kennt: billig, billiger, am billigsten. Im Werbe-Sprech: Geiz ist geil – die jahrzehntealte Bankrotterklärung der deutschen Konsumgesellschaft.

Ausbeutung beim Branchenprimus: Was Corona zum Vorschein brachte

Nicht einmal auf ihrem letzten Weg werden Schweine, die vermeintlichen Glücksbringer, wie Lebewesen oder mit einem Hauch von Achtung behandelt. Regelmäßig tauchen Bilder aus Schlachthöfen auf, die eklatante Tierschutzverletzungen belegen. Jedes Mal gibt es einen medialen Aufschrei, die Empörung ist groß, Tierschutzverbände protestieren, Politiker verfallen in (verbalen) Aktionismus, fordern oder versprechen alles Mögliche. Vielleicht wird der betreffende Schlachthof sogar dichtgemacht, für kurze Zeit oder für immer. Aber an den Zuständen ändert sich nichts, egal wie ausdauernd Tierwohl, Haltungsstufen und Agrarreform diskutiert werden.

Clemens Tönnies würde jetzt vermutlich widersprechen. Er ist Herrscher des gleichnamigen Rheda-Wiedenbrücker Schlachtimperiums und Deutschlands größter, mächtigster und reichster Fleischerzeuger, in dessen Schlachtereien pro Jahr mehr als 20 Millionen Schweine getötet und verarbeitet werden. Aus seiner Sicht hätte er wohl recht. Schließlich war er es, der versprochen hat, die gesamte Branche zu revolutionieren, allen voran, sozusagen als Leuchtturm mit Vorbildfunktion. Das war im Frühsommer 2020, nachdem über 1000 Billiglohn-Arbeiter aus Osteuropa, die er über dubiose Subunternehmer angeheuert hatte, in seiner größten Schlachterei an Corona erkrankt waren. Die musste daraufhin geschlossen werden, über den gesamten Landkreis wurde ein strikter Lockdown verhängt.

Infolgedessen wurden immer mehr Details über die Arbeits- und Wohnbedingungen dieser Menschen bekannt, die an Sklavenhalterei erinnerten. Das war dem Ruf des milliardenschweren Unternehmens nicht zuträglich. Tatsächlich hat sich seitdem manches verändert, nur am Renommee des Konzerns muss weiterhin poliert werden. Die meisten der früheren Leih- und Werksarbeiter wurden fest angestellt, aber dazu wurde Tönnies dank eines neuen Gesetzes des Bundesministeriums für Arbeit und Soziales auch gezwungen. Und sie kriegen ein paar Cent mehr Lohn. Viele der schimmeligen, menschenunwürdigen Sammelunterkünfte und Wohnungen für Mitarbeiter erhielten eine Schönheitskur, zusätzlich wurden neue gebaut. Immobilien gehören seit Langem zu den einträglichen Tätigkeitsbereichen des international aufgestellten Firmengeflechts.

Der eigentliche Skandal aber war, dass man sich im Tönnies-Konzern all die Jahre zuvor – über zwei Jahrzehnte lang – nicht um solche Missstände scherte, sondern genau mit diesem Geschäftsmodell billigst produzieren ließ und Milliarden verdiente. Und dass der Sinneswandel ausgerechnet zu dem Zeitpunkt einsetzte, als der Firmenpatriarch mit dem

Rücken zur Wand und, wie er behauptete, die Zukunft des Unternehmens auf dem Spiel stand.

Es bleibt abzuwarten, wie konsequent Tönnies den begonnenen Reformierungskurs weiter umsetzt. Man kann nur hoffen, dass er mehr ist als eine reine PR-Maßnahme. Aber selbst wenn dies der Fall sein sollte, ändert es nichts an der Tatsache, dass das ganze System der Massentierhaltung und Fleischproduktion gegen die Wand gefahren und nicht mehr zukunftsfähig ist.

Es war die Bundestierärztekammer, die im Mai 2021 Alarm schlug: »In einer beunruhigenden Regelmäßigkeit tauchen schreckliche Bilder von Tierschutzskandalen auf Schlachthöfen in den Medien auf.« Wiederholt habe man auf Missstände hingewiesen und Vorschläge zur Verbesserung vorgelegt, beim Bundeslandwirtschaftsministerium, bei den Landesbehörden. »Leider wurde ... bisher kein grundsätzliches Interesse bekundet, die Themen grundlegend und nachhaltig anzugehen.« Um kurzfristig Änderungen herbeizuführen, forderte der Dachverband der Tierärzte neben anderen Punkten die unverzügliche Einführung der Videoüberwachung in sämtlichen Schlachtbetrieben, und zwar vom Abladen bis zur Entblutung der Tiere. Diese Entblutung bezeichnet den Vorgang, nachdem den Schweinen mit einem Messer die Halsschlagader aufgestochen wurde. Davor müssen sie laut Gesetz betäubt worden sein. Das geschieht in einem Großteil der Schlachtereien in Betäubungskammern mittels Kohlendioxid. Jamie Oliver nennt es *gasifying,* was so viel heißt wie »vergasen«. Es ist die kostengünstigste Variante – für die Tiere aber auch die grausamste, da sie, bevor sie bewusstlos werden, in Panik geraten, nach Luft schnappen, Todesängste ausstehen. So hat es mir ein Tierarzt beschrieben, der lange als amtlicher Tierarzt in einem Schlachthof in Süddeutschland arbeitete und es oft genug mitansehen musste. Auch dass die Betäubung häufig nicht funktionierte, weil an der CO_2-Dosis gespart wurde. Die bereits aufgehängten Schweine waren also noch bei Bewusstsein, als sie abgestochen wurden, sodass sie beim Entbluten Schnappatmung bekamen und verzweifelt zappelten. Dann musste er einschreiten, eine Nachnarkose verlangen, womit er sich beim Schlachter nicht gerade beliebt machte. Dem war es egal, ob ein Tier noch zuckte oder nicht, der wollte einfach nur weitermachen. Dabei ist in der Tierschutz-Schlachtverordnung (noch so eine schöne Wortschöpfung) präzise vorgeschrieben, »dass sie schnell und unter Vermeidung von Schmerzen oder Leiden in einen bis zum Tod anhaltenden Zustand der Empfindungs- und Wahrnehmungslosigkeit versetzt werden«. Sowieso, so der Tierarzt, stünden er und seine Berufskollegen bei dem Job in einem Dauerkonflikt: Arbeiten sie gründlich, ist Ärger mit Metzgern oder Schlachthofmitarbeitern vorprogrammiert. Mobbing sei an der Tagesordnung. Wer die Abläufe unterbricht, um gesetzlich Vorgeschriebenes einzuhalten oder einzufordern, gelte als Störenfried. Man müsse sich ein dickes Fell zulegen oder rechtzeitig den Absprung schaffen.

Putenmelken: Milliarden Spermien für Big 6

Wer nun glaubt, Säue seien die ärmsten Schweine der Fleischindustrie, der sollte einen Blick auf die Produktion von Hühnern, Puten und anderem Federvieh tunlichst vermeiden. Horrorvideos wie aus Schweineställen gibt es auch aus der Geflügelzucht zur Genüge. Man sollte annehmen, dass Verbandsfunktionäre mit gutem Beispiel vorangehen, aber das scheint ein Irrtum zu sein. Durch die Organisation Animal Rights Watch gelangten vor einiger Zeit Videoaufnahmen aus Putenställen an die Öffentlichkeit, die das Gegenteil bewiesen. Sie stammten aus zwei Mastanlagen, eine in Mecklenburg-Vorpommern, die andere in Brandenburg.

Zu sehen waren Puten mit großflächigen Wunden, Beinfehlstellungen, verletzten Flügeln, dazwischen sterbende und tote Puten, über die andere wiederum drübertapsten, einfach weil kein Platz war. Andere Aufnahmen, die später entstanden, als die Puten zum Schlachten abgeholt wurden, zeigten, wie Stallmitarbeiter mit einigen Tieren Fußball spielten, andere am Hals packten und in Richtung Tiertransporter warfen. Und es war ein Mann zu sehen, der mit einem Knüppel oder einem Rohr, genau konnte man das nicht erkennen, auf Puten eindrosch, von denen es einige wohl nicht überlebten.

So weit, so schlecht, *business as usual* sozusagen. Wirklich interessant aber wurden die Aufnahmen aus einem ganz anderen Grund, durch reinen Zufall: Die heimlich installierten Kameras hatten nicht nur die geschundenen Puten gefilmt, sondern auch die Stallkontrolle durch eine Tierärztin vom Veterinäramt. Anhand der Zeitdokumentation sah man, dass sie sich genau vier Minuten und 40 Sekunden in der Halle aufhielt, am Rand entlangging und den Blick über die Puten schweifen ließ. Danach vermerkte sie in ihrem Bericht, es habe nichts zu beanstanden gegeben. Als die Geschichte in den Medien hochkochte, erklärte die zuständige Behörde, die Frau habe alles richtig gemacht, es hätte sich um eine »Ausstallungskontrolle« im Sinne des Fleischhygienerechts gehandelt und nicht um eine, bei der es um Fragen des Tierschutzes ging. Ausstallung bedeutet, dass die Tiere aus dem Stall auf einen Transporter verfrachtet werden, der sie zum Schlachthof bringt. Nachdem das Filmmaterial publik geworden war, wurde zwar doch noch etwas genauer kontrolliert. Dem Besitzer des Masthofs wurden einige Auflagen erteilt, die er zu erfüllen hatte, aber mehr passierte nicht.

Das pikante Detail des Skandals: Der Mann war Vorsitzender des Verbands Deutscher Putenerzeuger, Deutschlands Puten-Papst sozusagen, und durch diese Funktion zugleich Vizepräsident des Zentralverbands der Deutschen Geflügelwirtschaft. Beide Ämter hatte er seit über zehn Jahren inne. Heute hat er sie nicht mehr. Aber sein Einfluss in der Branche dürfte kaum abgenommen haben, immerhin gilt er mit seinem Unternehmen mittlerweile als größter Putenzüchter Europas.

Während der Konsum von Schweinefleisch zurückgeht, der von Kalb und Rind mehr oder weniger stagniert, wird Geflügel immer beliebter. 2021 wurden in Deutschland rund 660 Millionen Hühner geschlachtet, einschließlich 34 Millionen ausrangierter Legehennen. Dazu etwa 33 Millionen Puten – und Puter, um genau zu sein. Interessanterweise sagt aber kein Mensch Puter, höchstens Truthahn. Die Fleischindustrie gendert nicht, sie hat den Puter einfach abgeschafft. Nicht das Tier als solches, aber als Bezeichnung auf Fleisch- und Wurstverpackungen. Ab und zu findet man noch den Zusatz »männlich«. Bei Metro beispielsweise gibt es »Putenbrustfilet frisch, männlich, ohne Haut«. Ob es geschmacklich einen Unterschied macht, kann ich nicht beurteilen. Unabhängig vom Geschlecht wäre der Begriff Masthybridpute der richtigere, aber der klingt etwas spröde und wenig appetitanregend.

Mit dem, was Puten und Puter ursprünglich ausmachte, haben die industriell hergestellten Fleischliefer-Tiere von heute wenig gemeinsam. Deshalb werden sie »Hybridputen« genannt. »Hybrid« beschreibt eine gezielte Erbgutmischung, um gewünschte Eigenschaften – vor allem ein hohes Lebendgewicht – herbeizuzüchten. Ähnlich wie bei Schweinen und Hühnern wurden Rassen gezüchtet, die ultraschnell wachsen, mehr Fleisch bilden und dadurch schwerer sind, als ihre Knochen und ihr Herz auf Dauer verkraften können. Aber um Dauer geht's hier sowieso nicht.

Die in Deutschland mit etwa 95 Prozent am häufigsten gemästete Rasse trägt den stolzen Namen B.U.T. Big 6 – in Fachkreisen auch »schwere Zerlegepute« genannt. Die ersten drei Buchstaben stehen für die Firma British United Turkeys Limited. Die gehört heute zur deutschen EW-Group von Erich Wesjohann, dem Weltmarktführer bei Geflügel-Genetik. Die Big 6 wurde Ende der Siebzigerjahre von Züchtern kreiert: eine Drei-Linien-Kreuzung aus einer schweren und fleischbringenden Hahnenlinie, einer Hennenlinie mit hoher Reproduktionsrate und einer Linie mit schneller Zunahme und guter Futterverwertung. Das schwerste und damit ergiebigste Modell ist das männliche, es lässt sich innerhalb von 20 Wochen auf 21 bis 25 Kilo mästen. Dagegen werden die Big-6-Fräuleins nur 15 Wochen durchgefüttert und kommen in diesem Zeitraum auf 12 bis 14 Kilo.

Hybridputen wie die Big 6, ein klarer Fall von Qualzucht, sind gedrungener als ihre Vorfahren, haben einen kürzeren, dickeren Hals und kürzere Beine, die weiter auseinanderstehen und unter der Gewichtslast in der Wachstumsphase häufig zu X- oder O-Varianten deformieren. Das Entscheidende aber – vor allem fürs Geschäft und den Grill – ist die Brust, breit und wuchtig, dort wächst das meiste Fleisch. So viel, dass die Weibchen künstlich besamt werden, um gewichtsbedingte Verletzungen durchs schwere Männchen beim Deckakt zu verhindern. Mit dieser Praxis wurde vor ungefähr 70 Jahren begonnen. Heute sind die Puten und Puter ungefähr doppelt so schwer wie damals und wären aufgrund ihrer überdimensionierten Brust anatomisch kaum in der Lage, sich auf natürliche Weise fortzupflanzen.

Fortpflanzung und Besamung sind bei Puten ohnehin eine komplizierte Angelegenheit. Kann sich jemand vorstellen, seinen ganzen Arbeitstag damit zuzubringen, Putern per Hand zur Ejakulation zu verhelfen? Genau das wird in den Vermehrungsbetrieben gemacht. Das ist keine Wortschöpfung von mir, die Branche selbst nennt die Betriebe so. Dort werden Männchen und Weibchen gehalten, im Fachjargon Elterntiere, die etwas länger leben dürfen, weil sie geschlechtsreif sein müssen, um befruchtete Eier zu produzieren. Und das in maximaler Anzahl und bei strenger Arbeitsteilung, entfernt voneinander. Richtige Eltern dürfen sie also nicht sein. Die Puter müssen zwei- bis dreimal die Woche liefern. Öfter ist nicht gut, seltener aber auch nicht, sonst leiden Qualität und Ausbeute. Ebenso ist auf genügend Licht zu achten, mindestens 14 Stunden sollte der Stall täglich beleuchtet sein, idealerweise mit gleichbleibender Helligkeit – all das hat Auswirkungen auf die Spermien. Wie das Futter, das Wasser, das sie zu saufen kriegen, und ihre eigene körperliche Verfassung. Fit und gesund sollen sie sein, auf keinen Fall zu fett.

Die Details zum manuellen Vorgang der Spermagewinnung erspare ich mir. Nur so viel: Wer diesen Job macht, muss mit den Fingern sehr geschickt sein und genau wissen, welche Körperpartien zu berühren sind, wie oft und wie lange und mit welcher Intensität. Meist teilen sich zwei Leute diese Arbeit, das ist einfacher und spart Zeit. Einer der beiden fummelt, das ist der Melker, der andere sichert die Beute. Bei Hühnern läuft das übrigens genauso.

Im nächsten Schritt werden die Muttertiere – auch das eine irreführende Bezeichnung – mit dem kostbaren Gut künstlich besamt. Vorher wird es verdünnt und so portioniert, dass pro Dosis um die 100 Millionen Spermien auf ihre Reise gehen. Da diese nur eine begrenzte Zeit überleben und das Ziel eine höchstmögliche Befruchtungsrate ist, wird die Prozedur jede

Woche wiederholt. Dass dies für die Puten weder ein natürliches noch ein freud- oder lustvolles Erlebnis ist, muss nicht extra erwähnt werden.

Hybridputen sind in der Regel mit zehn bis zwölf Monaten geschlechtsreif. Ab dann legen sie Eier, in 26 Wochen je nach Leistungsvermögen 100 bis 120 Stück, aus denen dann Küken schlüpfen. Damit haben die Mütter allerdings nichts mehr zu tun, das erledigen vollautomatische Brutschränke. Bei 38 Grad Innentemperatur dauert es 28 Tage (bei Hühnern 21), bis sich der Nachwuchs ins Freie pickt, selbstverständlich mit maschineller Unterstützung. Dann werden sie im Turbo-Tempo gemästet. Vorher, nämlich gleich am ersten Tag ihres Lebens, lernen sie Menschen und ihren Umgang mit Nutztieren kennen. Per Infrarotstrahl wird ihnen ein Teil der Schnabelspitze abgetrennt. Das wird prophylaktisch gemacht, damit es nicht zum Federpicken oder zu anderen Hackattacken gegenüber den Stallgenossen kommt und falls doch, die Verletzungen weniger schlimm ausfallen. Auch diese Prozedur, genauer gesagt Verstümmelung, ist laut Tierschutzgesetz eigentlich verboten. Schnabelkürzen gilt als Amputation und ist demnach »nur im Einzelfall und mit behördlicher Ausnahmegenehmigung …« und so weiter und so fort. Wenn es nicht so grausam wäre, man könnte es glatt einen Running Gag nennen. Seit Jahren versichern sich Geflügelwirtschaft und Politik gegenseitig, das routinemäßige Schnabelkürzen bei Puten abschaffen zu wollen, trotzdem wird es weiterhin praktiziert. Bis heute existieren keine gesetzlich festgelegten Haltungsvorgaben für Puten. Die einzigen Richtlinien sind freiwillige Vereinbarungen, die sich die Branche vor etlichen Jahren selbst auferlegt hat, hauptsächlich aus PR-Gründen.

Die deutsche Geflügelindustrie behauptet einerseits, die besten Haltungsbedingungen in Europa zu haben. Andererseits musste sie per Gesetz von der Bundesregierung gezwungen werden, das Töten der männlichen Küken von Legehennen einzustellen. Das war bis Ende 2021 gängige Praxis. Rund 45 Millionen dieser Küken wurden jedes Jahr bei lebendigem Leib geschreddert oder vergast und als Tierfutter verkauft – weil sie für die Mast nicht taugten und damit als Abfall galten. Jetzt werden sie entweder nach einer Geschlechtsbestimmung schon als Ei aussortiert, was einige Bio-Verbände wie Demeter und Bioland aus tierethischen Gründen ablehnen, oder sie werden als Bruderhähne aufgezogen und landen später in Wurst, auf dem Grill oder in der Pfanne. Weil das Aufziehen aber in Deutschland wirtschaftlich unrentabel ist, werden die meisten ins Ausland geschafft, beispielsweise nach Polen, und dort billigst gemästet.

Ein anderer Lösungsansatz kommt aus der Genforschung. Mittels bereits erwähnter CRISPR/Cas-Gen-Schere wurde das Erbmaterial von Legehennen so verändert, dass in ihren Eiern die männlichen Embryonen absterben, wenn sie mit UV-Licht bestrahlt werden. Dagegen will ein israelisches Start-up eine natürliche Methode entdeckt haben, das Geschlecht der Embryonen im Ei zu manipulieren. Dafür werden Temperatur und Luftfeuchtigkeit im Brutschrank verändert und die Eier mit einer bestimmten Tonfrequenz beschallt, ähnlich dem Geräusch von Hochspannungsleitungen. Bei Testläufen wurde etwa die Hälfte der genetisch ursprünglich männlichen Küken zu Weibchen. Und die waren später sogar in der Lage, Eier zu legen, angeblich gleichwertig, was Größe, Qualität und Geschmack betraf. Das Ziel des Start-ups ist es, eine Treffer-Quote von 90 Prozent zu erreichen.

Knochenbrecher: So entstehen unsere Frühstückseier

Am Elend der Puten und Masthühner ändert all die Forschung nichts, am Elend der Legehennen auch nicht. 97 Prozent der Hennen, deren Lebensaufgabe die ununterbrochene Eierproduktion für den Menschen ist, haben ein gebrochenes Brustbein, unabhängig davon, ob sie in Bio-, Freiland- oder Stallhaltung leben. Das ergab eine Analyse von Forschern der Universität Bern. Und das Brustbein ist nicht nur einmal gebrochen, sondern mindestens an drei Stellen. Bei manchen Tieren wurden bis zu elf Frakturen gefunden. Es sind also gerade einmal 3 Prozent aller Hennen, die ihr Dasein nicht als deformierte Krüppel fristen. Im Unterschied zu früheren Studien, bei denen eine zwar niedrigere, aber immer noch erschreckend hohe Rate von etwa 85 Prozent verletzter Tiere ermittelt wurde, wurden die Hennen bei dieser Studie nicht nur abgetastet, sondern geröntgt. Da überall auf der Welt die gleichen Hochleistungsrassen gehalten werden, gehen die Fachleute davon aus, dass es in deutschen Ställen nicht besser aussieht.

Legehennen werden so gezüchtet, dass sie möglichst klein bleiben. Die wirtschaftlich logische Begründung: Sie sollen ein Minimum an Platz und Futter benötigen. Gleichzeitig sollen sie aber möglichst große Eier legen. Dass das morphologisch nicht zusammenpasst, versteht man auch, ohne Zuchtexperte oder Biologe zu sein. Hinzu kommt, dass sie diese großen Eier möglichst früh produzieren sollen. Oft schon im Alter von 16 Wochen, wenn ihr Körper noch gar nicht ausgewachsen und fertig entwickelt ist. Dadurch kommt es zu Knochendeformationen, die wiederum Frakturen begünstigen. Das ist in etwa so, als würde man Kleinkinder nicht auf den Spielplatz, sondern ins Bodybuilding-Studio zum Eisenstemmen schicken und sich anschließend wundern, dass Knochen und Gelenke geschädigt sind.

Außerdem wird für die Schale der Eier Kalzium benötigt, das aus den Knochen bezogen wird. Das wäre kein Problem, wenn die Henne nicht im Akkord produzieren müsste, fast jeden Tag ein Ei, und das ein Jahr lang. Dadurch kann ihr Körper das Kalzium nicht schnell genug reproduzieren, die Knochen werden porös, ähnlich wie bei Menschen, die an Osteoporose erkranken.

Ein weiteres gravierendes Problem entsteht durch die Dauerüberforderung des Legeapparats. Eileiter-Entzündungen sind quasi die Berufskrankheit von Legehennen. An der Körperöffnung, aus der die Henne ihr Ei drückt, Kloake genannt, entstehen regelmäßig Entzündungen. Wer diese einmal mit eigenen Augen gesehen hat, rührt so schnell kein Frühstücksei mehr an.

Bei Masthühnern, die der Fleischproduktion dienen, treten ähnliche Überforderungssymptome und Krankheiten auf, auch hier massenhaft. Ähnlich wie Puten werden sie auf schnellste Gewichtszunahme und maximale Fleischleistung getrimmt. Innerhalb von 35 bis 42 Tagen mutiert ein Federgewichtsküken von 45 Gramm dank Kraftfutter und weggezüchtetem Sättigungsgefühl zu einem 2,5 Kilo schweren Fleischbrocken auf zwei dünnen Beinen. Das ist mehr als das 50-Fache des Ausgangsgewichts. Diese angeblich gesunden, fettarmen und eiweißreichen Erbgut-Mutanten sind in Fabrikhallen mit mindestens 10 000 Artgenossen eingepfercht. Es können auch 40 000 oder doppelt so viele sein, das sind die industrieüblichen Größenordnungen. Als normal gelten bis zu 25 Tiere pro Quadratmeter. Gegen Ende der Mast ist es dermaßen eng, dass die Tiere sich kaum mehr bewegen können. So zynisch und paradox es klingen mag, vielen Hühnern ist das wahrscheinlich sogar eine Hilfe, um nicht umzukippen und von anderen totgetreten zu werden.

In jedem Fall sind es ideale Voraussetzungen für Verletzungen, Infektionen und Krankheiten, die sich beim Gedränge und Gepicke kaum vermeiden lassen. Selbst wenn es nur ein Tier erwischt, was höchst unwahrscheinlich ist, muss die ganze Herde behandelt werden, meist übers Trinkwasser und oft mit Antibiotika. Das gilt auch für die Bio-Haltung. Es gibt kaum ein Tier in der Geflügelmast, das in seinem kurzen Leben keine Antibiotika-Behandlung erhält. Besonders alarmierend ist auch hier der Anteil an Reserveantibiotika, er liegt bei ungefähr 50 Prozent, weit höher als in der Schweinezucht.

Geflügelfleisch gilt gemeinhin als gesund, Salate mit Putenbrust stehen oft als »Fitness-Salat« auf der Speisekarte. Seit Krebsforscher der WHO im Jahr 2015 rotes Fleisch, also Muskelfleisch von Rindern oder Schweinen, als »wahrscheinlich krebserregend« einstuften, bevorzugen Ernährungsbewusste weißes Fleisch von Puten und Hühnern. Die schlechteste Wahl für Fleisch-Liebhaber ist verarbeitete Ware – zum Beispiel Salami, andere Wurstsorten oder verschiedene Formen von Schinken und Würstchen. Diese Produkte fallen laut WHO in die Kategorie »krebserregend«.

Geflügel wird damit beworben, wichtige Nährstoffe wie Eisen, Zink, Eiweiß und gewisse Vitamine zu liefern. Pute wird dabei besonders geschätzt, weil das Fleisch fettarm ist. Wenn man die Haltungsbedingungen ausblendet, sind Putenbrust, Hühnerflügel und Hähnchenschenkel vermutlich tatsächlich gesünder als Kotelett, Steak und Würstchen. Allerdings relativieren sich die Vorzüge, wenn das Fleisch im Kühlfach des

Supermarkts mit antibiotikaresistenten Keimen belastet ist. Es ist die gleiche Problematik wie bei Schweineprodukten, Test-Untersuchungen beweisen das immer wieder, leider auch bei Bio-Fleisch. In einem Bericht der Verbraucherzentrale Hamburg vom Oktober 2020 heißt es: »Der massenhafte Einsatz von Antibiotika in der Massentierhaltung kann zu Fleisch mit gefährlichen Keimen führen. Geflügelfleisch ist besonders stark betroffen.« Bezug genommen wird dabei auf eine Untersuchung der Umweltorganisation Germanwatch, die 2020 in fünf europäischen Ländern Hähnchenfleisch der drei größten Geflügelfleischkonzerne untersuchte, das bei Lidl, Aldi und im jeweiligen Werksverkauf angeboten wurde. Das Ergebnis: Im Schnitt war jede zweite Probe mit Keimen kontaminiert. Am stärksten betroffen waren die Produkte der deutschen PHW-Gruppe (siehe auch Seite 109), nämlich 59 Prozent davon. Und viele der nachgewiesenen Keime waren resistent gegen Reserveantibiotika, allein ein Drittel aller Proben gegen Chinolone. Das sind Reserveantibiotika, die die WHO als besonders wichtig für die menschliche Gesundheit einschätzt. In den USA wurde ihr Einsatz bei Masthühnern bereits vor über 15 Jahren verboten.

Außerdem wird in dem Text der Verbraucherzentrale auf den Jahresbericht des Bundesamts für Verbraucherschutz und Lebensmittelsicherheit von 2019 verwiesen, in dem ebenfalls eine zu hohe Keimbelastung bei Geflügelfleisch bemängelt wurde. Demnach wurden bei Proben im Zuge des Zoonosenberichts 2018 (Zoonosen sind Krankheiten, die über Tiere auf Menschen übertragen werden) an jedem zweiten Masthähnchenschlachtkörper, wie es in der Fachsprache heißt, MRSA-Keime gefunden. MRSA steht für Methicillin-resistenter Staphylococcus aureus, besser bekannt als Krankenhauskeim. Dieser verursacht in Deutschland jährlich bis zu 20 000 Todesfälle. Außerdem wurden an fast jeder zweiten Probe von frischem Hähnchenfleisch Campylobacter-Erreger nachgewiesen. Mit Bakterien dieser Gattung infizieren sich pro Jahr 60 000 bis 70 000 Menschen. Damit ist es laut Robert Koch-Institut die verbreitetste bakterielle meldepflichtige Krankheit hierzulande. Masthähnchen und Hähnchenfleisch gelten hierbei als häufigste Infektionsquelle.

Seit Jahren scheint sich an dieser Situation nichts zu verbessern. Im Zoonosenbericht von 2020 wird zum Thema Cambylobacter unter anderem resümiert: »Die Ergebnisse der Quantifizierung von Cambylobacter spp. auf der Halshaut von Hähnchenschlachtkörpern unterstreichen, dass es in diesem Bereich in Deutschland derzeit keinen Fortschritt gibt.« Bei den Proben von 2020 wurden an fast 55 Prozent des Hähnchenfleischs Cambylobacter-Bakterien festgestellt. Auch die nachgewiesenen Antibiotika-Resistenzraten fielen extrem hoch aus. Gegenüber den bereits erwähnten Chinolonen lag sie knapp unter 80 Prozent. Das ernüchternde Fazit zum Hähnchenfleisch: »Die Ergebnisse des Zoonosen-Monitorings bestätigen die hohe Belastung der Hähnchenfleischkette mit Cambylobacter und die damit einhergehende starke Exposition von Verbraucherinnen und Verbrauchern über Hähnchenfleisch.« Das Wort Exposition bedeutet in diesem Zusammenhang, dass Konsumenten durch den Verzehr von Hähnchenfleisch gefährdenden Bedingungen ausgesetzt sind, die zu einer Gesundheitsschädigung führen können. Bei Puten sieht es kaum besser aus, vor allem was die Resistenz der vorgefundenen Bakterien gegen Reserveantibiotika betrifft. Die Situation wird in dem Bericht aus Sicht des Verbraucherschutzes als »besonders problematisch aufgrund der hohen Bedeutung dieser Substanzen für die Humanmedizin und der unmittelbaren Relevanz für den Menschen im Falle von lebensmittelassoziierten Infektionen mit diesen Campylobacter-Stämmen« beschrieben. Und noch eine Warnung findet sich in der Auswertung des Monitorings – und zwar in Bezug auf Eier: Es müsse grundsätzlich damit gerechnet werden, dass Cambylobacter-Bakterien auf Eierschalen haften.

Offenbar hat nicht einmal das Bundesministerium für Ernährung und Landwirtschaft einen Plan, wie man das Problem in den Griff bekommen könnte. Im Juli 2021 veröffentlichte es im *Bundesanzeiger* eine Art Hilferuf: »Bekanntmachung zur Förderung von Maßnahmen in der Geflügelhaltung, die zur Reduktion des Auftretens von Infektionserkrankungen und der Notwendigkeit zur Behandlung mit antibiotischen Tierarzneimitteln beitragen.« Gesucht wurden entsprechende Forschungsprojekte, die mit Staats- und somit Steuergeldern gefördert werden sollten – und nun tatsächlich gefördert werden. Zumindest spricht das dafür, dass man in der Politik dieses Problem erkannt hat – frei nach Shakespeares Hamlet: »Etwas ist faul im Staate Dänemark.«

Der größte Player auf dem deutschen und europäischen Geflügelmarkt ist die PHW-Gruppe aus dem niedersächsischen Visbek, ein Konzern mit über 40 Tochterunternehmen. Das bekannteste davon dürfte die Marke Wiesenhof sein. Wiesenhof betreibt Brütereien, züchtet Elterntierherden, bezieht für die eigenen Schlachtereien und Verarbeitungsbetriebe Schlachtvieh von rund 1000 Partner-Landwirten, besitzt eine Kühlfahrzeugflotte für den Transport und ist selbst Futterhersteller. Nach eigenen Angaben betrug der Umsatz der PHW-Gruppe, die ihren Geschäftssitz 2020 nach Vaduz, also ins Steuerparadies Liechtenstein, verlegt hat, mit 8900 Beschäftigten im Geschäftsjahr 2020/21 rund 2,8 Milliarden Euro. Etwa die Hälfte davon soll Wiesenhof erwirtschaftet haben.

Ein anderes Beispiel ist die Unternehmensgruppe Heidemark, mit elf Firmentöchtern im Puten-Geschäft unterwegs. Wie Wiesenhof betreibt sie die gesamte Wertschöpfungskette, wie man auch in der Nutztierindustrie zu sagen pflegt – von samen- und eierproduzierenden Elterntieren bis zur Auslieferung der Fleisch- und Wurstwaren an den Handel. Geschätzter Jahresumsatz: rund 600 Millionen Euro.

Ein weiterer marktstarker Player ist die Rothkötter-Unternehmensgruppe, Futtermittelhersteller und Deutschlands zweitgrößter Geflügelproduzent, 4400 Mitarbeiter, über eine Milliarde Euro Jahresumsatz.

Warum ich diese Firmen erwähne? Der Geflügelmarkt wird von ein paar wenigen Großkonzernen beherrscht – im wahrsten Sinne des Wortes. Auf den Schweinemarkt trifft das ebenfalls zu. Durch ihre Macht bestimmen diese Monopolisten so ziemlich jeden Bereich des Geschäfts: welche Rassen Eier legen oder gemästet werden, unter welchen Bedingungen das stattfindet, wann und wie sie geschlachtet und verwurstet werden, welche Preise gezahlt werden, was wohin exportiert wird. Alle diese Konzerne betreiben teure Marketing-Kampagnen und rühmen sich, immer mehr in das Wohl der Tiere zu investieren, in Umweltschutz und Nachhaltigkeit, und überhaupt auf der Höhe der Zeit und des Fortschritts zu sein. Das ist meiner Meinung nach reines Greenwashing, nichts weiter als Augenwischerei. Wenn alles so gesund, tierfreundlich, nachhaltig ist, warum werden dann nach wie vor Unmengen an Antibiotika eingesetzt? Warum gibt es mit erschreckender Regelmäßigkeit Skandale in der Fleischindustrie, sowohl was Tierquälerei und Arbeitsbedingungen als auch Produktqualität und Gesundheitsgefährdung betrifft? Und vor allem: Wieso finanziert der Staat (und damit wir Bürger/-innen, Steuerzahler/-innen und Verbraucher/-innen) Forschungsprojekte, die in erster Linie diesen Agrar- und Lebensmittelmultis das Geschäft sichern?

Dabei geht es nicht nur um das Thema Antibiotika. Die Bundesregierung veröffentlicht alle vier Jahre einen Tierschutzbericht, der über den Stand der Maßnahmen für mehr Tierschutz Auskunft geben soll. Der letzte wurde 2019 verfasst, als Julia Klöckner sich noch Bundesministerin für Ernährung und Landwirtschaft nennen durfte. Was sie für diesen Posten qualifiziert haben soll, ist nicht nur mir bis heute rätselhaft. Ein Freund, von Beruf Zoologie-Professor, nannte sie grundsätzlich immer »die schöne Güllerin«. Der größte Fortschritt für mehr Tierwohl und weniger Gift auf Äckern und im Essen dürfte an dem Tag eingetreten sein, als sie Ende 2021 ihr Berliner Büro räumen musste.

Aber zurück zum Tierschutzbericht: Darin sind seitenlang Forschungsprojekte aufgelistet, die von Klöckners Ministerium gefördert wurden, heißt: finanziert oder mitfinanziert. Eines der kostenintensivsten war demnach die Entwicklung von Verfahren zur Geschlechtsbestimmung im Hühnerei. Stichwort: Kükentöten. Dafür wurden bis zu dem Zeitpunkt 6,5 Millionen Euro ausgegeben. Hier ein paar weitere Beispiele, samt Fördersummen:

- Studien zur Wirksamkeit der Schmerzausschaltung durch Lokalanästhesie bei der Ferkelkastration – 916 836 Euro
- Weiterentwicklung eines Markenfleischprogramms zu einer tiergerechteren Urproduktion unter Berücksichtigung ökonomischer und sozialer Aspekte – 451 102 Euro

- Entwicklung einer Dienstleistung zur Verbesserung der Klauengesundheit von Milchkühen durch Vernetzung und Verdichtung von Daten für das Tiergesundheitsmanagement – 1 133 264 Euro
- Einfluss verschiedener Abferkel- und Aufzuchtsysteme auf Tierwohl, Tiergesundheit und Wirtschaftlichkeit in der Schweinehaltung – 1 726 548 Euro
- Verringerung des Einsatzes von Antibiotika in der Schweinehaltung durch Integration epidemiologischer Informationen aus klinischer, hygienischer, mikrobiologischer und pharmakologischer tierärztlicher Beratung – 862 021 Euro
- Entwicklung stufenübergreifender Reduktionsmaßnahmen für antibiotikaresistente Erreger beim Mastgeflügel – 2 345 124 Euro
- Integration von Zu- und Umluftfiltern in der Schweinehaltung zur Reduzierung der Belastung mit Krankheitserregern – 405 472 Euro
- Geflügelhaltung neu strukturiert: Integration von Mast und Eierproduktion beim Einsatz des Zweinutzungshuhns als Maßnahme zum Tierschutz – 1 803 814 Euro
- Entwicklung eines Konzepts für die Produktion, Schlachtung und Vermarktung ökologisch erzeugter Eber entlang der gesamten Wertschöpfungskette – 702 201 Euro
- Konzeption einer ökologischen Hühnerzucht – mit besonderer Beachtung einer möglichen Zweinutzung – 1 447 353 Euro

Zwei Aspekte sind aufschlussreich: Man kann einmal genauer sehen, was ein Ministerium (oder auch mehrere) mit unseren Steuergeldern macht und – zum anderen – wie wenig sich trotz üppiger Finanzierung zahlloser Studien und Forschungsprojekte bewegt. Um nicht zu sagen: gar nichts.

Nicht, dass ich falsch verstanden werde: Ich bin nicht gegen Forschung, im Gegenteil. Erst recht nicht, wenn sie unser Leben und das von Tieren verbessert, der Umwelt und dem Kampf gegen die Klimakrise zugutekommt. Dafür kann man nicht genug investieren. Nur stellt sich im Fall der Fleischindustrie die Frage, ob nicht diejenigen, die den Karren aus Profitgier und unter Missachtung von Tier- und Umweltschutz, von menschlichen wie tierischen Gesundheitsaspekten in den Dreck gefahren haben, ihn da auch wieder rausholen sollten. Und zwar auf ihre Kosten, nicht auf die der Bürger und Konsumenten. Im Umweltschutz gibt es das Verursacherprinzip. Das sollte auch in der Fleischindustrie gelten. Tönnies, Wiesenhof und Co. verdienen Milliarden. Und somit genug, um für mehr Tierwohl zu sorgen, für mehr Platz in Ställen und Gehegen, für weniger Gülle, weniger Medikamentenmissbrauch, weniger Tiertransporte, für gesünderes Futter und bessere Arbeitsbedingungen ihrer Angestellten und Mitarbeiter. Und all das, ohne die Mehrkosten auf die pandemie-, inflations- und energiekrisengebeutelten Verbraucher und Verbraucherinnen abzuwälzen. Sollten die Fleischbarone dies weiterhin anders sehen, bleibt uns immer noch die Rückkehr zum guten alten Sonntagsbraten aus der Freilandhaltung. Einmal pro Woche ein hochwertiges, teures Stück Fleisch statt dreimal täglich Billigware wäre ein gewaltiger Fortschritt für Tiere, Umwelt und Klima, und ein unmissverständliches Signal an die Fleischlobby und ihre Vertreter.

»Kognitive Manipulation«: Wie uns Fleisch schmackhaft gemacht wird

Echte Männer essen Fleisch. Ein echter Mann braucht sein Steak. Fleisch macht stark und ist gesund, also gut für dich. Eine Mahlzeit ohne Fleisch ist keine vollwertige Mahlzeit. Menschen, insbesondere Männer, haben schon immer Fleisch gegessen. Wenn du körperlich arbeitest, musst du Fleisch essen. Wenn du Sportler bist auch. Fleisch versorgt deinen Körper mit Eisen, Vitamin B_{12}, Eiweiß und vielen lebenswichtigen Nährstoffen. Ohne Fleisch wirst du nicht satt. Fleisch gehört zu einer ausgewogenen Ernährung. Fleisch steigert die Potenz. Kinder brauchen Fleisch, sonst leiden sie an Mangelernährung und werden krank. Vegetarier und vor allem Veganer sind blass, humorlos, sie sehen ungesund und verkniffen aus und haben keinen Spaß am Leben. Ohne Fleisch gibt es nichts zu kauen. Nur Grünzeug und Gemüse essen ist schlecht für Kiefer und

Zähne. Überhaupt ist Fleisch einfach lecker. Und Wurst natürlich auch, da sie aus Fleisch gemacht wird.

So weit der Volksmund, die gängigen Klischees und die Botschaften, mit denen uns die Fleischindustrie verführen und füttern will. Greenpeace nennt sie »kognitive Manipulation«. Für eine Studie ließ die Umweltorganisation in Dänemark, Frankreich, Spanien, Polen, der Schweiz und Deutschland untersuchen, mit welchen Strategien und Symbolen versucht wird, »das menschliche Bedürfnis, sich akzeptiert, erfolgreich, geliebt, respektiert und letztlich ›gut‹ zu fühlen, zu befriedigen«. Herausgekommen sind »Die sieben Mythen der Fleischindustrie«. Das ist auch der Titel der Studie.

Mythos 1: Fleisch ist grün. Das ist sowohl farblich als auch im übertragenen Sinn gemeint, als Botschaft, die über die Gestaltung der Verpackung transportiert wird. Entweder durch grüne Logos, Abbildungen von Blättern oder Bäumen, niedliche Bildchen mit grünen Landschaften oder einfach nur grüne Farbstreifen. Oder durch eine angeblich umweltfreundliche Verpackung, mit weniger Kunststoff, leicht zu recyceln. Auch das soll Fleischprodukte attraktiv machen, sodass am Ende eine Assoziationskette in unseren Köpfen entsteht: grün = gut = gesund = glücklich. Die Reihenfolge der Attribute spielt keine Rolle, es geht darum, dass der erste Gedankenimpuls durch die Farbe Grün gesetzt wird. Das hat auch mit Psychologie zu tun. Grün symbolisiert Leben, Natur, Zufriedenheit, Hoffnung und Glück. Es steht zwar auch für Unreife und Gift, aber das ist den meisten von uns nicht bewusst. Verstärkt wird die grüne Message gern durch bestimmte Begrifflichkeiten, die auf die Verpackung gedruckt werden. »Freilandhaltung« zum Beispiel, oder »Weidehaltung«. Sofort hat man eine idyllische Landschaft vor Augen. »Frisch vom Bauern« funktioniert genauso wie »kleinbäuerlicher Familienbetrieb«, da kommt nun wirklich alles Gute zusammen: Kleinbäuerlich ist in unserer Vorstellung das Gegenteil von Massentierhaltung, und Familie ist überhaupt das Allerbeste. Mehr heile Welt geht gar nicht. Mehr Verlogenheit allerdings auch nicht. Die Realität der deutschen Fleischindustrie hat mit bäuerlicher Romantik etwa so viel zu tun wie Kaugummi mit gesunder Ernährung, Friedrich Merz mit Klima-Aktivismus oder Christian Lindner mit Tierschutz.

Manchmal geht der Schuss allerdings nach hinten los, und das grüne Kopfkino erleidet einen Filmriss. Lidl verkaufte im Sommer 2021 unter der Hausmarke »Landjunker« Rinderhackfleisch, 500 Gramm, eingeschweißt in einem Schlauchbeutel, auch Flowpack genannt. Dieser sei 100 Prozent recyclingfähig, warb der Discounter. Versehen war die Verpackung mit dem QS-Prüfsiegel, dem Kennzeichen für Haltungsstufe 1 (die tierfeindlichste Stallhaltung, die mit *grün* also wenig zu tun hat – siehe Kapitel III) und einer schwarz-rot-goldenen Umrisskarte mit dem Zusatz »deutsches Qualitätsfleisch«. Darüber prangte der Aufdruck »60 % weniger Plastik«, weiße Schrift mit grüner Farbe unterlegt. Und direkt daneben noch das Siegel »verantwortlicher verpackt«, auch das in Grün, eine Eigenschöpfung der Schwarz Gruppe, zu der Lidl gehört.

Den Verbrauch von Plastik zu reduzieren, ist unbestritten eine lobenswerte Maßnahme. Misstrauisch macht mich allerdings, wenn Unternehmen eigene Siegel erfinden, nach selbst aufgestellten, obskuren Kriterien, die zwar toll klingen, deren Inhalt und Einhaltung sich aber kaum überprüfen lassen. Es gibt derzeit keine große Supermarkt-, Discounter- oder Drogerie-Kette, die sich nicht als Vorreiter präsentiert und betont, wie nachhaltig sie ist. Trotzdem steigt der deutsche Verbrauch an Verpackungsmaterial und Plastikmüll Jahr für Jahr kontinuierlich an, wir sind und bleiben die Europameister der Plastikvermüllung.

Aber worum es im Fall »Landjunker« eigentlich ging: Eine Charge des Hackfleischs musste bundesweit zurückgerufen werden, weil sich darin ausgerechnet Plastikteile befunden haben sollen. Dass nicht nur einzelne Packungen betroffen waren, zeigte sich daran, dass die Produktwarnung auch für Aldi ausgerufen wurde. Dort war das Hackfleisch aus derselben Herstellung unter der Eigenmarke »Meine Metzgerei« verkauft worden. Die Firma, in der es durch den Fleischwolf gedreht wurde, nennt sich passenderweise Fleisch-Veredelungsbetrieb und wirbt unter anderem mit dem Satz »Hackfleisch ist bei uns Vertrauenssache«. Dabei gab es bereits im Jahr zuvor aus demselben Grund eine Rückrufaktion. Und erst vor wenigen

Wochen wieder eine, diesmal allerdings nicht wegen Plastik, sondern weil mit Schweinefleisch gemischtes Hack als reines Rinderhackfleisch verpackt und ausgeliefert wurde.

Die Gestaltung des betreffenden Firmenlogos ist übrigens ein Musterbeispiel für die Erkenntnisse der Greenpeace-Studie: Nicht nur, dass für einen Teil des Schriftzugs die Farbe Grün gewählt wurde, dieser wird zusätzlich von einem Kleeblatt ergänzt – drei grüne Blätter, ein rotes, stilisiert als Herz. Das kann kein Zufall sein, auch in den Logos von Tönnies, Westfleisch und Vion finden sich die grünen Botschaften.

Mythos 2: Fleisch ist gut für dich. Hier wird vor allem auf Fleischprodukte als Eiweißquelle gesetzt – wie wichtig es aus ernährungsphysiologischer Sicht sei, Fleisch zu essen, besonders für Kinder. Die brauchen Fleisch, damit sie groß und stark werden. Das war in meiner Kindheit ein Standardspruch, wenn Braten, Schnitzel oder Wurst auf dem Teller lagen: »Iss, du willst doch groß und stark werden!« Heute werden tierische Produkte etwas subtiler vermarktet, wie man bei Wurst von Gutfried oder Herta unschwer erkennen kann. Da geht es um den Anschein von Genuss, und das auf angeblich frische und leichte Art. Für die Verpackung werden helle, fröhliche Farben verwendet, und die abgebildeten Wurst-, Fleisch- oder Schinkenscheiben sind meist dünn und mit allerlei Grünzeug garniert. Mit schönen Worten werden die Scheiben noch dünner gemacht – »hauchzart« oder »hauchfein« steht da. Damit keinesfalls der Verdacht aufkommt, man könnte zu viel davon essen. Ist ja nur ein Hauch von Wurst, fast Luft, so gut wie nichts, kaum Fett, kaum Zusatzstoffe, das kann gar nicht ungesund sein. Auch nicht, wenn man zwei Scheiben davon isst. Oder drei oder vier, sonst schmeckt der Hauch nämlich nach gar nichts.

Dagegen werden Kinder auf spielerische Weise angesprochen. Für sie gibt es spezielle Kollektionen, Wurst in Form von Tiergesichtern oder mit lustigen Comicfiguren auf der Verpackung. So schlagen die Kunden zwei Fliegen mit einer Klappe: Das Kind will natürlich die lustige Wurst, und die Eltern denken, wenn sie extra für Kinder produziert wird, tun sie ihrem Nachwuchs sicher etwas Gutes. Allein schon, weil der sich darüber freut.

Die Strategie, schon Kinder für den Konsum ungesunder Produkte zu konditionieren, erinnert mich an den Marlboro Man und seine Cowboys, an Joe Camel oder den McDonalds-Clown. Ein altbewährtes, erfolgreiches, aber wenig gesundheitsförderndes Konzept.

Bei Fleisch und Wurst wird das positive Gefühl zusätzlich durch Wortsignale auf der Verpackung verstärkt wie »glutenfrei«, »ohne Konservierungsstoffe«, »Eiweißquelle« oder »100 % Qualität«. Dabei werden oft Informationen hervorgehoben, die für hochwertige Wurst selbstverständlich sein sollten. Oder es werden Aufdrucke mit Vokabeln kreiert, die super klingen, im Grunde aber nichts aussagen.

Mythos 3: Echte Männer essen Fleisch. Der Klassiker. Das dachte Arnold Schwarzenegger früher auch, wie er im Dokumentarfilm *The Game Changers* erzählt, unter anderen produziert von James Cameron (*Titanic*, *Avatar*). Ich hatte als Jugendlicher dieselben Bilder im Kopf von muskulösen, coolen Typen, die die Welt aus den Angeln heben – oder es könnten, wenn sie wollten. Denn Männer, die Fleisch essen, schaffen alles, sind nicht nur maskulin und stark, sondern besitzen Durchsetzungsvermögen und strotzen nur so vor Potenz. Sie essen Fleisch auch mal mit bloßen Händen oder direkt vom glühenden Spieß, soll heißen: Sie machen, was sie wollen, scheren sich nicht um Konventionen und pfeifen darauf, was andere denken. Fleisch, das will uns die Werbung suggerieren, ist ein Symbol für Kraft, Coolness, Männlichkeit. Der Geschmack von Freiheit und Abenteuer. Wie Bier und Autos, große, schnelle, laute Autos – röhrende Auspuffe, quietschende Reifen, Drifts, Slides, alles im Griff. Und Männlichkeit bedeutet neben Freiheit und Abenteuer auch Gelassenheit, Mut und Freundschaft. Man denkt an harte Burschen, die am Lagerfeuer sitzen, nur das Nötigste reden, nachdem sie das Holster abgelegt und sich den Staub aus den Kleidern geklopft haben vom langen Ritt durch die Prärie.

Das Lagerfeuer von damals ist heutzutage der Grill. Womit wir beim nächsten Stereotyp wären: Männer – Fleisch – Grill. Hitze, Zischen, aufsteigender Rauch, Schweißperlen auf der Stirn, in der einen Hand ein kühles Bier, in der anderen Spieß oder Zange. Was natürlich unglaublich sexy wirkt. Wer all diese Klischees perfekt bedient, ist *BEEF!*. Das ist ein Hochglanzmagazin für koch- und grillfreudige Männer, das Steaks feiert wie München seinen FC Bayern und Fleischstücke so großflächig inszeniert wie der Playboy seine Centerfolds. Angelsachsen nennen so etwas »Food Porn«. *BEEF!* verschenkt für jedes Abo eine Schürze und erfreut sich großer Beliebtheit.

Mythos 4: Der Mythos der guten Frau. Das passende Gegenprogramm zu Mythos 3, eine Zeitreise zurück in die spießigen Fünfzigerjahre. Die perfekte Ehefrau und Mutter, die sich um das Wohlergehen der Familie kümmert, die Kinder umsorgt, den Mann glücklich macht – mit Fleischgerichten natürlich, die sie liebevoll zubereitet und serviert, aber selten selbst isst. Und wenn sie es tut, dann eher weißes Fleisch, das steht für Reinheit, und nur in kleinen Portionen, schließlich weiß sie sich zu zügeln. Damit soll wohl suggeriert werden, dass die perfekte Frau lächelnd in der Küche steht und ihre Familie mit Fleisch verwöhnt. Dieser Mythos erinnert an eine Zeit, in der Männer noch ungestraft Sprüche klopfen durften wie »Eine Frau gehört an den Herd, und der Herd gehört ins Schlafzimmer«. Solche Sprüche höre ich gelegentlich immer noch, zum Glück aber nie in Gegenwart einer Frau. Fremdschämen tu ich mich trotzdem.

Mythos 5: Fleisch ist Heimatliebe. Das bescheinigt die Studie allen untersuchten Ländern, außer Deutschland. Bei diesem Thema sind wir raus, zumindest in Hinblick auf nationale Identität und als Abgrenzung zu anderen Nationen. Die definieren wir anders, zum Beispiel mit Fußball, Bier, Auto-Kult und eisernem Widerstand gegen das Tempolimit.

Mythos 6: Fleisch schafft Gemeinschaft. Es diene als gesellschaftlicher Kitt, der Meinungsverschiedenheiten beseitige und Harmonie zwischen den Generationen stifte. So formulieren es die Greenpeace-Autoren. Werbetechnisch lässt sich das am besten zelebrieren, indem Menschen bei Ritualen präsentiert werden, die sie in ihrer Vielfalt zusammenbringen, Männlein, Weiblein, Alt und Jung, Groß und Klein. Beispielsweise bei

Familienfesten, aber auch bei Picknicks oder Grillpartys. Oder ganz einfach im Alltag am Esstisch. Der dient als Symbol, ein fester Treffpunkt und Ankerplatz. Hauptsache, es steht Fleisch auf dem Tisch, in welcher Form auch immer. Fleisch als verbindendes Glied und zugleich als Ausdruck gemeinsamer Werte. Und als Beweis dafür, dass der Mensch an der Spitze der Nahrungskette steht, Herrscher über Natur und Tierwelt, die Krone der Schöpfung.

Und schließlich Mythos 7: Fleisch macht frei. Hier geht es um die Methode, Produkte, die nicht unbedingt für hohe Qualität oder für Gesundheit stehen, so mit emotionalen Metaphern aufzuladen, dass diese Mängel überlagert werden. Das hat die Tabakindustrie jahrzehntelang perfektioniert, so lange, bis jegliche Zigarettenwerbung verboten wurde. Bei Werbung für Alkohol ist es immer noch gang und gäbe. Bacardi ist ein gutes Beispiel. Hier wird ein Lebensgefühl transportiert, das Träume und Gefühle weckt und das man deshalb gern zu seinem eigenen machen möchte. Nach dem gleichen Prinzip werden Werbespots für eine weltweit bekannte braungefärbte Zuckerbrause gestrickt. So durchschaubar das alles sein mag, es scheint trotzdem immer wieder zu funktionieren, seit vielen Generationen. In der Studie wird es am Beispiel einer US-amerikanischen Burger-Kette illustriert, die sämtliche Kontinente erobert und es zu einer globalen Marke geschafft hat. Dabei geht es in deren Werbekampagnen gar nicht um Fleisch. Wichtiger sind Botschaften wie Freiheit und Individualität. Bei uns ist jeder willkommen. Jedem ist erlaubt, er selbst zu sein. Alles ist möglich, du kannst tun und lassen, was du willst, Be Yourself, Feel Free. Du kannst essen, was du willst, Burger oder fleischlos, das gibt es dort auch – was die Message umso glaubwürdiger macht. Am Ende geht es nicht darum, womit man sich hier den Magen vollschlägt, sondern um Lifestyle. Um das Gefühl, frei zu sein. Klingt abstrus, kommt aber offenbar an. Du musst nicht, aber du kannst entscheiden, und zwar ganz individuell, ob du auch so cool sein willst. I'm lovin' it!

Es geht um die Wurst: Das PR-Kommando der Fleischindustrie

Ganz ohne werbepsychologische Tricks, aber genauso raffiniert geht Fokus Fleisch vor, eine Informationsinitiative der Fleischwirtschaft, die im September 2021 ins Leben gerufen wurde, um – so die Selbstbeschreibung – mit wissenschaftlich belastbaren Fakten zu einer sachlichen Auseinandersetzung über Erzeugung und Verbrauch von Rind- und Schweinefleisch beizutragen. Die Idee dahinter dürfte ein ähnliches Marketing-Konstrukt sein wie bei der Initiative Milch. Auch das Motiv, sich neben der konventionellen Produktwerbung ein zusätzliches, vermeintlich sachliches Sprachrohr zu verschaffen, dürfte dasselbe sein. Genauso, wie immer weniger Kuhmilch getrunken wird, essen die Konsumenten weniger Fleisch. Die Zahl wurde schon erwähnt, der Pro-Kopf-Verzehr lag im vergangenen Jahr bei 55 Kilo. 67 Prozent der Bevölkerung, so steht es im »Ernährungsreport 2022« des Bundesministeriums für Ernährung und Landwirtschaft, haben ihren Fleischkonsum reduziert. Und 82 Prozent sind der Meinung, dass es sinnvoll wäre, weniger Fleisch zu essen, um die Ernährung der wachsenden Weltbevölkerung nicht zu gefährden. 56 Prozent meinen sogar, man sollte dafür am besten ganz auf Fleisch verzichten. Das heißt zwar noch lange nicht, dass sie das auch tun, aber es fällt auf, dass sich immer mehr Menschen Gedanken machen über Fleischkonsum und -produktion. Und es wird darüber geredet, nicht nur unter jungen Leuten. War ich vor 20 Jahren bei Filmproduktionen noch eines der wenigen Teammitglieder, die beim Catering vegetarisch aßen, so ist es jetzt oft ein Drittel der Crew. Diese Entwicklung ist aus Sicht der Fleischindustrie schlecht fürs Geschäft – perspektivisch betrachtet geht es tatsächlich um die Wurst.

Wurden Vegetarier und Veganer lange Zeit von vielen als Spinner und Exoten belächelt, haben inzwischen rund acht Millionen Deutsche dem Fleischkonsum abgeschworen. Zuletzt ist die Zahl innerhalb eines Jahres um eine Million gestiegen. Das liegt einerseits daran, dass sich die Menschen offenbar mehr Gedanken über ihre Gesundheit machen.

Andererseits hat sich die Frage, wie wir mit Tieren und Ressourcen umgehen, zu einer gesellschaftlichen Debatte entwickelt, die praktisch jeden Tag aufs Neue geführt wird. Damit ist eine andere Dimension erreicht. Es geht nicht mehr nur ums persönliche Wohlergehen und individuelle Überzeugungen, sondern um dringende Fragen unserer Zukunft: Umweltzerstörung, Klimakrise, Welternährung. Täglich sehen, hören, lesen wir Berichte über Wasserknappheit, Dürren, Feuersbrünste, Flutkatastrophen, über Artensterben, Regenwaldvernichtung für Futtermittelanbau, Rekordhitze, Gletscherschmelze, steigende Meeresspiegel – die Liste wird ständig länger. Und dass die Fleischproduktion eine der Hauptursachen für die Klimakrise ist, hat sich zum Leidwesen der Fleischindustrie auch herumgesprochen. Selbst die härtesten Klimaleugner und überzeugtesten Fleischesser können nichts an der Tatsache ändern, dass für ein Kilo Rindfleisch knapp 16 000 Liter Wasser benötigt werden, für ein Kilo Gemüse nur etwa 250 bis 350 Liter, für Tomaten sogar nur 110. Und dass über die Hälfte (!) der deutschen Äcker und Anbauflächen nur dazu genutzt werden, um Futtermittel für die Massentierhaltung zu produzieren.

All das ist keine gute PR für die Fleischwirtschaft. Also startete sie eine Gegenkampagne, die Initiative Fokus Fleisch. Federführend dabei ist die Gesellschaft zur Ausrichtung berufsständischer Veranstaltungen der Fleischwirtschaft mbH, die bereits im Jahr 2000 gegründet wurde, bisher aber unter dem öffentlichen Radar blieb, ohne große Außenwirkung – jedenfalls nicht, dass sie mir durch irgendwelche Aktionen aufgefallen wäre. Die aktuelle Geschäftsführerin ist zugleich Hauptgeschäftsführerin des Verbands der Fleischwirtschaft und Geschäftsführerin der German Meat GmbH. Dem Verband gehören Schlacht-, Zerlege- und Fleischhandelsbetriebe an, darunter alle großen Player der Branche wie Tönnies, Westfleisch, Vion, die Müller-Gruppe (Müller Fleisch), Unifleisch und die deutsche Sparte von Danish Crown. Diese Firmen liefern zusammen mehr als 90 Prozent des Schweine- und Rindfleischs für den einheimischen Markt. Auch beherrschen sie das Exportgeschäft fast vollständig. Dieses wiederum wird tatkräftig unterstützt und mitorganisiert von besagter German Meat GmbH.

Das PR-Kommando Fokus Fleisch basiert also auf einem überschaubaren Firmengeflecht. Alle drei beteiligten Institutionen sitzen in Bonn und haben dieselbe Adresse. Auch das Personal ist überschaubar, zumindest auf der Führungsebene. Neben der genannten Geschäftsführerin gibt es bei German Meat einen weiteren Geschäftsführer. Der ist in Zweitfunktion Sprecher des Verbands und gleichzeitig das Aushängeschild von Fokus Fleisch. Offiziell heißt der Posten auch dort Sprecher.

Angesichts dieser »Besetzungsliste« sind die Botschaften, die unter dem Absender Fokus Fleisch ins Land hinausgeschickt werden, wenig überraschend. Die Kernaussagen kann man in etwa so zusammenfassen:

1. Fleisch ist wichtig für die Gesundheit.
2. Durch die Nutztierhaltung entstehen keine Treibhausgase.
3. Antibiotika werden in der Massentierhaltung nur manchmal eingesetzt und nur an einzelnen Tieren.

Wobei das Wort Massentierhaltung tunlichst vermieden wird. Getreu der Losung, die Joachim Rukwied, der Präsident des Deutschen Bauernverbands, vor Jahren auf der Grünen Woche in Berlin ausgab, als er auf einer Pressekonferenz behauptete: »Massentierhaltung gibt es in Deutschland nicht.« Das sei lediglich ein Kampfbegriff von Gruppierungen, die die Landwirtschaft diskreditieren wollten.

Vielleicht hätte er doch mal in ein Lexikon schauen sollen. Ich habe das ganz altmodisch gemacht und im *Brockhaus* nachgeschlagen, Ausgabe 1998, der dürfte jeglicher Propaganda unverdächtig sein. Darin ist dem Begriff »Massentierhaltung« – auch bezogen auf die EU und Deutschland – eine gute halbe Seite gewidmet, auf der erklärt wird, was sie ausmacht, warum und wie sie entstanden ist, was sie für die Tiere bedeutet, für ihre Gesundheit, für die Nahrungsmittel, die sie liefern beziehungsweise die aus ihnen gemacht werden, für die Umwelt und so weiter. Wenn ich das Gelesene mit dem vergleiche, was ich in Ställen selbst gesehen oder gefilmt habe, dann stimmt das exakt überein. Auf den guten alten *Brockhaus* meiner Eltern ist also Verlass. Und weil die Leute von Fokus

Fleisch im *Brockhaus* nicht herumredigieren dürfen, haben sie sich als Agitationsplattform eine Online-Bühne bauen lassen. Genau genommen sind es drei Bühnen – eine Website, eine Facebook-Seite und ein Twitter-Account. Ich spiele den neugierigen Besucher und stelle fest, wie beliebt ich bei den Kollegen bin. Ungefähr so beliebt wie bei der deutschen Jagdlobby nach unserer Doku *Im Einsatz für den Wolf*. Bei Fokus Fleisch kriege ich wieder mal mein Fett weg. Unsere Schweine-Doku hat ihnen offenbar nicht gefallen. Im Gegenteil. Mit »Was soll das denn?« beginnt die Empörung auf Facebook. Dann wird gemeckert, ich hätte ungeprüfte und irreführende Behauptungen über die Nutztierhaltung und Fleischproduktion aufgestellt. Unter den Zeilen ein Link, der zu einem Text auf der Homepage führt, dort hätten sie sich sachlich mit unserem Film auseinandergesetzt.

Sachlich sieht so aus, dass zunächst über mich persönlich hergezogen und vom Thema abgelenkt wird, der Schauspieler und Umweltschützer würde von Kontinent zu Kontinent düsen und munter zwischen seinen Wohnsitzen in Oberbayern und in Los Angeles pendeln. (Persönliche Anmerkung: Ich bin tatsächlich von 1997 bis 2000 aus privaten Gründen gependelt, seit 2001 geschieden und seitdem nur noch aus beruflichen Gründen in die USA gereist.)

Dann kommen die angeblich falschen Fakten. Ich nehme nur ein Beispiel heraus, den Schweinebestand in Deutschland. In der Doku sage ich, dieser habe sich in den letzten 70 Jahren fast verdoppelt. Dagegen rechnet Fokus Fleisch vor, damals seien es 18 Millionen gewesen und heute nur 5 Millionen mehr, von einer Verdoppelung zu sprechen, sei demnach völlig übertrieben. Sollte ich einen Fehler gemacht oder mein Team schlecht recherchiert haben, würde ich das sofort zugeben, korrigieren und mich entschuldigen, das kann jedem Filmemacher passieren. Da ich aber ein hochprofessionelles Team, eine engagierte und überaus gründliche Redaktion beim Sender und dessen noch gründlichere Rechtsabteilung im Rücken habe, checke ich noch einmal die Recherche-Quellen unseres Drehbuchs. Eine davon war das Bundesinformationszentrum Landwirtschaft, betrieben von der Bundesanstalt für Landwirtschaft und Ernährung, die wiederum unter Aufsicht des Bundesministeriums für Ernährung und Landwirtschaft arbeitet. Bei so vielen Bundesbehörden darf man annehmen, dass die Angaben offiziell sind und stimmen. Dort steht, dass es 1950 rund 12 Millionen Schweine gab. Genau das war meine Aussage, denn im Jahr 2021 waren beim Statistischen Bundesamt 23,8 Millionen Schweine registriert, also rund das Doppelte. Ein anderer Vergleich macht die Entwicklung zur industriellen Intensivtierhaltung in Deutschland noch viel deutlicher: die Zahl der Schweinehalter. Vor 70 Jahren gab es rund 2,4 Millionen, heute sind es nur noch knapp 18 000. Während also früher auf einem Hof durchschnittlich 5 oder 6 Schweine gehalten wurden, sind es jetzt über 1200. Das bedeutet, dass es Betriebe mit weniger Schweinen in den Ställen gibt, aber auch andere mit weit mehr als 1200 Tieren. Und das soll keine Massentierhaltung sein?

Fokus Fleisch geriert sich als Plattform für fundierte Fakten und lädt ein, »sich aktiv am Dialog zu beteiligen«, indem man zum Beispiel Fragen schickt. Dafür sind vier Themenbereiche vorgesehen. Unter der Rubrik »Unsere Branche« wird als Erstes die Frage gestellt, ob die deutsche Fleischwirtschaft auf Export ausgerichtet sei. Die Antwort: Nein, in Deutschland werde kein Tier gezielt für den Export geschlachtet. Teilstücke von Rind und Schwein würden nur exportiert, um eine möglichst nachhaltige und vollständige Verwertung des kompletten Tiers zu sichern. Wir Deutsche würden hauptsächlich zu Rinderfilet und Schweineschnitzel greifen, wohingegen Schweinepfoten und Innereien kaum gefragt seien – dafür aber in Asien, wo solche Delikatessen ganz oben auf dem Speiseplan stünden.

Bei der German Meat GmbH, die wie erwähnt vom gleichen Personal geführt wird wie Fokus Fleisch, liest sich das ganz anders: Demnach wurden 2021 aus 52 Millionen geschlachteten Schweinen 5 Millionen Tonnen Fleisch gewonnen. Davon gingen rund 2,6 Millionen Tonnen, also mehr als die Hälfte, als Exportware in über 100 Länder. Deutschland rangiere damit auf Platz drei der größten Schweinefleischproduzenten und trage »maßgeblich zur Deckung der weltweit steigenden Nachfrage nach hochwertigem Fleisch bei«. Auch Rind-, Kalb- und Geflügelfleisch wird erfolgreich in alle Welt exportiert.

Wer erfahren will, welche Teile der jeweiligen Tiere für den Export angeboten werden, muss sich nur den Produktkatalog von German Meat ansehen. Dort sind alle genau aufgelistet, ebenso die Lieferanten. Interessanterweise sind die Listen bei jeder Tierart hier viel länger, als man nach der Lektüre der Fokus-Fleisch-Website zu dem Thema vermuten würde. Pfoten und Innereien sind zwar auch aufgeführt, aber ebenso alles andere, von der Schnauze bis zum Schwanz (und jeder Zentimeter Fleisch dazwischen, mit und ohne Knochen), ob von Schweinen, Rindern, Hähnchen oder Puten.

Gegen die Behauptung, kein Tier würde rein für den Export getötet, sprechen auch Zahlen des Statistischen Bundesamts, das beispielsweise fürs erste Halbjahr 2020 eine außergewöhnlich hohe Exportquote Richtung China registrierte. So gingen knapp 27 Prozent aller Schweinefleisch-Auslandslieferungen dorthin, mit rund 233 000 Tonnen den Statistikern zufolge mehr als doppelt so viel wie im gleichen Zeitraum des Vorjahres. Das hatte mit der Afrikanischen Schweinepest zu tun, die damals in China grassierte, sodass kaum einheimisches Schweinefleisch zur Verfügung stand. Für die Fleischindustrie hierzulande ein doppelt lukratives Geschäft: Zum einen konnte sie durch die steigende Nachfrage aus Asien die Exportpreise nach oben treiben. Zum anderen führte der boomende Export zu einer Verknappung auf dem deutschen Markt, wodurch auch hier das Schweinefleisch teurer verkauft werden konnte. Der Preis für die Konsumenten stieg um 8,6 Prozent, für Wurst mussten sie knapp 6 Prozent mehr bezahlen.

Es gibt bei Fokus Fleisch auch eine Rubrik »Klima & Nachhaltigkeit«. Dort werden recht eigenartige Sichtweisen verbreitet, modern ausgedrückt: »alternative facts«. Zum Beispiel wird die Frage, ob die Nutztierhaltung zum Anstieg der Treibhausgase führe, klar mit »Nein« beantwortet. Ergänzt wird diese Lüge mit einer kurzen Erklärung, wonach die von der Landwirtschaft verursachten Emissionen seit 1990 um über 20 Prozent zurückgegangen seien.

Zunächst zum »Nein«: Egal welche Studie aus welchem Land, von welchem Klimaforscher, Klima-Institut oder welcher NGO man liest – die

Schätzungen zum Anteil der Fleischproduktion am CO_2-Ausstoß und somit am Klimawandel rangieren alle zwischen 18 und 23 Prozent. Und zum Rückgang der deutschen Emissionen um 20 Prozent: Das stimmt, ist aber irreführend, wenn man verschweigt, wie es dazu kam. Ich richte mich bei Recherchen zu diesen Themen gern an das Umweltbundesamt. Es dürfte im gesamten Regierungsapparat die am wenigsten von Lobbyisten beeinflusste Bundesbehörde sein. Dort erfährt man, dass es in diesem Zeitraum zwei einschneidende Ereignisse gab, die zu diesem Rückgang geführt haben dürften. Das erste war die Wiedervereinigung, die einherging mit strukturellen Veränderungen der Landwirtschaft in den neuen Bundesländern, insbesondere mit einer Verringerung der Tierbestände. Der zweite deutliche Knick wurde von 2017 auf 2018 verzeichnet. Hier sieht das Umweltbundesamt die Ursache vor allem in der extremen Dürre 2018, die vielen Landwirten die Ernte ruinierte. Es wurde weniger Mineraldünger eingesetzt, und weil auf den Feldern nicht genug Futter wuchs, wurden vielerorts die Tierbestände ausgedünnt, speziell in der Rinderhaltung. Die Rechnung geht also so: Weniger Tiere plus weniger Dünger ergeben weniger Treibhausgase.

Auch deckt sich die Einschätzung des Umweltbundesamts, wonach die Landwirtschaft in Deutschland – Originalzitat – »maßgeblich zur Emission klimaschädlicher Gase beiträgt«, in keiner Weise mit dem Ergebnis einer Studie, die Fokus Fleisch unter der Überschrift »Nutztierhaltung ist klimaneutral« promotet. Darin wird die international etablierte und anerkannte Methode zur Berechnung von Treibhausgas-Emissionen in der Landwirtschaft infrage gestellt und stattdessen behauptet, der Anteil der durch Tierhaltung und Ackerwirtschaft entstehenden Treibhausgase tendiere gegen null. Es sei egal, ob viel oder wenig Fleisch gegessen und wie viel Milch getrunken werde, das würde die Klimaerwärmung weder positiv noch negativ beeinflussen. Dass die Studie von anderen Wissenschaftlern regelrecht zerpflückt wurde, wird mit keiner Silbe erwähnt. Auch nicht, dass ihr Verfasser, Professor Friedrich Kuhlmann, jahrelang Vizepräsident der Deutschen Landwirtschafts-Gesellschaft e. V. (siehe Kapitel III) war, die neuerdings sogar eine Medaille verleiht, die seinen Namen trägt. Auch wenn das Wort mittlerweile überstrapaziert sein mag, es ändert nichts an der Tatsache, dass wir in einer ziemlich perfekt funktionierenden Lobbykratie leben.

Zweifelhafte Studien: Verdrehte Wahrheiten, verheimlichte Geldgeber

Ähnlich verfuhren die Fokus-Fleisch-Macher mit einer anderen Publikation, einem Arbeitspapier der Weltbauernorganisation WFO. Dieses stützt sich unter anderem auf eine Studie, die bei ihrer Veröffentlichung 2019 in der Fachzeitschrift *Annals of Internal Medicine* weltweit für Aufsehen sorgte, auch hier in Deutschland. »Esst ruhig weiter Fleisch«, titelte *Spiegel Online* damals. Im britischen Boulevardblatt *The Sun*, das wenige Monate zuvor noch gewarnt hatte, eine Scheibe Bacon am Tag sei tödlich, hieß es plötzlich: »Bacon ist sicher – ohne Wenn und Aber.« Und die *Frankfurter Allgemeine Sonntagszeitung* rief ihre Leserschaft auf der Titelseite auf: »Esst mehr Fleisch!«, es habe völlig zu Unrecht einen miserablen Ruf. Die Kernbotschaft des zwei Seiten langen Artikels weiter hinten, der sich auf besagte Studie berief, lautete: Fleischverzicht macht weder gesund noch rettet er das Klima. Das Sonntagsblatt zitierte nicht nur fleißig aus der Studie, sondern deklarierte deren Erkenntnisse kurzerhand zur ultimativen Wahrheit. Dabei schien der Autor, ein Wirtschaftsredakteur, nicht wirklich mit der Materie vertraut. Sonst wäre ihm aufgefallen, dass das Wort *diet* im Englischen nicht nur für »Diät« steht, wie er es mehrfach übersetzte, sondern hauptsächlich für Ernährung oder Ernährungsweise – in diesem Sinn wurde es auch in der Studie verwendet.

Um genau zu sein, handelte es sich um insgesamt fünf Studien, die von Wissenschaftlern und Wissenschaftlerinnen aus sieben Ländern, die sich unter dem Namen NutriRECS zusammengeschlossen hatten, in einer renommierten Medizin-Fachzeitschrift veröffentlicht worden waren. NutriRECS bezeichnet sich selbst als unabhängig und unbelastet von institutionellen Zwängen und Interessenkonflikten. Ziel ihrer Arbeit sei es, vertrauenswürdige Empfehlungen für Ernährungsleitlinien zu erarbeiten. Mit diesem Anspruch hatten die Forscher zahlreiche Studien unter die Lupe genommen, die sich mit der Frage beschäftigten, ob Fleischkonsum gesundheitsschädlich sei. Das ist eine übliche Methode, die als Meta-Studie oder Meta-Analyse bezeichnet wird. Es wird gesammelt, was sich zu einem bestimmten Thema finden lässt, und untersucht, worin die gemeinsamen Erkenntnisse bestehen, ob es solche überhaupt gibt.

In genanntem Fall ergaben drei der Analysen, für die über 100 Studien ausgewertet wurden, dass weniger Fleischverzehr das Risiko, früher zu sterben oder an Krebs zu erkranken, minimal reduziere. Bei der vierten Analyse kam heraus, dass der Effekt in Hinblick auf Herz-Kreislauf- und Krebs-Erkrankungen sehr gering oder gar nicht vorhanden sei. Allerdings waren bei der Studie, die am stärksten ins Gewicht fiel, weil sie die größte Teilnehmerzahl umfasste, nicht die Folgen von reduziertem Fleischkonsum untersucht worden, sondern nur die einer fettreduzierten Diät. Die fünfte Analyse befasste sich mit der lapidaren Frage, ob Menschen gern Fleisch essen, und kam zu folgender Erkenntnis: Es sollte nicht darauf verzichtet werden, weil bei Menschen, denen Fleisch schmeckt, durch den Konsum positive Gefühle entstehen, die das Wohlbefinden fördern. Und das würde bei überzeugten Fleischessern dazu führen, nichts an ihrem Verhalten zu ändern. Man stelle sich eine solche Argumentation im Fall von Alkohol, Zigaretten oder Drogen vor – der Aufschrei wäre gewaltig. Als Quintessenz wurde noch ein sechstes Papier verfasst, das in der Empfehlung gipfelte, Erwachsene sollten weiter wie bisher rotes Fleisch und Wurst essen. Und genau dieses Papier wurde in den Medien wie beschrieben gepusht.

Die Kriterien, die für die Analysen herangezogen wurden, werden normalerweise für die Bewertung klinischer Studien zur Wirksamkeit von Medikamenten angewendet. Das war einer der ersten Kritikpunkte am Vorgehen der Forschergruppe. Mit solch strengen Kriterien könne man jede Studie abwerten, die nicht unter Laborbedingungen oder als kontrolliertes Experiment durchgeführt werde. Erst recht Langzeitstudien, die im realen Leben stattfinden, wie es bei Ernährungsthemen gängige Praxis ist. Und anders auch gar nicht möglich wäre. Wollte man den gleichen Standard wie bei Medikamenten-Studien erreichen, müsste man eine große Zahl von Testpersonen über einen langen Zeitraum dazu verdonnern, kräftig Fleisch zu essen, um nach 10 oder 20 Jahren zu untersuchen, ob sie krank werden oder woran sie sterben. Und man müsste noch mindestens eine zweite Gruppe beobachten, die unter vergleichbaren Bedingungen lebt, aber gänzlich auf Fleisch verzichtet oder weniger davon isst. Doch solche Experimente wären weder umsetzbar noch ethisch zu verantworten.

Nach der Veröffentlichung der Analysen formierte sich sofort heftiger Widerstand. Er kam von allen Seiten, sogar aus der Forschergruppe selbst. Drei der an den Arbeiten beteiligten Wissenschaftler, darunter der einzige aus Deutschland, distanzierten sich von der Empfehlung, für die es keinerlei wissenschaftliche Basis gebe. Sie plädierten stattdessen dafür, eine Reduzierung des Fleischkonsums anzuregen. Einer der Co-Autoren wollte die Veröffentlichung sogar stoppen, weil er sich Sorgen um die Folgen für die öffentliche Gesundheit machte. Die angesehensten Ernährungsexperten meldeten sich zu Wort. Tenor aller Kritiken: Die Schlussfolgerungen von NutriRECS seien hochgradig fragwürdig, sie würden die Realität ignorieren und den Empfehlungen aller wichtigen Ernährungsinstitutionen widersprechen, inklusive der Weltgesundheitsorganisation WHO.

Inmitten des Aufruhrs fand die *New York Times* heraus, dass der NutriRECS-Chef, der die Studie geleitet hatte, bereits 2016 mit einer anderen, nach dem gleichen Muster gestrickten Meta-Analyse aufgefallen war. Damals ging es um die Gesundheitsrisiken des Zuckerkonsums. Die Ergebnisse waren in derselben medizinischen Fachzeitschrift veröffentlicht worden wie später die Empfehlung zum Fleischkonsum. Man kann das Fazit der Zucker-Studie so zusammenfassen: Zucker ist längst nicht so schädlich, wie von Ernährungsexperten in aller Welt behauptet wird. Finanziert hatte die Studie das International Life Sciences Institute (ILSI), die Lobbyorganisation der Nahrungsmittelindustrie, die bereits im ersten Kapitel erwähnt wurde. Zu ihren Mitgliedern gehörten damals Coca-Cola (inzwischen ausgestiegen), Pepsi und Nestlé, aber vor allem Cargill, das weltweit größte und mächtigste Lebensmittelhandelsunternehmen, Jahresumsatz circa 135 Milliarden US-Dollar. Seine Kundenliste ist bekannter als der verschwiegene US-Multi selbst: Nestlé, Aldi, Lidl, Edeka, Danone, Walmart, McDonald's, Burger King, Unilever und viele mehr. Cargill ist auch in der Pharma-, Futtermittel- und Finanzbranche aktiv, betreibt in Deutschland mehrere Fabriken und ist ganz nebenbei einer der größten Rindfleischproduzenten der USA. Die Umweltorganisation Mighty Earth nannte Cargill 2019 in einem Bericht über dessen Geschäftspraktiken »The Worst Company In the World«.

Die nächste Enthüllung, die kurz darauf in der *Washington Post* veröffentlicht wurde, überraschte bei dieser Vorgeschichte kaum noch. Demnach gab es eine Partnerschaft zwischen NutriRECS und einer Forschungsagentur für Agrar- und Biowissenschaften, die an der Texas A&M University angedockt ist und jeweils zur Hälfte vom Staat und der privaten Fleischwirtschaft finanziert wird. Diese Verbindung hätte bei der Veröffentlichung der Studie offengelegt werden müssen, was nicht geschah. Ein klarer Interessenkonflikt, zumal die Agentur Lehrprogramme und Weiterbildungsmaßnahmen für Rinderhalter im Portfolio hat, außerdem im Bereich Werbung und Vermarktung von Rindfleisch aktiv ist. Der Direktor der Agentur wird sogar als einer der Co-Autoren der Studie aufgeführt. Derselbe Mann war es auch, der dem NutriRECS-Chef bereits zuvor für eine andere Forschungsarbeit an dessen früherer Arbeitsstelle, einer Universität in Kanada, Geld zugeschanzt hatte. Und der ihm kurz nach Veröffentlichung der Fleisch-Studie zu einer Professur an der A&M University in Texas verhalf.

Auch wenn diese Details in deutschen Medien kaum erwähnt wurden, waren sie in Zeiten des World Wide Web kein Geheimnis mehr, als die Lobbyinitiative Fokus Fleisch verkündete: »Studie bestätigt: Der Verzehr von unverarbeitetem rotem Fleisch stellt kein Gesundheitsrisiko dar.« Und sich dabei ausdrücklich auch auf die NutriRECS-Analysen berief. Fokus Fleisch erwähnte mit keinem Wort, welche Gemengelage an Interessen im Hintergrund herrschte: dass die Studie offenbar gekauft war.

Ich schildere das NutriRECS-Beispiel so detailliert, weil es exemplarisch ist für die generelle Krux mit Studien. Selbst wenn man sich die

Mühe macht und die Zeit nimmt, sie im Originalwortlaut zu lesen, versteht man als Laie aufgrund der Fachsprache meistens nur Bahnhof. Und es ist kaum zu beurteilen, ob die Forscher von irgendwelchen Interessengruppen beeinflusst oder bezahlt wurden. In medizinischen Fachpublikationen müssen solche Verbindungen normalerweise offengelegt werden. Dazu gehört auch, die Finanziers einer Studie zu nennen. Aber ob oder wie genau das eingehalten wird, sieht man an der NutriRECS-Studie. Es gibt Untersuchungen, die beweisen, dass selbst als unbestechlich geltende Medizin-Fachzeitschriften mit internationalem Ansehen Studien veröffentlichen, die von Unternehmen der Privatwirtschaft finanziert oder mitfinanziert wurden. Das machen diese Unternehmen nicht ohne (wirtschaftlichen) Grund. Befördert werden derartige Arrangements zum Beispiel durch den Kauf von Anzeigen in dem Fachblatt. Oder es werden lukrative Sonderdrucke in Auftrag gegeben, die in der betreffenden Branche verteilt werden und dem Verlag zusätzliche Einnahmen bringen.

Das heißt nicht, dass man grundsätzlich keiner Studie trauen kann. Aber man sollte sich den Absender genau ansehen. Für ein besonders krasses Beispiel gekaufter Wissenschaft sorgte vor nicht allzu langer Zeit Exxon Mobile (Esso). Der Öl-Multi finanzierte über Jahre hinweg mit mehreren Hundert Millionen Dollar Studien, die beweisen sollten, dass es keinen Zusammenhang gibt zwischen Klimawandel und menschlichen Aktivitäten. Wenn also eine Forschergruppe wie im Fall von NutriRECS plötzlich daherkommt und alles wegwischen will, was in den vergangenen Jahrzehnten an wissenschaftlichen Erkenntnissen zusammengetragen wurde, dann sollte einem das zumindest verdächtig erscheinen.

Womit sich die Frage stellt, was man zum Thema Fleischverzehr nun glauben soll und was nicht. Was ist wissenschaftlich bewiesen? Wo findet man zuverlässige, belastbare Fakten? Ich für meinen Teil halte die Internationale Agentur für Krebsforschung IARC, eine Einrichtung der WHO, für vertrauenswürdiger als von der Industrie finanzierte Wissenschaft. Die WHO hält an ihrer Einstufung von rotem Fleisch als »wahrscheinlich krebserregend« und verarbeitetem rotem Fleisch (Wurst etc.) als »krebserregend« seit über sieben Jahren fest. Dafür muss es trotz unterschiedlichster Studien und gegensätzlicher Expertenmeinungen nach wie vor gute Gründe geben. Das soll nicht heißen, dass Verlautbarungen der WHO und ihrer Institutionen generell frei von jeglichen Zweifeln wären. Auch dort gibt es offenbar bedenkliche personelle Verstrickungen und Geldflüsse, wenn man an die Zuwendungen aus der Industrie denkt oder wie lukrative Aufträge ausgerechnet an Pharmakonzerne vergeben werden.

Jedenfalls ist es verständlich, vor allem aus wirtschaftlicher Sicht, dass die internationale Agrarlobby, insbesondere die Fleisch-Fraktion der Nahrungsmittelindustrie, alles versucht, um diese Klassifizierungen auszuhebeln. Denn sie gefährden das milliardenschwere Geschäftsmodell. Allein in Deutschland betrug der Jahresumsatz der Fleischindustrie 2021 rund 41 Milliarden Euro. Davon gingen 6,2 Milliarden auf das Konto des Tönnies-Konzerns. Absolut unverständlich erscheint bei solchen Zahlen die Tatsache, dass der deutsche Staat, und damit der Steuerzahler, die Fleischindustrie laut einer Studie des Bündnisses »Gemeinsam gegen die Tierindustrie« von 2021 jährlich mit über 13 Milliarden Euro subventioniert, direkt oder indirekt über Förderungen und Zuschüsse. Und das ist nur die Summe der Posten, die die Rechercheure beziffern konnten. In Wirklichkeit dürfte der Betrag noch weitaus höher sein. Wir fördern also aktiv und hochoffiziell die Klima- und Nahrungsmittelkrise, Tierleid, steigende Krebserkrankungsraten.

Auf den Sinn und Unsinn staatlicher Subventionspolitik haben wir Verbraucher nur bedingt Einfluss. Umso mehr Einfluss haben wir darauf, was wir als Nahrungs- oder im Idealfall Lebensmittel zu uns nehmen. Bei tierischen Produkten wird dies anschaulich, wenn Ernährungswissenschaftler oder Mediziner erklären, was in unserem Körper passiert, wenn wir Fleisch essen. Zum Beispiel, dass die gesättigten Fettsäuren, die man mit rotem Fleisch zu sich nimmt, den Cholesterinspiegel im Blut in die Höhe treiben. Der gilt als Hauptursache für Herzinfarkte. Oder dass es zur Ausschüttung von Gallensäure kommt, die für die Fettverdauung verantwortlich ist. Dabei entstehen Abbauprodukte, von denen einige als krebsfördernd gelten. Ebenso können sich durch das Zusammenwirken von Eisen mit tierischen Eiweißen sogenannte Nitroseverbindungen bilden, Moleküle, denen ebenfalls ein krebsfördernder Effekt nachgesagt wird. Solche Moleküle entstehen beispielsweise, wenn man Fleisch bei hohen Temperaturen anbrät.

Richtig ungesund ist gepökeltes oder geräuchertes Fleisch. Da macht es auch kaum einen Unterschied, ob es sich um rotes oder weißes Fleisch handelt oder um Fisch. Beim Pökeln werden Nitrate eingesetzt, also Stickstoffverbindungen, die im Körper in Nitrite umgewandelt werden, vor allem durch Darmbakterien. Diese gelten als toxisch, weil sie den roten Blutfarbstoff Hämoglobin in Methämoglobin umwandeln, wodurch der Sauerstofftransport im Blut gestört wird. Das können Erwachsene wegstecken, für Säuglinge und Kleinkinder aber kann es lebensbedrohlich sein. Außerdem können sich aus Nitriten Nitrosamine bilden. Die finden sich in Wurst, zum Beispiel in Salami und Schinken, und werden dem Körper beim Verzehr gleich im fertigen Zustand zugeführt. Das schadet der Leber. In größeren Mengen führen Nitrosamine zur Verfettung dieses lebenswichtigen Organs. Ebenso stehen auch Nitrosamine im Verdacht, krebserregend zu sein. Bei Tierversuchen haben bereits geringe Mengen eine kanzerogene Wirkung gezeigt. Fast jedes Tier, das dafür herhalten musste, bekam einen Tumor. Auch bei Menschen können Nitrosamine Krebs auslösen, daran gibt es in der Wissenschaft keine Zweifel mehr. Unklar ist jedoch, ab welcher Menge es gefährlich wird. Nur bei gebratenem oder gegrilltem Pökelfleisch scheint die Schädlichkeit eindeutig, egal in welcher Menge es verzehrt wird.

Natürlich bedeutet der Konsum von Fleisch nicht gleich das Todesurteil, vor allem wenn es nur gelegentlich auf dem Speiseplan steht, hochwertig ist und wenig Fett enthält. Wie bei fast allem kommt es auf die Dosierung an. Und auf andere Faktoren – wie man sich ansonsten ernährt, wie viel man sich bewegt, welchen Lastern man frönt. Das trifft neben Herz- und Krebserkrankungen auch auf andere Krankheiten zu, für die häufiger Fleischkonsum als Risikofaktor ausgemacht wurde, beispielsweise Diabetes Typ 2. Auch hier besteht ein Zusammenhang, der unter Medizinern unstrittig zu sein scheint, besonders bei gebratenem und gegrilltem Fleisch.

Dass Fleisch schon innerhalb kurzer Zeit Reaktionen im Körper auslösen kann, die gewisse Krankheitsrisiken erhöhen, haben US-Wissenschaftler in einer Studie nachgewiesen, die 2019 im *European Heart Journal* veröffentlicht wurde. Dafür ließen sie 113 Testpersonen einen Monat lang täglich zwei Portionen rotes Fleisch essen, die Portion zu je 125 Gramm. Das Ergebnis war, dass sich die Konzentration eines bestimmten Moleküls im Blut deutlich erhöhte, dem eine ungesunde Eigenschaft zugeschrieben wird: Es soll dazu beitragen, dass sich Cholesterinester und andere Fette in den Arterien einlagern. Das kann zu Atherosklerose führen, einer speziellen Form der Arteriosklerose. Dadurch hervorgerufene Herz-Kreislauf-Erkrankungen sind die weltweit häufigste Todesursache. Das schädliche Molekül wird in der Leber gebildet, die Ausgangssubstanzen sind Darmbakterien und Nährstoffe (Carnitin, Cholin), die in rotem Fleisch reichlich vorkommen. Nach einer Pause von zwei Wochen wurde bei den Testpersonen das rote Fleisch durch Geflügel ersetzt. In einem dritten und letzten Versuch dann durch vegetarische Kost. Bei rotem Fleisch war die Konzentration des Moleküls im Blut im Vergleich etwa dreimal so hoch, bei einigen stieg sie sogar um mehr als das Zehnfache. Die gute Nachricht: Der Prozess ließ sich umkehren. Als die Probanden aufhörten, Fleisch zu essen, gingen die Werte zurück.

Aus ernährungswissenschaftlicher Sicht gibt es durchaus auch positive Aspekte des Fleischkonsums, solange das Fleisch hochwertig produziert wird. Das gilt für die enthaltenen Proteine, in denen wichtige Aminosäuren stecken, für Eisen, Zink, Selen und verschiedene B-Vitamine, B_{12} zum Beispiel. Das gilt aber nicht für verarbeitetes Fleisch, vor allem wenn es, wie erwähnt, gesalzen, gepökelt oder geräuchert wurde. Und es gilt erst recht nicht für die zahlreichen Zusatzstoffe, die hauptsächlich beigefügt werden, um Geschmack und Aussehen zu »veredeln«.

Trotzdem ist es ein weitverbreiteter Irrglaube, Fleisch gehöre für uns Menschen unbedingt zu einer gesunden, ausgewogenen Ernährung. Auch wenn genau das von der Fleischindustrie unermüdlich propagiert wird. Das Letzte, was diese Branche jemals zugeben würde, ist die Tatsache, dass der Verzicht auf Fleisch – oder auch nur eine Reduzierung des Konsums – der effektivste und einfachste Beitrag jedes Einzelnen zu mehr Klima- und Tierschutz wäre.

Die Entscheidung, Fleisch zu essen oder nicht, bleibt jedem selbst überlassen. Aber das Argument, ohne tierische Produkte würde unser Organismus Mangel leiden, ist schlicht und einfach falsch. Alle wichtigen Stoffe kann man auch pflanzlich zu sich nehmen oder über entsprechend angereicherte Lebensmittel. Das gilt auch für das viel diskutierte Vitamin B_{12}, das manche Vegetarier und Veganer supplementieren. Generell empfiehlt es sich auch für Fleischesser, die eigene B_{12}-Versorgung per Bluttest gelegentlich untersuchen zu lassen. Zu wenig B_{12} kann schädlich sein, zu viel aber auch. Es gibt Studien, die besagen, dass eine zu hohe B_{12}-Konzentration im Blut zu einem erhöhten Lungenkrebsrisiko führen kann.

Jedenfalls muss auch ohne Fleischverzehr niemand als unterernährtes, kränkelndes Gespenst herumlaufen. Betty White, Hollywood-Legende und ehemaliges »Golden Girl«, war Veganerin und starb 2021 im Alter von 99 Jahren. Da ich mich erst seit 40 Jahren pflanzlich ernähre, würde ich die schlagfertige Komödiantin hier mal als Vorbild bezeichnen.

Die Deutsche Gesellschaft für Ernährung wurde in der Vergangenheit für ihre zehn Ernährungsregeln zu Recht kritisiert, weil sie tierischen Produkten über Jahrzehnte hinweg einen zu hohen Stellenwert einräumte. In ihrem neuesten »Ernährungsbericht« (2020), der alle vier Jahre im Auftrag des Bundesministeriums für Ernährung und Landwirtschaft erstellt wird, setzt sie auf eine pflanzenbetonte Kost, ergänzt mit geringem Fleischkonsum. Als Grundlage für diese Empfehlung dienen die Ergebnisse einer sogenannten Umbrella Review, für die die wichtigsten Erkenntnisse bereits veröffentlichter Übersichtsarbeiten (zu Studien) zusammengefasst wurden. Wenn man so will: eine Übersichtsarbeit der Übersichtsarbeiten oder eine Meta-Analyse der Meta-Analysen. Der neue Bericht bezieht sich auf konkrete Fragestellungen, zum Beispiel, welcher Zusammenhang zwischen dem Verzehr von Obst und Gemüse und häufig vorkommenden Krankheiten besteht. Wirken Obst und Gemüse auf dem Speiseplan eher positiv oder negativ auf die Entstehung dieser Krankheiten? Wie sieht es beim

Konsum von Fleisch und Wurst aus? Die Antwort war, dass großzügiger Gemüsekonsum das Risiko für einen Schlaganfall, für Dickdarmkrebs und koronare Herzerkrankungen verringern kann. Ein ähnlicher Effekt wird Obst zugeschrieben, mit dem Unterschied, dass es eher zu einer Senkung des Brustkrebsrisikos beiträgt, als dem Dickdarmkrebs entgegenzuwirken. Wobei auch hier die Menge relevant ist. Daran gemessen, was die Gesellschaft für Ernährung empfiehlt, sehen die Zahlen in Deutschland schlecht beziehungsweise wenig gesund aus: Empfohlen werden fünf Portionen pro Tag, dreimal Gemüse (zusammen etwa 400 Gramm) und zweimal Obst (250 Gramm). In der Realität kommen Frauen im Schnitt auf etwa drei Portionen, Männer auf knapp zweieinhalb. Das heißt, lediglich 15 Prozent der Frauen und 7 Prozent der Männer erreichen den Richtwert für eine gesunde Ernährung.

Was an Obst und Gemüse zu wenig verzehrt wird, kommt bei Fleisch und Wurst zu viel auf den Teller. Obwohl der Pro-Kopf-Verzehr den niedrigsten Stand seit 1989 erreicht hat (seitdem wird der Wert überhaupt erst berechnet), liegt er weit über der Empfehlung von maximal 300 bis 600 Gramm pro Woche. Diese Empfehlung kann man kritisieren, manchen Experten ist sie zu hoch angesetzt. Immerhin positioniert sich die Gesellschaft für Ernährung – anders als früher – jetzt klar zu den Krankheitsrisiken infolge hohen Fleischkonsums. Vermutlich sollte man die Empfehlungen als Etappenziel betrachten, um erst einmal möglichst viele Leute mitzunehmen und sie nicht mit niedrigeren Werten abzuschrecken. Solange sich nur eine Minderheit animiert fühlt, ihr Essverhalten zu hinterfragen, bleiben sämtliche Ernährungstipps und -ratgeber graue Theorie: Männer in Deutschland essen pro Woche mit knapp 1,1 Kilo fast das Doppelte der empfohlenen Menge – im Durchschnitt. Frauen liegen bei einer Wochenration von knapp 600 Gramm an der oberen Grenze. Das besagt die Statistik. Was sie nicht sagt: Rechnet man diejenigen heraus, die selten oder nie Fleisch konsumieren, ergeben sich für die Fleischesser-Fraktion noch deutlich höhere Werte. In den USA, dem Mutterland von Hotdog, Burger, T-Bone-Steak und Übergewichtigkeit, raten Ernährungswissenschaftler seit Jahren zu einer simplen *mediterranean diet* – viel

Obst und Gemüse, viel Olivenöl, wenig Fleisch und Butter. Randbemerkung: Frankreich, Spanien und Italien haben die niedrigsten Herzerkrankungs- und Schlaganfallraten in der EU. Aber vielleicht liegt das ja auch an Sonne, Wein, Savoir-vivre, Dolce Vita, dolce far niente und mañana – all den Dingen, von denen wir – bis auf den Wein – manchmal etwas mehr vertragen könnten.

III.

PRÜFZEICHEN, AWARDS, MEDAILLEN, SIEGEL – WAS SIE BEDEUTEN UND WIE MAN SICH IN DEM DSCHUNGEL ZURECHTFINDET

Staatliches Tierwohlkennzeichen: Was lange währt, muss nicht gut werden

»Du bist, was du isst.« Diese bekannte Redewendung geht zurück auf das Zitat des Philosophen Ludwig Feuerbach: »Der Mensch ist, was er isst.« Ich weiß nicht, ob Feuerbach das eher im optischen Sinn meinte oder auf die Gesundheit bezog. Man sah Helmut Kohl an, dass sein Lieblingsgericht Pfälzer Saumagen war. Auch Franz-Josef Strauss' Zuneigung zu Bier und Schweinshaxn war schwer zu übersehen. Gleiches gilt für Pamela Reifs Abneigung gegenüber Junkfood und Sahnetorten oder die Vorliebe von Natalie Portman und Venus Williams für gesunde Ernährung. Wie wichtig die für unsere Gesundheit, unser Wohlbefinden und Aussehen ist, wird heute kaum noch bezweifelt.

Die schwierige Frage für Otto Normalverbraucher (wie mich) ist, welche Lebensmittel tatsächlich gesund, unbelastet, sauber und fair produziert sind – und welche nicht. Am einfachsten erscheint eine Orientierung anhand der Kennzeichnung durch Siegel, Label und Zertifizierungen. Am bekanntesten sind Namen wie Bioland, Naturland, Rainforest Alliance, Fairtrade und Demeter. Aber es gibt mittlerweile einen so undurchdringlichen Dschungel von Siegeln und vermeintlichen Zertifikaten, dass es unmöglich scheint, zuverlässige Qualität von frechem Etikettenschwindel zu unterscheiden. Ich wage hier mal einen Versuch, etwas Licht ins Dunkel zu bringen, die Spreu vom Weizen zu trennen und eine Art Einkaufs-Navi zu verfassen.

Ein Musterbeispiel ist das nebst Backwaren beliebteste Grundnahrungsmittel Deutschlands: Fleisch. Die Qualität von Fleischprodukten, deren Herkunft und Herstellungsmethoden zu erkennen, ist dank unterschiedlichster Haltungsstufen, Qualitätssiegel und Labels zu einer Wissenschaft geworden, für deren Verständnis man Chemie, Medienwissenschaften, Werbepsychologie, Pharmazeutik, Medizin, Zoologie, Lebensmittelrecht, Agrarwissenschaft, Jura und Ethik studiert haben sollte. Mindestens. Oder man muss sich durchs Internet ackern, bis der Cursor glüht, stapelweise Bücher lesen, Dokus gucken, ganze Experten-Teams interviewen. Zunächst zu einem aktuellen, wichtigen und deshalb umstrittenen Thema.

Tierwohl. Na endlich! Oder doch wieder nicht? Als Bundeslandwirtschaftsminister Cem Özdemir am 7. Juni 2022 auf einer Pressekonferenz seine Pläne für die Einführung eines Tierwohlsiegels präsentierte, haben sich einige vermutlich das Gähnen verkniffen, andere erinnerten sich dunkel: Tierwohlkennzeichnung, war da nicht schon mal was? Tatsächlich gibt es die politische Diskussion über mehr Tierwohl in der Massentierhaltung seit mindestens 2009. Das war während der zweiten Amtszeit von Angela Merkel, ihre Agrarministerin hieß Ilse Aigner, CSU. Schon damals beschäftigte man sich PR-trächtig mit einer verlässlichen, verbraucherfreundlichen Kennzeichnung von Fleischprodukten mit Blick auf mehr Tierwohl. Das geschah nicht, weil CDU/CSU und ihr Koalitionspartner FDP plötzlich ihr Herz für Tiere entdeckt hatten, sondern weil unter Ilse Aigner ein Lebensmittelskandal den anderen jagte und die Kritik an Massentierhaltung und Nahrungsmittelindustrie immer lauter wurde. Zur Erinnerung: Pferdefleisch in Lasagne, Dioxin in Eiern und Futtermitteln, Antibiotika in Hühnerfleisch, Methylquecksilber in Fisch, der Durchfallerreger Ehec in Sprossen. Ministerin Aigner hatte alle Hände voll zu tun, die verunsicherte Bevölkerung zu beruhigen. Gleichzeitig tat sie alles, um die überfällige, in anderen Ländern bereits übliche Lebensmittelampel (Vorstufe des »Nutri-Score«) zu verhindern. Stattdessen startete sie eine Initiative für gesunde Ernährung in Schulen, gesponsert ausgerechnet von McDonald's, Edeka, Metro und anderen Lebensmittelkonzernen, denen die Bundesministerin somit direkten Zugang zu Kindern und Schülern verschaffte. Wenig überraschend also, dass unter ihrer Ägide ein Siegel für mehr Tierwohl in der Schublade verschwand.

Ein Kurzzeitminister und zwei reguläre folgten, genauer gesagt: ein Minister und eine Ministerin. Der Minister war Christian Schmidt, ebenfalls CSU, jener »So isser, der Schmidt«, der entgegen der Weisung des Kanzleramts im Rat der Europäischen Union die entscheidende Stimme für die Verlängerung der Zulassung von Glyphosat lieferte, einem krebserregenden

Pestizid. Diese Glanzleistung (zumindest für Bayer-Monsanto, den Hersteller von Glyphosat) dürfte das Einzige sein, was aus seiner Amtszeit und Tätigkeit in Erinnerung geblieben ist. Seine Nachfolgerin, Julia Klöckner, wurde an anderer Stelle bereits erwähnt. Auch sie redete gern und viel übers Tierwohl, ohne auch nur ein einziges Gesetz zur Verbesserung der Haltungsbedingungen in deutschen Ställen zu verabschieden. Und sie sorgte für eine nochmalige Verlängerung des Glyphosat-Einsatzes, machte Werbung für Nestlé und Billigfleisch von Kaufland und gab Millionenbeträge aus für nichtssagende Tierwohllabels und -initiativen. Dazu später mehr.

Von Aigner, Mitglied einer schwarz-gelben Koalition, über Schmidt und Klöckner (zwei schwarz-rote Koalitionen) bis Cem Özdemir und der jetzigen Ampel-Regierung – es zeigt, wie lange ein staatliches Tierwohlkennzeichen schon in der Mache ist, wie viel Steuergeld und heiße Luft verblasen wurden und wie viele Minister und Regierungen daran herumgebastelt haben. In Anbetracht der Tatsache, dass der Tierschutz seit 2002 als Staatsziel im Grundgesetz verankert ist, Artikel 20a, hat sich unsere Polit-Elite in Berlin tempomäßig nicht gerade überschlagen. Sprechblasen, Nichtstun und Stillstand schien die Devise. Gleiches gilt bedauerlicherweise für die ebenfalls seit Jahren überfällige Energie- und Verkehrswende sowie für die Pflege- und Agrarreform.

Nicht nur, dass dieser Reformstau das Land immer weiter zurückwirft, er kommt Bund und Steuerzahler immer teurer zu stehen. Auch beim Tierwohllabel wurden über die Jahre unfassbare Summen verpulvert, und Rechtsverstöße gab es ebenfalls. Trotzdem ist kein Minister und keine Ministerin zurückgetreten, obwohl sie nicht nur für die Agrar- und Fischereiindustrie, sondern laut Amtseid und Jobbeschreibung auch für Ernährung und Verbraucherschutz verantwortlich waren. Geschützt wurden nicht Verbraucher-, sondern Industrieinteressen.

Wie fahrlässig mit Tierschutz und Steuermillionen umgegangen wurde, geht aus einem Prüfbericht des Bundesrechnungshofs hervor, der dem Haushaltsausschuss des Bundestags im März 2021 vorgelegt wurde. Er fiel vernichtend aus.

Demnach fand der offizielle Startschuss für die Tierwohlinitiative im Jahr 2010 statt – mit einem Studienauftrag an die Georg-August-Universität in Göttingen, Perspektiven für ein europäisches Tierschutzlabel zu ergründen. Vier Jahre später rief das Bundesministerium für Ernährung und Landwirtschaft die Initiative »Eine Frage der Haltung – Neue Wege für mehr Tierwohl« ins Leben, die auf »verbindliche Freiwilligkeit« setzte. Der erste Teil (»Haltung« und »neue Wege«) war eine lobenswerte Absichtserklärung, der zweite ein nichtssagendes, wohlklingendes Paradoxon – man stelle sich »verbindliche Freiwilligkeit« im Baurecht oder beim Steuernzahlen vor. Die Initiative löste einiges an Aktivismus und ministerialen Ankündigungen aus, führte aber wie gehabt zu nichts. Hunderte Millionen Tiere litten (und leiden) weiter unter Haltungsbedingungen, die eindeutig das deutsche Tierschutzgesetz brechen.

Das erklärte Ziel der Initiative war die Einführung eines staatlichen Tierwohlkennzeichens. Hinter den Kulissen begannen Gespräche mit Tierschutzorganisationen, Tierhalter- und Landwirtschaftsverbänden sowie Vertretern der Agrarindustrie. Diskutiert wurde einerseits eine freiwillige Kennzeichnung, andererseits, ob es nicht zielführender und schneller umsetzbar wäre, die gesetzlichen Vorschriften zu verschärfen. Beim Deutschen Bauernverband, dem neben dem Verband der Automobilindustrie wohl einflussreichsten Lobbyistenverein im Land, stieß beides auf Widerstand. Er lancierte im Bundesministerium das Argument, niemandem sei geholfen, wenn strengere Gesetze zu einer Verlagerung der Tierhaltung ins Ausland führen würden, weder den Tieren noch den Bauern oder Verbrauchern. Die Bauern- und Züchterverbände bedienten sich hier einer altbewährten Lobbyistentaktik: Man baut Drohkulissen auf, die die Bevölkerung verunsichern und bei Politikern Angst um die Wiederwahl hervorrufen. Wenn das nicht fruchtet, wird die Arbeitsplatzkeule geschwungen: Wenn ihr dies und das macht, verlegen wir unsere Produktion und Zigtausende Arbeitsplätze ins Ausland. Funktioniert immer, selbst wenn – wie momentan – Hunderttausende Arbeits- und Fachkräfte fehlen.

Es gibt aus dieser Zeit Interviews mit Joachim Rukwied, dem Präsidenten des Deutschen Bauernverbands, die diesem Muster folgen. Seine

Aussagen ergaben allerdings wenig Sinn, weil die deutschen Vorschriften für Schweinehaltung, um die sollte es im ersten Schritt gehen, viel lascher waren als zum Beispiel die der skandinavischen Länder und der Schweiz. Eine simple Gegenüberstellung, wie Schweinezucht in Deutschland im Vergleich zum Ausland gehandhabt wird, hätte das klargestellt.

Gut sechs Jahre nach dem Startschuss zum Tierwohlkennzeichen, im Frühjahr 2016, fiel tatsächlich die Entscheidung, sich endlich konkret an die Einführung des Labels heranzuwagen. Die deutsche Bürokratie setzte sich in Gang: Es folgten Sitzungen auf verschiedenen Leitungsebenen, Expertenkommissionen wurden gebildet, Konzepte erarbeitet, Umfragen zur Zahlungsbereitschaft der Verbraucher für teureres Fleisch aus besserer Haltung ausgewertet. Während eines »Sondierungsworkshops« entstanden elf Eckpunkte für das künftige Label. Anschließend hieß es frohlockend: Bauernverband, Lebensmitteleinzelhandel, Fleischwirtschaft – alle seien mit im Boot, zumindest würden sie das Vorhaben positiv bewerten. Es folgten Arbeitstreffen auf höherer Ebene, gelegentlich auch mit dem Minister. Doch plötzlich ging es einigen Beteiligten, vor allem den Bauernlobbyisten, zu schnell. Anderen, vor allem den Tierschützern, waren die Vorgaben zu lasch, die mehrfach angepasst, das heißt nach unten korrigiert wurden: zu wenig Tierwohl. Vertreter des Handels wiederum zweifelten an der Kaufbereitschaft der Kunden und fürchteten außerdem, das geplante Label könnte mit anderen Siegeln kollidieren. Speziell mit dem der privatwirtschaftlichen, vom Bauernverband mitgetragenen Initiative Tierwohl. Die kann man gut finden oder nicht. Bemängelt wird vor allem, dass die Kriterien, die mehr Tierwohl verheißen sollen, nur unwesentlich über den gesetzlichen Mindestanforderungen liegen, was den Begriff nicht rechtfertigen würde. Dazu komme ich noch. Auf jeden Fall hatten die Initiatoren der Politik vorgemacht, dass nicht erst mehrere Legislaturperioden verstreichen müssen, um ein solches Siegel an den Start zu bringen.

Da ich nur gelernter Schauspieler und Filmemacher bin und nie Minister sein werde, fehlt mir die Fantasie, um mir vorzustellen, was jemanden dazu bewegt, mit einem – vorsichtig formuliert – halbgaren Konzept auf eine Bühne zu treten, vor Fernsehteams und zahlreiche Journalisten.

Das klingt für mich wie Filme drehen ohne Drehbuch oder Theater spielen mit nichts weiter als dem Titel des Stücks. Aber genau das machte »So isser, der Schmidt« im Januar 2017 auf der Grünen Woche in Berlin, immerhin die größte Agrarmesse der Welt. Er enthüllte mit großem PR-Getöse ein unspektakuläres Logo für ein »Staatliches Tierwohllabel« und erklärte, bis Ostern würde Klarheit über die Grundstrukturen des Projekts herrschen, sodass die entsprechenden Produkte, verziert mit der neuen Haltungskennzeichnung, im nächsten oder übernächsten Jahr im Handel lägen.

Also wurde weiter geplant und diskutiert, neue Ideen kamen auf, an manchen hielt man fest, andere wurden verworfen, doch Klarheit herrschte weder Ostern 2017 noch im Jahr darauf. Trotzdem beauftragte Schmidts Ministerium im Frühsommer 2018 eine PR-Agentur, ein Kommunikationskonzept für die Einführung des Labels zu erstellen und das bestehende Logo zu überarbeiten. Das fand man wohl selbst nicht mehr so überzeugend und sexy. Ziemlich genau ein Jahr später – inzwischen hatte Julia Klöckner Christian Schmidt als neue Landwirtschaftsministerin abgelöst – präsentierte die Agentur ein mehrfach überarbeitetes Konzept, das aber immer noch nicht den Vorgaben entsprach. Es fehlten vor allem belastbare Informationen über die zu erwartenden Kosten. Das schien aber im Ministerium niemanden zu stören, die Agentur wurde weiter mit Aufträgen versorgt. Für verschiedene Konzeptions-, Design- und Projektsteuerungsarbeiten sollte sie mit über 200 000 Euro honoriert werden.

Aber diese vergleichsweise bescheidene Summe ist nicht die Zahl, über die man im Bericht des Bundesrechnungshofs stolpert. Es gibt andere Beträge, die einem die Sprache verschlagen. Zum Beispiel wurden die Personalausgaben unter die Lupe genommen, die für die »administrative Vorbereitung« des Projekts von 2016 bis 2019 angefallen waren – rund 2,9 Millionen Euro, die Kosten für Leitungskader nicht mitgezählt. Aber selbst das waren Peanuts im Vergleich zu den Summen, die für die tatsächliche Umsetzung veranschlagt wurden. Die teilnehmenden Landwirte sollten finanzielle Unterstützung dafür erhalten, dass sie ihre Betriebe auf mehr Tierwohl umstellen. Ein Institut hatte ausgerechnet, dass für sechs Jahre rund 1,5 Milliarden Euro benötigt würden. Zuzüglich der über 70 Millionen Euro, die für die

Markteinführung des Siegels und begleitende PR- und Informationsmaßnahmen hätten aufgewendet werden müssen.

Was der Bundesrechnungshof am schärfsten kritisierte: In all den Jahren hatte das Ministerium, egal wer und welche Partei am Ruder war, keine einzige Wirtschaftlichkeitsuntersuchung durchführen lassen, um zu überprüfen, ob sich der ganze Aufwand überhaupt lohnen würde. Weil man der Meinung war, bei politischen Entscheidungen wäre das überflüssig. Das ist nicht nur falsch, sondern verstößt auch gegen die Bundeshaushaltsordnung und gegen das Grundgesetz. Das regelt klar, dass alle Minister und Ministerinnen und Bediensteten des Staats an Recht und Gesetz gebunden sind, so wie jeder und jede andere auch. Kurz und schlecht: Der Rechnungshof riet, das (sündteure) Vorhaben einzustampfen. Ein freiwilliges Kennzeichen sei nicht erfolgversprechend, bessere Haltungsbedingungen für Tiere würden durch eine Verschärfung der gesetzlichen Mindestanforderungen schneller, effektiver und kostengünstiger erreicht.

Bekanntlich stampfte Julia Klöckner das Vorhaben aber nicht ein, sondern hielt an der Freiwilligkeit fest und scheiterte damit prompt im Bundestag. Dann gab es 2021 die nächsten Wahlen, Klöckner musste ihren Platz räumen, und die Agrarlobby verlor ihre willigste Marionette.

Nun also ein neuer Versuch. Von einem Landwirtschaftsminister, der ein prominenter Grüner ist und obendrein Vegetarier. Eine Konstellation, die es in diesem Amt noch nie gab. Und eine, die den Landwirten und ihrer Lobby nicht schmecken dürfte. Neu ist auch, dass Cem Özdemir das Tierwohllabel zur gesetzlichen Pflicht machen will, zunächst für frisches Schweinefleisch – Rind und Geflügel sollen folgen.

Geplant sind fünf Haltungsstufen, wobei die niedrigste, deklariert als »Haltungsform Stall«, überflüssig ist, da sie lediglich die bisherigen gesetzlichen Mindestanforderungen beinhaltet. Wenn selbst die nicht eingehalten werden, dürfte das Fleisch gar nicht verkauft werden. Auch Stufe 2, mit »Stall + Platz« bezeichnet, lässt sich kaum als Steigerung des Tierwohls verkaufen. 20 Prozent mehr Platz und ein paar Trennwände sind kosmetische Verbesserungen und ändern nichts am Elend der Tiere.

Erst bei Stufe 3 wird ihnen Frischluft garantiert, was eine Selbstverständlichkeit sein sollte, wenn man Schweine und Tiere allgemein als Lebewesen und nicht als Sachgegenstände betrachtet. Niemandem, der kein Tierquäler oder Sadist ist, käme in den Sinn, seinen Hund, sein Pferd oder seine Katze lebenslänglich in einen geschlossenen, winzigen Raum einzusperren. Das deutsche Tierschutzgesetz besagt wie bereits beschrieben unmissverständlich, dass keinem Tier ohne vernünftigen Grund Leid oder Schmerz zugefügt werden darf. Wer das ernst nimmt, kann erst Stufe 4, Haltungsform »Auslauf/Freiland«, als einigermaßen gesetzes- und tierschutzkonform akzeptieren. Abgesehen von noch mehr Platz (86 Prozent zusätzlich zum Mindeststandard), müssen die Tiere bei Stufe 4 die Möglichkeit haben, täglich mindestens acht Stunden im Freien zu verbringen. Wenn der Begriff Tierwohl aber mehr sein soll als ein reines Marketing-Etikett, dann müsste der allgemeine Standard die 5. Stufe sein, »Haltungsform Bio« genannt.

Das Modewort Tierwohl wird ohnehin viel zu oft strapaziert, offenbar mit der Absicht, uns zu suggerieren: Den Tieren geht's im Großen und Ganzen gut, es fehlt nur noch das i-Tüpfelchen. Dabei ist es zynisch, im Kontext von Massentierhaltung von Tierwohl zu reden. Richtiger und wichtiger wären Begriffe wie Tierschutz, Tiergesundheit, artgerechte Haltung. Massentierhaltung hat mit Tierwohl, dem Wohl der Tiere, ihrem Wohlergehen und Wohlfühlen nichts zu tun. Das sehen mittlerweile nicht nur Tierschützer so, sondern auch die Mehrheit der deutschen Verbraucher. Umso verlogener ist es, wenn Politiker, Agrar- und Industrievertreter von einem Mehr an Tierwohl reden. »Initiative Tierwohl: Für mehr Tierwohl in der Nutztierhaltung« – ein griffiger Slogan, den wohl hochdotierte Werber kreiert haben. Oder: »Der neue Standard: Fleisch mit mehr Tierwohl zu einem erschwinglichen Preis!« Reine Werbekampagnen mit falschen Versprechen. Ein Mehr setzt voraus, dass es in der Massentierhaltung überhaupt Tierwohl gibt, was nicht der Fall ist.

Das sind keine Überlegungen eines Aktivisten oder militanten Veganers – die Wissenschaft sagt nichts anderes. Ein weltweit anerkannter

Gradmesser für das Wohlbefinden von Tieren, die unter menschlicher Obhut gehalten werden, ist das Konzept der Fünf Freiheiten:

1. Freiheit von Hunger, Durst und Fehlernährung
2. Freiheit von Unbehagen
3. Freiheit von Schmerz, Verletzung und Krankheit
4. Freiheit von Angst und Leiden
5. Freiheit zum Ausleben normalen Verhaltens

Wenn man darüber nachdenkt, welche dieser Freiheiten Tieren in der Massentierhaltung gewährt werden, kann eine ehrliche Antwort nur lauten: keine. Und selbst wenn man weniger streng ist und beispielsweise eine Fehlernährung ignoriert, dann blieben immer noch vier Verstöße, die sich nicht wegdiskutieren lassen. Das ist der Stand im Jahr 2022. In einem der entwickeltsten Länder der Erde, in dem Menschen nur im Ausnahmefall Hunger leiden müssen, eine Mehrheit eher im Überfluss lebt.

Bei seiner Präsentation betonte Cem Özdemir die Bedeutung des geplanten Haltungskennzeichens. Es sei ein »zentraler Baustein einer zukunftsfesten landwirtschaftlichen Tierhaltung«. Die Leute würden wissen wollen, wie die Tiere gelebt haben, die an der Fleischtheke landen, sein Ziel sei, mit dem Label endlich Transparenz zu schaffen.

Als Politiker muss man wohl gelegentlich auf die Pauke hauen, um zu verhindern, dass die Botschaft im allgemeinen Mediengetöse untergeht. Özdemir lässt sich vermutlich von Lobbyisten nicht so willig vor deren Karren spannen wie seine Vorgänger. Aber was, wenn das Vorhaben wieder scheitert? Die alles entscheidende Frage ist immer noch nicht geklärt: Wie das Ganze finanziert werden soll. Bisher ist eine Milliarde Euro im Haushalt als Anschubfinanzierung eingeplant. Eine gigantische Summe, die, so räumte Özdemir selbst ein, bei Weitem nicht ausreichen wird, vor allem weil alle mitmachen sollen. Also wird darüber diskutiert, die verminderte Mehrwertsteuer für Fleischwaren auf die üblichen 19 Prozent anzuheben. Auch eine Tierwohl-Abgabe steht zur Debatte. Beide Überlegungen würden zu Lasten der Endverbraucher gehen, die das Fleisch kaufen.

Angesichts der hohen Inflationsraten und der allgemeinen Verteuerung der Lebenshaltungskosten sollte vielleicht mal in eine andere Richtung gedacht werden: Wer verdient mit Abstand am meisten an der Massentierhaltung, ob bei Milch, Fleisch oder Eiern? Es sind nicht die Landwirte, sondern Lebensmittel- und Großkonzerne wie Edeka, Lidl, Aldi, Danish Crown, Tönnies, Wiesenhof.

Und eine weitere Frage drängt sich auf: Braucht man überhaupt ein neues Siegel? Ob Haltungskennzeichen oder Tierwohllabel – beides gibt es schon. Nur dass sie nicht vom Staat verordnet sind und auf freiwilliger Basis vergeben werden. Die Tierhalter können selbst entscheiden, ob sie die geforderten Normen einhalten und mehr oder weniger regelmäßigen Kontrollen unterworfen sind. Nur mal als Gedankenspiel: Freiwilligkeit hat wie jede Medaille zwei Seiten. Einerseits die der Industrie, andererseits die der Verbraucher. Angenommen, wir würden ab sofort nur noch Fleisch kaufen, auf dem genau steht, wo es herkommt und wie die Tiere gehalten wurden, dann müssten alle Fleischproduzenten mitmachen, wenn sie ihre Ware loswerden und nicht pleitegehen wollen. Das wäre quasi ein Volksentscheid an der Ladenkasse, Basisdemokratie per Kaufentscheid. Klingt vielleicht naiv, aber unser Geldbeutel ist eine Waffe, mit der wir den Markt vor uns hertreiben und beeinflussen könnten … Man wird ja wohl auch mal träumen dürfen.

Verbrauchertäuschung: Eine Branche kontrolliert sich selbst

Zurück zum zähen Unterfangen, die Massentierhaltung zu reformieren und für mehr Tierwohl zu sorgen. Der wichtigste Player auf dem Feld, das künftig von einem staatlichen Haltungskennzeichen besetzt werden soll, ist die Gesellschaft zur Förderung des Tierwohls in der Nutztierhaltung. Hinter dem edelmütig anmutenden Namen verbirgt sich eine GmbH, die 2020 einen Umsatz von rund 130 Millionen Euro machte, trotz Corona gut 5 Millionen mehr als im Jahr zuvor. Allerdings, so steht es im betreffenden Jahresabschluss, sei es nicht Zweck der Gesellschaft, Gewinne zu erzielen. Sämtliche Mittel, die nicht für den Betrieb derselben benötigt würden, seien für die Förderung des Tierwohls vorgesehen. Das Unternehmen betreibt erwähnte Initiative Tierwohl und organisiert das Geschäft mit den rot-blau-orange-grünen Haltungsform-Kennzeichen, von Stufe »Stallhaltung« bis »Premium«, die auf immer mehr tierischen Nahrungsmitteln zu finden sind. Sehr wohlwollend formuliert, könnte man über diese GmbH sagen, hier werden überaus geschickt Synergien genutzt. Vor allem weil einer der Geschäftsführer zugleich Geschäftsführer einer weiteren GmbH ist, der QS Qualität und Sicherheit GmbH. Die vergibt das bekannte blau-weiße QS-Prüfsiegel und organisiert sowohl die Zertifizierung als auch die Kontrollen, im Fachjargon Audits genannt. Dasselbe erledigt QS auch für die Initiative Tierwohl und das Haltungsform-Programm. Wie praktisch, dass beide Firmen im gleichen Gebäude in Bonn sitzen, am Rand des früheren Regierungsviertels, einen Katzensprung vom Rhein entfernt.

Das QS-Siegel, das »geprüfte Qualitätssicherung vom Landwirt bis zur Ladentheke« verspricht, zählt zu den etabliertesten im Lebensmittelbereich. Das ist erstaunlich, weil niemand behaupten kann, die Firma zeichne sich durch Unabhängigkeit aus. Im Gegenteil: Sie wird von fünf Gesellschaftern getragen, die gemeinsam das Machtzentrum der Agrar-Ernährungswirtschaft darstellen: Deutscher Bauernverband, Deutscher Raiffeisenverband, Verband der Fleischwirtschaft, Bundesverband der Deutschen Fleischwarenindustrie, Handelsvereinigung für Marktwirtschaft. Hinter Letzterer verbirgt sich die vermutlich einflussreichste Lobbyorganisation des deutschen Lebensmittelhandels. Sie agiert ähnlich wie eine Geheimloge, es gibt weder einen Internetauftritt noch sind irgendwelche Büroadressen ausfindig zu machen. Als aktuelle Anschrift ist ein Gebäude in Köln angegeben, in dem die Zentrale der Rewe Group residiert. Wählt man die angegebene Nummer, landet man in deren Telefonzentrale. Von besagter Handelsvereinigung weiß man dort allerdings nichts.

Zur QS GmbH gehören zwei Fachgesellschaften, die als Tochterfirmen installiert wurden, ebenfalls GmbHs. Eine für den Bereich Geflügel, eine für Obst, Gemüse und Kartoffeln. An erster ist der Zentralverband der Deutschen Geflügelwirtschaft beteiligt, an der zweiten gefühlt so ziemlich jede Organisation, die mit Obst- und Gemüseanbau oder Kartoffelwirtschaft zu tun hat. Hinzu kommen ein belgischer und ein niederländischer Verband. Und es gibt eine dritte Tochterfirma, die Orgainvent Entwicklungs- und Koordinationsgesellschaft mbH, spezialisiert auf Kennzeichnungs-, Sicherungs- und Warenwirtschaftssysteme. Über deren Geschäftsführer ist QS mit drei weiteren Unternehmen verbunden, die sich mit Zertifizierungssystemen für Biomasse und Qualitätssicherung von Saatgut befassen. Orgainvent fungiert gleichzeitig als »Bündler« fürs QS-System und für die Initiative Tierwohl. Bündler sind zwischengeschaltete Berater, die die Teilnahme der Landwirte an beiden Programmen organisieren, einschließlich der Kontrollen, und deren Daten verwalten. Ohne sich einem solchen Bündler anzuschließen, kann man nicht mitmachen.

Dieses verzweigte Firmengeflecht ergibt ein komplexes Konstrukt, das offiziell durchaus guten Absichten dient. Auf jeden Fall scheint es ordentlich Geld abzuwerfen. Weil ein solches Geschäftsmodell vor allem auf Glaubwürdigkeit und Integrität basiert, wird allen Beteiligten ein Verhaltenskodex auferlegt. Er umfasst sieben Punkte, von denen Redlichkeit und Regeltreue der erste ist. Weitere betreffen die Offenlegung von Interessenkonflikten, die Verquickung privater und beruflicher Interessen und den Datenschutz. Ausführlich wird auch das Thema Korruption behandelt. Interessant ist ein Blick auf die Gremien innerhalb der QS-Struktur. Außer verschiedenen Fachbeiräten, Arbeitsgruppen und einem Sanktionsbeirat gibt es ein Kuratorium. Dort versammeln sich neben Vertretern aus Lebensmittelwirtschaft, Wissenschaft und zahlreichen Verbänden auch Politiker aller Bundestagsfraktionen, außer der AfD. Wer dem Kuratorium angehören darf, entscheiden die Gesellschafter der GmbH.

Trotz dieser Verflechtungen und den damit einhergehenden Interessenkonflikten bewertet Die Verbraucher Initiative e. V., die sich als Lobbyverein kritischer Verbraucher versteht, das Siegel und die damit verbundenen Prüfmechanismen auf ihrem Portal Label-Online, der angeblich größten Label-Datenbank weltweit, mit »empfehlenswert«. Es sei anspruchsvoll und trage wesentlich zur besseren Qualität von Nahrungsmitteln bei. Über diese Einschätzung stolpere ich an anderer Stelle noch einmal gründlicher.

Das Prüfsystem, bei dem Fleisch, Wurstwaren, Obst, Gemüse und Kartoffeln unter die Lupe genommen werden, ist so angelegt, dass die Ware, wenn sie im Supermarkt ankommt, eine Art Lebenslauf hat. Jeder Produktionsschritt wird dokumentiert, sodass man zum Beispiel bei einem Stück Fleisch am Ende genau weiß, wo es herkommt, wie das Tier gehalten, womit es gefüttert und mit welchen Arzneimitteln es behandelt wurde. Das schließt Hygienekontrollen ebenso ein wie regelmäßige Tierarztbesuche, auch die werden gespeichert. Das Gleiche gilt für den Prozess der Weiterverarbeitung, der bei Fleischprodukten vom Mastbetrieb zum Schlachthof führt. Wieder geht es um Hygienevorschriften, aber auch um die richtige Kühlung, Lagerung und Verpackung. Weiter geht besagter Lebenslauf mit dem Transport, der ebenfalls bestimmten Richtlinien zu folgen hat. Sauberkeit, Hygiene, vor allem die Einhaltung der Kühlkette sind hier wichtige Faktoren, die zu beachten sind. Das Prüfsystem endet schließlich im Supermarktregal. Bei Wurst kommt als Zwischenschritt noch die Wurstfabrik hinzu, die muss ebenfalls QS-zertifiziert sein.

Bis hierher macht dieses Prozedere auf dem Papier, was Warenqualität und Verbraucherschutz betrifft, durchaus Sinn. Zur Farce wird das Ganze, wenn es um Tierschutzaspekte geht. Die QS-Kriterien verlangen eine tiergerechte Haltung und eine tierschutzgerechte Schlachtung – beides soll auch kontrolliert werden. Hier setzt die Kritik vor allem von Tierschutzverbänden an, aber auch von Tierärzten. Sie ist berechtigt, weil tiergerechte Haltung und Massentierhaltung per se ein Widerspruch ist. Und ob man Schlachten, egal mit welcher Methode es praktiziert wird, als tierschutzgerecht und gesetzeskonform bezeichnen kann, ist ebenfalls strittig. Erst recht, wenn es dabei zugeht wie in einem Schlachtbetrieb im brandenburgischen Neuruppin, der 2021 dichtgemacht wurde. Tierschützer hatten mit versteckter Kamera Mitarbeiter im Betäubungsbereich dabei gefilmt, wie sie die angelieferten Schweine mit einer Elektrozange traktierten, anstatt sie vorschriftsgemäß zu betäuben. Die Folge war, dass viele der Tiere an der nächsten Station, wo der Kehlschnitt zum Entbluten vorgenommen wurde, noch bei Bewusstsein waren und schlimmste Qualen erlitten. Sie schrien wie am Spieß, an dem sie doch eigentlich erst viel später landen sollten. Der Clou: Dieser Schlachthof war nicht nur QS-zertifiziert, sondern besaß sogar eine Zulassung zur Schlachtung von Bio-Schweinen. Nach den QS-Prüfkriterien darf ein Tier erst geschlachtet werden, »wenn es sich in einem anhaltenden Zustand völliger Bewusstlosigkeit befindet«.

Die Betäubung durch Strom wird normalerweise in kleineren Schlachtereien angewendet. Geht es um Massenabfertigung, etwa wie bei Tönnies in Rheda-Wiedenbrück, wo am Tag bis zu 25 000 Schweine getötet und zerlegt werden, wird mit Kohlendioxid betäubt. Das betrifft ungefähr 90 Prozent aller Mastschweine in Deutschland. Dafür werden sie gruppenweise in Gondelkäfige getrieben und in eine Grube abgesenkt, in die eine CO_2-Wolke eingelassen wird. Was ein Schwein durchmacht, bevor es das Bewusstsein verliert, ist in etwa so, als würde man einem Menschen eine Plastiktüte über den Kopf stülpen und am Hals zuschnüren: Atemnot, Panik, Todesangst. So hat es mir ein Tierarzt erklärt. Es ist eher ein Ersticken als ein Betäuben. Auf der Tönnies-Homepage heißt es dazu: »Wir sind davon überzeugt, dass diese Methode die aktuell beste und tierschutzfreundlichste zugelassene Betäubungsmethode ist.« Tierschutzfreundlich? Nach dem Tierschutzgesetz müsste diese Methode verboten sein. Es untersagt länger anhaltende und erhebliche Leiden. Dass sie trotzdem praktiziert wird, liegt an der EU-Schlachtverordnung. Sie erlaubt für Schweine das Betäubungsverfahren »Kohlendioxid in hoher Konzentration« (mindestens 80 Prozent) und setzt als höherrangiges EU-Gesetz das nationale Recht außer Kraft.

Die Tönnies Lebensmittel GmbH & Co. KG ist Partner des QS-Systems, seit das Prüfzeichen etabliert wurde. Zum 20. Jubiläum im vergangenen Jahr schickte der oberste Qualitätsmanager des Schlachtunternehmens eine Videobotschaft, die folgenden Satz enthielt: »Durch QS hat die ganze Branche Leitplanken etabliert, womit alle – unabhängig kontrolliert – nach einem Standard arbeiten.«

Zwei Fragen dazu seien erlaubt: Wie hoch kann ein Branchenstandard wohl sein, wenn die Branche die Prüfkriterien für sich selbst festlegt? Und was heißt »unabhängig kontrolliert«, wenn QS auch die Kontrollinstitutionen stellt?

Der größte Mangel am QS-Siegel aber ist, dass die meisten Kriterien, wenn überhaupt, nur minimal über den gesetzlichen Mindestanforderungen liegen.

Da hilft auch kein Siegel mehr: Reste-Pampe Separatorenfleisch

Wie der Zufall es will, erschien ausgerechnet während der Arbeit an diesem Kapitel eine Nachricht, die perfekt zum Thema passt. »Spurensuche in Geflügelwurst: ›Das Zeug ist ekelhaft und minderwertig‹«, titelte *Spiegel Online* im Juni 2022 und berichtete über eine gemeinsame Recherche mit Redakteuren des NDR-Politmagazins *Panorama,* die im Ersten ausgestrahlt wurde. Grund der Aufregung: Die Firmen Zur-Mühlen-Gruppe (gehört zum Tönnies-Konzern), Wiesenhof, Franz Wiltmann und Mecklenburger Landpute sollen Separatorenfleisch in Geflügelwurst gemischt haben. Die ersten drei Produzenten sind QS-System-Partner und somit zertifizierte Unternehmen. Das letztgenannte wirbt damit, seit Jahresbeginn 2022 ausschließlich Bio-Erzeugnisse nach EU-Standard herzustellen.

Insgesamt waren 30 Geflügelfleisch- und Wurstproben getestet worden, gekauft unter anderem bei Edeka, Rewe und Aldi. Bei 10 Proben handelte es sich um Stückfleisch wie Filet oder Braten, dort war nichts zu beanstanden. Bei den restlichen 20 aber fielen 9 Proben (allein 5 vom Tönnies-Tochterunternehmen) positiv aus. Vier davon wurden als »Bio-Wurst« angeboten.

Separatorenfleisch hat seit der BSE-Krise vor über 20 Jahren einen miserablen Ruf, es gilt als minderwertig und besonders anfällig für Keime. Um auch die letzten Fleischreste, die nach dem Zerlegen an den Knochen hängenbleiben (»knochennahes Fleisch« genannt) nutzen zu können, werden diese in Spezialmaschinen zerkleinert und durch ein Sieb gepresst.

Die pampige Masse, die dabei herauskommt, ein Gemisch aus Bindegewebe, Rückenmark, Muskelfasern, Sehnen und Fett, dazu winzige Knochen- und Knorpelteile, wird Separatorenfleisch genannt. Weil bei dem Prozess der Gewinnung sämtliche Gewebestrukturen zerstört werden, ist es streng genommen kein Fleisch mehr, sondern ein Abfallprodukt. In der Branche wird das Thema totgeschwiegen. Aktuelle Zahlen, wie viel Separatorenfleisch in Deutschland gewonnen wird, sind nirgends aufzutreiben. In einem älteren Bericht der Europäischen Kommission, Generaldirektion Gesundheit und Verbraucher (Direktion F – Lebensmittel- und Veterinäramt) findet sich eine Aufstellung von 2010 und 2011. Demzufolge wurden in beiden Jahren in Deutschland rund 130 000 Tonnen registriert. Die stammten aus Schlachtresten von Hühnern, Puten und Schweinen. Von Rindern, Schafen und Ziegen darf seit der BSE-Krise kein Separatorenfleisch mehr gewonnen werden. Etwa die Hälfte, so besagt der Bericht, wurde exportiert. Es finden sich keinerlei Angaben darüber, was mit der anderen Hälfte gemacht wurde.

Ein Kilo Separatorenfleisch kostet den Metzger zwischen 35 und 50 Cent, reguläres Geflügelfleisch mindestens das Fünffache. Es ist kein Geheimnis, dass manche Wurst mit der Billigpampe gestreckt wird. Es ist auch nicht verboten. Aber weil es rechtlich nicht als Fleisch gilt, muss es deklariert werden und auf der Verpackung stehen. Und zwar unübersehbar – in unmittelbarer Nähe des Produktnamens und mindestens in drei Viertel so großer Schrift. Außerdem muss es in der Zutatenliste aufgelistet werden, mit genauer Angabe, wie viel Prozent Separatorenfleisch ins Produkt gepanscht wurde. Das alles sind EU-Vorschriften. Allerdings lässt sich solche Wurst, wenn sie ordnungsgemäß deklariert ist, kaum verkaufen, zumindest nicht in gewöhnlichen Supermärkten.

Bisher war es schwer, Separatorenfleisch in Wurst nachzuweisen. Das gelang nur, wenn man winzige Knochen- oder Knorpelpartikel unter dem Mikroskop sichtbar machen konnte. Oder durch den Nachweis eines erhöhten Kalziumgehalts, der auf Knochenrückstände schließen ließ. Einige Supermarktketten sollen diese Testmethoden anwenden, wohl wissend, dass sie nicht zuverlässig sind. Der Kalziumgehalt lässt sich durch

Verdünnung manipulieren, und die neuesten Maschinen, mit denen Separatorenfleisch gewonnen wird, verfügen über Siebe, die nur allerkleinste Partikel durchlassen.

Für den Nachweis von Separatorenfleisch bei der Recherche von NDR und *Spiegel* war ein neuartiges Verfahren angewandt worden, entwickelt an der Hochschule Bremerhaven. Es ist darauf ausgerichtet, ein bestimmtes Eiweiß zu finden, das in seiner spezifischen Form wohl nur in Knorpeln und Bandscheiben von Hühnern vorkommt.

Um beide Seiten zu Wort kommen zu lassen: Alle vier betroffenen Konzerne ließen umgehend Dementis verbreiten. Keiner wollte Separatorenfleisch in seine Wurst gemischt haben. Tönnies konterte noch am selben Tag mit einer Stellungnahme, die von vier Sachverständigen unterzeichnet war, alle aus ein und derselben Firma. Sie behaupteten, die neue Testmethode sei nicht geeignet, um die Verwendung von Separatorenfleisch nachzuweisen. Eines der Argumente: Gewisse Knorpelanteile in der Wurst ließen sich technologisch nicht vermeiden, stammten aber keinesfalls von Separatorenfleisch. Selbst wenn das wahr wäre – hätte man dann nicht in sämtlichen Proben fündig werden müssen?

Das neuartige Testverfahren war übrigens vorab von unabhängigen Gutachtern geprüft worden und soll demnächst patentiert werden. Lebensmittelexperten halten es für zukunftsweisend.

Stallhaltung Plus: Tierwohl im Sinne der PR-Strategen

Wie erwähnt gehören zum Geschäftsmodell der Gesellschaft zur Förderung des Tierwohls zwei weitere Label, die im Handel nicht zu übersehen sind: das der Initiative Tierwohl, gelb umrandet und mit einem türkisfarbenen Häkchen versehen – es soll symbolisieren, mit dem Kauf eine gute und richtige Entscheidung getroffen zu haben –, und das Kennzeichen für Haltungsformen mit den Stufen »Stallhaltung«, »Stallhaltung Plus«, »Außenklima« und »Premium«. Auf den meisten Produkten finden sich gleich alle drei Siegel. Das ergibt sich, weil sie miteinander verwoben sind: Ohne QS-Zertifizierung kann man die anderen Siegel nicht erhalten, ihre Prüfkriterien sind praktisch die Einstiegsstufe. In Hinblick auf Effektivität ein gut durchdachtes Konzept: Man musste keine neuen Strukturen schaffen, die Kontrollmechanismen lassen sich gut steuern, und die Finanzen bleiben in einem geschlossenen System.

Die Initiative Tierwohl bezeichnet sich selbst als Deutschlands größte Plattform für mehr Tierwohl und zugleich als Förderprogramm. An ihr sind Landwirte, Unternehmen der Fleischwirtschaft und fast alle Konzerne des Lebensmitteleinzelhandels beteiligt. Ursprünglich wurde die Initiative über einen Fonds finanziert, in den die Lebensmittelhändler für jedes verkaufte Kilo Geflügel- und Schweinefleisch einen festgelegten Betrag einzahlten. Aus dem Fonds erhielten die Landwirte Geld, quasi als Belohnung dafür, dass sie bessere Haltungsbedingungen für ihre Tiere schufen. Und als Anreiz, damit sie mitmachten. Mittlerweile wurde auf Marktfinanzierung umgestellt. Der Einzelhandel zahlt einen Preisaufschlag an die Lieferanten, die diesen über die Schlacht- und Fleischverarbeitungsbetriebe an die Tierhalter weiterreichen. Zusätzlich kassiert die Tierwohl-Förderungsgesellschaft eine Teilnahmegebühr. Neu ist, dass sich jetzt auch Rinderhalter beteiligen können, die Schlachtvieh liefern.

Anfangs waren der Deutsche Tierschutzbund und der Verein ProVieh, ein Fachverband mit dem Ziel, gegen tierquälerische Massentierhaltung vorzugehen, mit von der Partie. Sie sollten unter anderem bei der Ausarbeitung der Tierwohlkriterien mitwirken. Beide stiegen nach kurzer Zeit aus. Die Initiative sei eine der größten PR-Lügen der vergangenen Jahre, wetterte der Chef des Tierschutzbunds. Er wolle den Verbraucher- und Tierschutzbetrug nicht mittragen. Die Vertreter von ProVieh wiederum fühlten sich degradiert und ausgebootet. Abgeschoben in Beraterausschüsse hätten sie keinerlei Mitspracherecht gehabt. Vom »Schweine-Schwindel« schrieb damals *Der Spiegel*, nachdem die zweifelhaften Zustände in einigen Schweinemastbetrieben aufgedeckt wurden, die sich dem Tierwohllabel verpflichtet hatten und von QS-Prüfern kontrolliert und zertifiziert worden waren.

Das liegt nun einige Jahre zurück, trotzdem hält sich bis heute die Kritik, das Label sei in erster Linie Bestandteil einer ausgeklügelten Marketingstrategie. Es diene nicht dem Tierwohl, sondern dem Umsatz der Einzelhändler, die damit das Vertrauen der Kunden gewinnen wollen. Die Kriterien seien zu niedrig angesetzt, der QS-Standard läge nur einen Hauch über dem gesetzlich Vorgeschriebenen – »weit unter den Ansprüchen für Biofleisch«, so die Bewertung der Stiftung Warentest. Das lässt sich leicht erkennen, weil das Tierwohllabel nur den Anforderungen für Haltungsform 2 entspricht, Stallhaltung Plus. Und die ist weit entfernt von dem, was man als Tierwohl auslegen könnte. Die gesetzlich vorgeschriebene Mindestgröße des Lebensraums für Mastschweine (also Haltungsform 1) liegt im Regelfallbei unter einem Quadratmeter pro Tier. Stallhaltung Plus bedeutet 10 Prozent mehr Fläche, was weniger als einen schmalen Bodenstreifen von einem Meter mal 10 Zentimeter ausmacht. Das »Plus« im Label ist somit zwar nicht gelogen, aber es steht wohl kaum für weniger Tierqual.

In der Regel klebt auf der Verpackung das Haltungsform-Kennzeichen direkt neben dem Tierwohlsiegel, was den Schwindel umso deutlicher macht. Bei Bio-Produkten, die bei der höchsten, also tierfreundlichsten Haltungsform einsortiert werden, darf das Label dagegen nicht verwendet werden. Das nennt man dem Volksmund entsprechend Volksverarsche. Wen wundert es da, dass nur ein einstelliger Prozentsatz deutscher Fleischwaren aus Bio-Produktion stammt.

Auch die Haltungsform-Kennzeichen werden als Tierwohllabel vermarktet – sind aber eher Tierquäl-Label. Stufe 1 entspricht dem gesetzlichen Mindestmaß – Hühnern darf der Schabel gekürzt werden, bei Kälbern ist die Enthornung ohne Betäubung erlaubt. Bei Schweinen wurden für Ferkelkastration und Schwanzkupieren nicht einmal Regeln formuliert. Für die Dauer des Transports zum Schlachthof auch nicht. Beim Futter sind genveränderte Produkte erlaubt. Dasselbe gilt für Haltungsstufe 2. Bei Schweinen wie gesagt 10 Prozent mehr Platz und »organisches Beschäftigungsmaterial«, eine Handvoll Stroh genügt – das ist der minimale Unterschied. Wenn es tatsächlich um Tierwohl ginge, bräuchte man beide Stufen nicht, das sieht auch die Verbraucherzentrale so. Laut einem von Greenpeace in Auftrag gegebenen Rechtsgutachten von 2017 verstößt die Schweinehaltung der Stufen 1 und 2 sowohl gegen das Tierschutzgesetz als auch gegen die Verfassung.

Stufe 3 sollte also das Mindestmaß sein. Wiederum mehr Platz, für Schweine sogenannte Außenklimareize, also wenigstens eine teilweise offene Stallwand. Für Hühner Zugang zu einem Außenbereich, für Rinder ein Laufhof, und kein genmanipuliertes Futter. Allerdings fehlen auch hier Vorschriften zum Schwanzkupieren und Schnabelkürzen. Immerhin ist seit diesem Jahr die Teilnahme an einem Antibiotikamonitoring verpflichtend, bei dem die verabreichten Medikamente in einer Datenbank gespeichert werden. Ob das ihren Einsatz reduziert, bleibt abzuwarten.

Stufe 4, als Premium bezeichnet, wird mit Bio gleichgesetzt – gemessen an den Vorgaben des EU-Bio-Siegels. Kritiker halten dies auch nicht für ausreichend, und tatsächlich gehen die Anforderungen von Bio-Verbänden wie Naturland, Bioland und Demeter darüber hinaus – dazu später mehr.

So gut es in der Theorie klingen mag, den Verbrauchern mit den verschiedenen Haltungsformen eine Orientierung zu geben, so wenig bringt es in der Praxis, weder für den Kunden noch für die Tiere. Würden alle Fleischliebhaber tatsächlich nur noch Produkte der Haltungsformen 3 und 4 in ihren Einkaufswagen packen, dann würde der Handel vermutlich reagieren und Stufe 1 und 2 aussortieren. Leider ist das Gegenteil der Fall, und das liegt nicht nur am höheren Preis der gehobenen Haltungsstufen. Greenpeace fragt einmal im Jahr die großen Supermarktketten, wie ihr Angebot an den einzelnen Haltungsformen aussieht – um zu sehen, in welche Richtung es sich entwickelt. Die letzte Erhebung stammt vom Juli 2022. Das Ergebnis: Haltungsstufe 1 und 2 machten zusammen 88,4 Prozent am Gesamtangebot aus, 3 und 4 zusammen nur 10,2 Prozent (die Differenz zu 100 Prozent entstand durch fehlende Angaben). Dabei geht es nur um Frischfleisch und Wurst der Eigenmarken. Seit diesem Jahr können auch Milch und Milchprodukte mit dem Label gekennzeichnet werden, oft gesehen habe ich das allerdings noch nicht. Höchstens bei Bio-Milch, Stufe 4, wo es eigentlich überflüssig ist.

Da also das Angebot des billigeren, mit weniger Tierwohl produzierten Fleischs den Löwenanteil des Angebots ausmacht, stellt sich die Frage nach Huhn oder Ei – ob das üppige Angebot die Nachfrage treibt oder die geringe Nachfrage das Angebot bestimmt. Meine Vermutung ist, dass mehr Kunden Stufe 3 und 4 kaufen würden, wenn das Angebot größer wäre. Aber das liegt offenbar nicht im Interesse der Lebensmittelkonzerne und Tierhalter. Die Masse macht's und bringt wohl mehr Profit als tierfreundlicher und teurer produzierte Ware.

Eines der wenigen von der Ernährungsindustrie unabhängigen Label vergibt der Deutsche Tierschutzbund. Ohne seine Botschaft mit Sprechblasen über Tierwohl zu transportieren, hat er sein Siegel schlicht »Für mehr Tierschutz« genannt. Damit können Schweine-, Rinder- und Hühnerfleisch, aber auch Milch und Eier gekennzeichnet werden. Vergeben wird es in zwei Stufen. Bereits die untere geht über die gesetzlichen Mindestanforderungen hinaus, nicht nur, was die Haltung der Tiere betrifft, auch für Transport und Schlachtung sind die Richtlinien strenger. Neben den Vorgaben für mehr Platz und für Beschäftigungsmaterialien (zum Beispiel Stroh und Spielzeug), ist gentechnisch verändertes Futter ebenso verboten wie die betäubungsfreie Kastration von Ferkeln, das Schwanzkupieren bei Schweinen oder die Anbindehaltung bei Milchkühen. Trotzdem schätzt die Verbraucherzentrale Nordrhein-Westfalen das damit bewirkte Tierschutzniveau als »nicht sehr hoch« ein. Anders bei der zweiten, der Premium-Stufe, die noch mehr Platz und vor allem Auslauf im Freien vorschreibt, auch für Legehennen. Obwohl die Kriterien nicht exakt denen für Bio-Haltung entsprechen, sieht der Handel bei dem Label einen etwa gleichwertigen Tierschutzeffekt. Einen Haken hat das Siegel des Deutschen Tierschutzbundes trotzdem: Die beiden Stufen lassen sich bei flüchtigem Hinsehen nur schwer unterscheiden. Lediglich ein kleiner gelber Stern mehr oder weniger auf der linken Seite des Siegels markiert den Unterschied. Für den bewussten, aufmerksamen Verbraucher kein

Problem, für Eilige und weniger Informierte aber definitiv ein Makel, der leicht zu beheben wäre.

Patriotenfleisch: Kundenfang mit Schwarz-Rot-Gold

Der neueste Marketingtrick bei Schweinefleisch scheint das Label »5 D« zu sein. Es soll kennzeichnen, dass die Tiere, von denen das Fleisch stammt, echte deutsche Schweine waren: Hier geboren, gezüchtet, gemästet, geschlachtet und in Stücke zerteilt – 5 D steht für fünfmal Deutschland. Nachdem eine Supermarktkette damit anfing, sprangen andere auf den Zug auf. Ein Argument lautete, man wolle die deutschen Schweinemäster unterstützen, die wegen Corona Umsatzeinbußen erlitten hätten. Mit Tierschutz hat dieses Siegel also nichts zu tun. Wenn der Handel vorgibt, der deutschen Schweineindustrie helfen zu wollen, warum zahlt er ihr nicht einfach höhere Preise, anstatt sie permanent zu drücken? Dieser Preisdruck führt wie bereits beschrieben dazu, dass immer mehr Schweinezüchter pleitegehen oder von selbst aufgeben.

Woher kommt dieser Preiskrieg? Bestimmt nicht daher, dass der Lebensmittelhandel am Hungertuch nagt und ums Überleben kämpft, so wie viele der kleineren Landwirtschaftsbetriebe. Der Lebensmitteleinzelhandel gab im Jahr 2021 rund 2,6 Milliarden Euro nur für Werbung aus, mehr als jede andere Branche. Noch aktueller: Im Januar 2022 waren es knapp 194 Millionen. Davon gaben allein Lidl, Edeka, Aldi, Rewe und Penny 128 Millionen aus. Mit einem Bruchteil dieser Summen könnte man nicht nur den Züchtern faire Preise zahlen, sondern auch ihren Tieren bessere Haltungsbedingungen ermöglichen.

Der eigentliche Sinn von Marketingideen wie »5 D« besteht darin, den Kunden mehr Geld aus der Tasche zu ziehen. Die kriegen angeblich bessere Ware, sollen also tiefer ins Portemonnaie greifen. Selbstverständlich geht es denen, die sich »5 D« ausgedacht haben, auch ums Tierwohl. Zumindest behaupten sie das. Im Ausland lasse sich schließlich kaum überprüfen, wie die Tiere behandelt würden. Soll heißen: Hierzulande sind sie viel besser dran. Was – siehe vorheriges Kapitel – wahlweise gelogen oder zu bezweifeln ist.

Weiter geht's im Siegel-Dschungel: Ein gutes Beispiel, wie erfindungsreich der Handel ist, um sich selbst für seine angeblich guten Taten zu feiern, die Feier aber von den Kunden finanzieren lässt, ist die Aktion »Ein Herz für Erzeuger«. Die hat der Discounter Netto aus dem Edeka-Imperium ins Leben gerufen. Produkte, die mit dem entsprechenden Siegel versehen sind, Fleisch- und Wurstwaren, Milch, Käse, Eier und Obst, werden mit einem Aufschlag von zehn Cent verkauft. An irgendwelche Bedingungen, etwa tiergerechtere Haltung oder weniger Pestizid- oder Düngemittel-Einsatz, ist das Siegel nicht geknüpft. Der Mehrerlös geht zu 100 Prozent, das betont Netto bei jeder Gelegenheit, an die beteiligten heimischen Landwirtschaftsbetriebe. Damit würden langfristig Arbeitsplätze und der Erhalt regionaler Strukturen gesichert. Seit 2008 sollen über 38 Millionen Euro zusammengekommen und verteilt worden sein. Es ist durchaus ehrenwert, die Landwirte zu unterstützen, viele von ihnen haben zu kämpfen. Aber warum kommt ein milliardenschwerer Konzern nicht auf die Idee, seinen gutwilligen Kunden nur fünf Cent abzuknöpfen und die restlichen fünf selbst zu übernehmen?

Womit der Lebensmittelhandel auch eifrig wirbt, sind »Qualität aus Deutschland«-Logos, meist in Kombination mit einem Herz in Schwarz-Rot-Gold. Oder wie bei Lidl mit einer Umrisskarte in den Nationalfarben. Was genau das Besondere an der heimischen Qualität sein soll, ist nicht zu erkennen. Die Produktpalette, die mit den Logos dekoriert wird, reicht ziemlich wahllos von Fleisch der Haltungsstufe 2 bis zu Bio-Produkten.

Branchenprimus Edeka hält sein Heimat-Logo eher neutral, besiegelt »qualitativ hochwertige deutsche Geflügelprodukte«, die nach eigenen Angaben größtenteils von Wiesenhof stammen. Als Qualitätsmerkmal soll die Tatsache dienen, dass sich sämtliche Produktionsstufen – Brüterei, Aufzucht, Schlachtung, Verarbeitung – bis hin zur eigenen Futtermühle in Deutschland befinden. Als wäre ausgerechnet Wiesenhof das leuchtende Vorbild für tierfreundliche oder gar antibiotikafreie Geflügelmästerei.

Um ein ähnliches Siegel – »Qualität aus deutschen Landen« –, das mit der Abbildung eines stilisierten Fachwerkhauses und ausgestanzten roten Rändern an eine Briefmarke erinnert, kann man sich bei der Deutschen Landwirtschafts-Gesellschaft (DLG) bewerben. Das kostet Geld, scheint aber trotzdem attraktiv: Die Hürden des Prüfverfahrens sind niedrig. Das Produkt muss nur aus Deutschland stammen und nach einer »traditionellen Rezeptur« hergestellt worden sein. Hierunter fallen – auf tierische Erzeugnisse bezogen – zahlreiche Produkte wie Schweine-, Rind- und Geflügelfleisch, jeweils unverarbeitet, aber auch Schaschlikspieße, Rippe, Eisbein, Ochsenschwanz, Zungen-, Blut- und Leberwurst, Geschnetzeltes, Hase roh und gewürzt, Kasseler, Schinken, Schmorbraten, Ragout fin, Kohlrouladen, Königsberger Klopse, Weiß- und Bratwurst … im Grunde alles, was in diesem Sortiment im Supermarkt angeboten wird. Die dritte und letzte Anforderung bezieht sich auf die Qualität. Die wird getestet, aber nicht etwa unter ernährungswissenschaftlichen oder Gesundheitsaspekten, sondern nur auf den Genusswert. Das wird »sensorische Bewertung« genannt. Dabei werden Aussehen, Textur, Geruch und Geschmack geprüft, nicht aber, ob Schadstoffe enthalten sind, Bakterien, Keime, Umweltgifte oder Ähnliches. Da sich über Geschmack bekanntlich nicht streiten lässt, frage ich mich, wie die Verkoster und Wursttester vorgehen. Sie beäugen, befummeln, schnuppern, knabbern und lecken an der Ware und heben oder senken dann ihren Daumen?

Durchgeführt werden diese Qualitätschecks von der DLG TestService GmbH, einer Tochterfirma der Landwirtschafts-Gesellschaft. Die vergibt auch die bekannten DLG-Gütesiegel, die wie Medaillen gestaltet sind und dementsprechend in Gold, Silber und Bronze verliehen werden.

Die Geschäfte der DLG: Qualitätsmedaille für Pansch-Wurst

Wie so ein Test ausfallen kann, haben Reporter des ZDF-Magazins *Frontal 21* vorgeführt. Sie gründeten eine Scheinfirma und ließen sich von einem Metzgermeister eine Geflügelwurst zusammenpanschen, die die Bezeichnung nicht verdiente: Sie bestand zu 46 Prozent aus Separatorenfleisch und zu 27 Prozent aus Wasser. »Schnittfest« gemacht wurde sie mit einem Proteinpulver, das aus Blutplasma und anderen Schlachtabfällen gewonnen wurde. Lediglich 9 Prozent Geflügelfleisch hatte der Metzger beigemischt. Die Kosten fürs Material – Zutaten kann man das meiste davon nicht nennen – betrugen aufs Kilo gerechnet ganze 59 Cent. Diese Prachtwurst reichten die Leute von *Frontal 21* bei der TestService GmbH in Frankfurt zur Prämierung ein. Um es kurz zu machen: Gold gab es nicht, aber für Silber hat es locker gereicht.

Laut Selbstbeschreibung nimmt die Deutsche Landwirtschafts-Gesellschaft für sich in Anspruch, mit Wissens-, Qualitäts- und Technologietransfers weltweit den Fortschritt in der Land-, Agrar- und Lebensmittelwirtschaft zu fördern und die globalen Lebensgrundlagen nachhaltig zu sichern. Dazu gehört offensichtlich auch die Verleihung einer Silbermedaille für gepanschtes Fake Food.

Was die DLG auf jeden Fall sehr gut kann: Profit machen. Rund 30 000 Lebensmittel werden jedes Jahr allein für die Vergabe der Gütesiegel-Medaillen eingereicht. Freiwillig, keine Firma muss das machen. Die Testgebühren sollen je nach Produkt zwischen 100 und 700 Euro liegen. Nimmt man nur den Mittelwert, kommt ein zweistelliger Millionenbetrag zusammen. Und es gibt noch andere Produktbewertungen (zum Beispiel Traktoren, Tierfutter, Desinfektions- und Reinigungsmittel), für die Medaillen verliehen werden. Und weitere Auszeichnungen, unterschiedliche Awards und »Das Band der Milch-Elite«.

Über 90 Prozent der eingereichten Produkte erhalten eines der DLG-Siegel in Gold, Silber oder Bronze. Das ist in etwa so, als hätten von den über 11 000 Athleten, die bei Olympia 2021 in Tokio angetreten sind, 10 000 eine Medaille gewonnen. Es scheint bei der DLG ein Kunststück zu sein, nichts zu gewinnen. Die Kriterien für die Prüfungen seien so weich formuliert, heißt es dazu bei Label-Online dass sie trotz wissenschaftlich erarbeitetem Prüfschema »einigen Ermessensspielraum in der Bewertung« zulassen. Der Siegelcheck des Naturschutzbunds Deutschland (NABU), der ältesten deutschen Naturschutzorganisation, urteilt: »Die Prämierungen sind vor allem ein Marketinginstrument.« Genauso sieht es die Verbraucherzentrale Nordrhein-Westfalen: Das Zeichen diene vorwiegend der Absatzförderung und somit Werbezwecken. Und Greenpeace kritisiert in Bezug auf tierische Produkte, als Kunde erfahre man nichts über die Haltungsbedingungen oder ob Gentechnik und Antibiotika zum Einsatz kamen.

Wenn die Urteile der Siegel-Experten so negativ ausfallen, warum bewerben sich trotzdem so viele Lebensmittelhersteller und -händler und bezahlen auch noch dafür? Eine vorsichtige Antwort wäre: Kundentäuschung zwecks Umsatzsteigerung. Etwas deutlicher: Volksverarsche.

Mangelnden Geschäftssinn kann man der Deutschen Landwirtschafts-Gesellschaft jedenfalls nicht vorwerfen. Ihre Akademie bietet »maßgeschneiderte Weiterbildungsangebote«, zum Beispiel einen Zwei-Tage-Kurs »Landwirtschaft für Quereinsteiger«. Versprochen wird grundlegendes Basiswissen über die Agrarbranche und ihr Umfeld. Teilnahmegebühr: 1190 Euro zuzüglich Mehrwertsteuer. Oder eine Fortbildung zum Herdenmanager Milchpraxis – drei Module, insgesamt zwölf Tage an drei verschiedenen Orten. Kosten: 2699 Euro. Und dann gibt es da noch ein gutes Dutzend DLG-Tochterfirmen, einige davon im Ausland, die im Verlagswesen und im Messe- und Consultinggeschäft tätig sind.

Aber damit immer noch nicht genug: In einer vom Naturschutzbund Deutschland in Auftrag gegebenen Studie über die Lobbyverflechtungen der Agrarindustrie wird die DLG als einer von drei »Netzwerkknotenpunkten« beschrieben. Dort liefen die Fäden zusammen, um »gesellschaftspolitische Willensbildungs- und Entscheidungsprozesse« zu beeinflussen. Einfacher ausgedrückt: Hier verbinden sich die Strippenzieher aus sämtlichen Bereichen, von der Agar- und Ernährungswirtschaft über die Agrochemie, Banken und Versicherungen, Verbände und Behörden bis hin zur Politik, direkt hinein in den Bundestag und ins EU-Parlament. Dass Politik und Gesetzgebung von Lobbyisten beeinflusst und hinter den Kulissen kräftig gemauschelt wird, dürfte bekannt sein, auch dank engagierter NGOs wie LobbyControl. Jüngere Beispiele sind das trotz Ukraine-Krieg und Energiekrise fehlende Tempolimit und die informationsfreudige Beziehung zwischen FDP-Chef und Porsche-Chef. Aber das sind Kinkerlitzchen gemessen an der Dimension, die die Naturbund-Studie in Bezug auf die Macht der Agrarlobby aufzeigt. Als oberster Strippenzieher wurde der Präsident des Deutschen Bauernverbands, Joachim Rukwied, ausgemacht, der auch den europäischen Bauernverband anführt. Zum Zeitpunkt der Studie hatte Rukwied sagenhafte 18 Ämter inne, darunter Verwaltungsrats- und Aufsichtsratsposten in großen Unternehmen wie der Südzucker AG. Nebenbei betreibt er als Landwirt mehrere Gemüse- und Weinbaubetriebe. Bewundernswert, wie er all diese Jobs auf die Reihe kriegt, aber beunruhigend, wie viel Macht und Einfluss dieser Mann hat.

Um zu verstehen, was in der Landwirtschaft passiert oder eben nicht passiert, muss man untersuchen, welche Interessen ihre Vertreter verfolgen. Am wenigsten geht es um die Kleinbauern, die werden nur gern PR-wirksam vorgeschoben. Jemand wie der Bauernpräsident kann mit seiner Macht und seinen partei- und verbandspolitischen Verbindungen Entscheidungen auf höchster Ebene beeinflussen, geplante Gesetze blockieren und eine überfällige Agrarreform verhindern.

Vermutlich liegt hier auch der Grund, warum es mit dem staatlichen Haltungs- und Tierwohlkennzeichen so schleppend voranging. Sollte es nun tatsächlich und verpflichtend eingeführt werden, dann würde es nicht nur Siegel wie das der Initiative Tierwohl und die bisherigen Haltungsnormen überflüssig machen, sondern auch an den Machtverhältnissen rütteln. Zur Erinnerung: Der Bauernverband ist einer der Gesellschafter der Firma, die beide Siegel vergibt. Rukwied sitzt in deren Kuratorium. Und mit mindestens einem der anderen Gesellschafter ist er eng verbunden. Gleiches gilt für die Deutsche Landwirtschafts-Gesellschaft – was mich zum Thema Tierwohl zurückbringt. Das haben sie dort nun auch für sich entdeckt, mit einem eigenen Siegel. Neuerdings können sich Molkereien und Milchviehhalter über die DLG TestService GmbH zertifizieren lassen, sortiert nach vier Stufen: Basis, Bronze, Silber, Gold. Auf den Siegeln, die für Milchverpackungen gedacht sind, steht gleich zweimal das Wort Tierwohl, sodass man es unmöglich übersehen kann. Die Kriterien orientieren sich an denen der Haltungsformen-Kennzeichen. Schon deshalb dürfte eins von beiden für die Verbraucher überflüssig sein. Aber mittlerweile weiß man, worum es in Wirklichkeit geht. Sowohl Zertifizierung als auch Nutzung des Siegels sind kostenpflichtig. Wie hoch die anfallenden Gebühren sind, war trotz zweimaliger Nachfrage bei der DLG nicht zu erfahren.

Leere Versprechen: Artgerecht, tierschonend, kontrolliert

Da der Begriff Tierwohl im Gegensatz zum Tierschutz weder verbindlich definiert noch rechtlich geschützt ist, kann jeder damit werben und Geld verdienen. Einzige Voraussetzung: Der gesetzliche Mindeststandard für Haltungsbedingungen muss eingehalten werden. So darf selbst die niedrigste Stufe mit dem Begriff Tierwohl versehen und angepriesen werden, auch wenn sie genau das nicht bedeutet.

Bei Werbelügen ist die Branche ausgesprochen kreativ und wortgewandt: Auf den Verpackungen stehen Floskeln wie »artgerechte Haltung«, »kontrollierte und schonende Haltung«, »zertifizierte, artgerechte Aufzucht«, »tiergerechte Bodenhaltung«, »natürliche Aufzucht und Ernährung«, »tierfreundlich«, »tierschonend«. Selbst ein »größtmöglicher Tierschutzaspekt« darf behauptet werden, ohne dass er belegt werden muss oder überhaupt vorhanden ist.

Jeder, der nicht von Luft und Liebe lebt, sondern gelegentlich im Lebensmittelladen einkaufen geht, kennt diese Aufschriften. Und soll sich beim Kauf wohlfühlen, ein gutes Gewissen und das Gefühl haben, das Richtige zu tun. Dabei ist nach Marktuntersuchungen der Verbraucherzentralen aller Bundesländer davon auszugehen, dass sich hinter diesen leeren Werbeversprechen meist nur die Einhaltung der gesetzlich vorgeschriebenen Minimalstandards verbirgt.

Einen besonders dreisten Fall von Verbrauchertäuschung erlaubte sich vor einiger Zeit der Lebensmittel-Discounter Netto. In den Supermärkten der Kette wurde Schweinefleisch der untersten Haltungsstufe mit einem

Foto von freilaufenden Schweinen auf einer grünen Wiese verkauft. Nach einer Abmahnung durch die Verbraucherzentrale verschwand nicht etwa das irreführende Foto, das übrigens mit dem Siegel »Ein Herz für Erzeuger« kombiniert war, sondern das Haltungskennzeichen. Daraufhin brachte die Verbraucherzentrale den Fall vor Gericht – und gewann.

Um derartigen Werbeschwindel aufzudecken und in Zukunft zu verhindern, vergibt die Verbraucherschutzorganisation Foodwatch e.V. einmal im Jahr per Publikumsbefragung den Goldenen Windbeutel. Zu den Preisträgern gehörte zuletzt der Käsekonzern Hochland, dessen Marke »Grünländer« einen Schnittkäse mit dem Herz-Siegel »Grüne Seele« und dem Zusatz »Milch von Freilaufkühen*« unters Volk brachte, obwohl die Kühe, die die Milch lieferten, im Stall – und nur dort – gehalten wurden. Das erfuhr man jedoch erst, wenn einem das Sternchen auffiel und man auf der Verpackungsrückseite im Kleingedruckten die Erklärung dazu suchte. Dort stand: »Unsere Freilaufkühe können sich jederzeit frei im Stall bewegen.«

Besonders bemerkenswert an dem Fall war, wie sich die zuständige Behörde, das Landratsamt in Lindau, verhielt, nachdem Foodwatch die Verbrauchertäuschung dort angezeigt hatte. Sie unternahm nichts, teilte aber mit, dass Siegel und Beschriftung nach Prüfung durch das Bayerische Landesamt für Gesundheit und Lebensmittelsicherheit keineswegs als irreführend zu beurteilen seien. Erst nach einer Abmahnung durch den Verband Sozialer Wettbewerb, ein eingetragener Abmahnverein, entschied der Käsehersteller, das Siegel zu ändern. »Grüne Seele« heißt es immer noch, aber die Freilaufkühe werden nicht mehr erwähnt. An der Stelle steht nun – wer einmal lügt, dem glaubt man nicht – »SEHR GUT«, in weißer Schrift, mit einem roten Balken unterlegt, dessen Farbton bestimmt nicht zufällig an das Siegel der Stiftung Warentest erinnert.

Die Verbraucherschützer von Foodwatch kritisieren ein »Vollzugsdefizit« beim Schutz vor solchen Kundentäuschungen. In Supermärkten fänden sich unzählige Werbelügen, gegen die niemand etwas unternähme, obwohl das Aufgabe und Pflicht der zuständigen Behörden sei. Das entsprechende Gesetz ist klar und präzise formuliert: Artikel 16 der

EU-Lebensmittelbasisverordnung besagt, dass Kennzeichnung, Werbung und Aufmachung von Lebensmitteln Verbraucher nicht irreführen dürfen. Wären deutsche Behörden bei Steuerbetrug so lasch, das Land wäre dem Staatsbankrott näher als Italien und Griechenland zusammengenommen.

Mittlerweile gibt es Siegel und Label wie Sand am Meer, gefühlt kommen jeden Tag ein paar neue hinzu. Es muss daran liegen, dass die Kunden dies wünschen. 63 Prozent, das ergab eine repräsentative Befragung für den »Ernährungsreport 2022« des Bundeslandwirtschaftsministeriums, kaufen häufig oder sehr häufig Produkte, die mit einem Siegel versehen sind. Oder ist es umgekehrt? Als Kunde findet man in den Regalen kaum mehr Produkte, auf die nicht irgendein Label oder Siegel gedruckt ist.

Die meisten Menschen haben ein Herz für Tiere. Also wollen sie beim Kauf tierischer Erzeugnisse ein gutes Gewissen haben und bevorzugen Produkte, die mit einem Label gebrandet sind, das irgendwie auf Tierwohl hindeutet. 61 Prozent achten beim Einkauf darauf, auch das ergab die Umfrage. Und so werden ständig neue Siegel erfunden. Hier eine kleine Auswahl, nur bezogen auf Schweinefleisch:

- Landbauern Schwein – Frisch von hier. Fair zum Tier.
- Strohschwein – für eine bessere Haltung
- Landglück – Gemeinsam für Tier & Umwelt
- Glück im Stall
- Strohwohl – Aus Respekt vor Tier & Natur
- glück satt – ehrlicher Genuss für ein gutes Bauchgefühl
- Hof Wohl – Fleisch und Wurstwaren fair genießen
- Aktivstall für Schweine
- Hofglück – Bewusst und heimatnah genießen

Und wenn einem dann auf Plakaten und im Werbeprospekt noch ein goldenes Siegel entgegenspringt, mit der Botschaft, bei Deutschlands bestem Lebensmittelhändler einzukaufen, steht unserem Konsumglück nichts mehr im Wege, um ein weiteres Beispiel zu nennen.

Das Gießkannenprinzip: Awards und Siegel für alles und jeden

Eine echte Glücklichmacher-Firma ist die Deutsche Gesellschaft für Verbraucherstudien mbH mit Sitz in Berlin. Sie versteht sich als unabhängiges Marktforschungsinstitut, vergibt Test- und Qualitätssiegel, mit denen sich der Einzelhandel gern schmückt. Eines dieser Siegel nennt sich »Deutscher Kunden Award«. Den gibt es für verschiedene Bereiche, zum Beispiel für »Deutschlands beste Dienstleister«. Die aktuelle Version wurde im November 2021 vergeben. Aldi Nord, Aldi Süd, Edeka, Lidl, Rewe, Penny, Kaufland – sie sind alle ausgezeichnet worden, keine der großen Ketten fehlte. Das wäre auch kaum möglich gewesen, wie ein Blick auf die Ergebnisliste verrät. Wir Deutschen beschimpfen unser Land gern als Servicewüste. Der »Deutsche Kunden Award« scheint das Gegenteil zu beweisen. Wir leben eindeutig im Dienstleistungsparadies, anders ist die Auswertung nicht zu interpretieren. Die Liste ist in drei Kategorien gegliedert: Kundenzufriedenheit, Qualität, Preis-Leistungs-Verhältnis. In jeder sind 475 Unternehmen aufgeführt, Geschäfte aller Branchen, Restaurants, Onlineanbieter, Hotels, Autovermieter, Reiseunternehmen, Apotheken, Reifendienste, Energiefirmen, Möbelhäuser, Fitnessstudios, Elektronikhersteller und vieles mehr. Jedes dieser Unternehmen wurde mit derselben Einstufung bewertet: »herausragend«. Unterm Strich waren es also 1425 Award-Gewinner. Einige hatten gleich in zwei oder drei Kategorien abgeräumt. Die Award-Vergabe wurde auch noch in Branchen aufgeschlüsselt. Nicht aus Spaß oder deutscher Gründlichkeit, sondern um einen weiteren Award vergeben zu können – den »Branchen-Champion«. Hierfür wurden 236 Branchen definiert, neben gängigen wie Bäckereien, Möbelhäusern und Supermärkten auch ausgefallenere, etwa Babysitter- und Putzhilfe-Vermittler, Self-Storage-Anbieter, Online-Wandtattoo-Shops. Für jede Branche gab es wieder die drei genannten Kategorien, also mindestens drei Gewinner. Bei manchen waren es je Kategorie aber auch drei oder fünf. Es ist für Mathe-Nieten wie mich eine komplizierte Angelegenheit

... um es kurz zu machen: Wieder kam ein Heer von Gewinnern zusammen, geschätzt über 1300. Auch wenn ich schlecht rechnen kann, ich ahne trotzdem, wie dieses Geschäftsmodell funktioniert.

Eine Anfrage bei der Verbraucherstudien-Gesellschaft in Berlin wird umgehend vom Chef persönlich per Mail beantwortet. Er erklärt, es handele sich um Kundenzufriedenheits-Befragungen, die auf einem deutschlandweiten Online-Panel durchgeführt würden. Man prüfe nicht, ob die Firmen ein bestimmtes Mindestanforderungsniveau erfüllen, sondern wer der beste Anbieter im Wettbewerbsumfeld sei. Seine Antwort auf die Frage, ob die Arbeit der Gesellschaft für die Firmen mit Kosten verbunden ist, lautet sinngemäß: Befragung und Auswertung nicht. Beides geschieht, ohne dass die Firmen etwas davon wissen. Wer jedoch eines der Siegel erhalten und damit werben will, muss eine Lizenzgebühr zahlen. Die Preise, so der Geschäftsführer, würden grundsätzlich nicht herausgegeben, »aber wir orientieren uns bei vergleichbaren Studien an den Gebühren der Stiftung Warentest«. Dort liegen die Lizenzkosten für ein Siegel bei einer Laufzeit von einem Jahr zwischen 8500 und 20 000 Euro. Noch einmal: Ich bin nicht gut in Mathe, aber dieses Geschäftsmodell scheint mir eine Gelddruckmaschine zu sein.

Nach mühsamer Suche in den Tiefen des Internets entdeckt man zwei interessante Hinweise und genauere Zahlen. Der Online-Branchendienst Apotheke adhoc berichtete im November 2020, die Deutsche Gesellschaft für Verbraucherstudien hätte 13 500 Apotheker angeschrieben, um sie zur Teilnahme am Test für das Siegel »Herausragende Apotheken 2021« zu animieren. Der Test sei kostenlos, wer ihn bestehe und das Siegel nutzen wolle, für den fielen Lizenzgebühren in Höhe von 790 Euro an. Gehörten zu einer Apotheke mehrere Filialen, wären 1290 Euro fällig. Und wer darüber hinaus einen ausführlichen Bericht zu den Testergebnissen wolle, müsse noch einmal 140 Euro drauflegen.

Bis zum April 2021 stiegen die Preise offensichtlich. Damals verschickte der Bundesverband Möbelspedition und Logistik eine Branchenmeldung, die gegen die Berliner Siegel-Gesellschaft austeilte. Die hatte die Mitgliedsunternehmen des Verbands angeschrieben, mit dem gleichen

Ziel wie bei den Apothekern. Diesmal wurden als Lizenzgebühr 990 Euro aufgerufen, für einen detaillierten Studienbericht 290 Euro extra, beides zuzüglich Mehrwertsteuer. In ihrer Branchenmeldung zweifelten die Spediteure die Seriosität der Test-Gesellschaft an. Es las sich wie eine Warnung, sich ja nicht von diesen Leuten einfangen zu lassen.

Auch Verbraucherschützer, Stiftung Warentest und Testwatch bewerten das Geschäftsmodell kritisch. Es gäbe mittlerweile eine regelrechte Labelvergabe-Industrie mit weit über 100 verschiedenen Ranking- und Testfirmen. Die meisten Siegel würden den Verbrauchern suggerieren, die Unternehmen hätten sich echten Tests unterzogen, was nicht der Fall sei. Unseriöse Anbieter würde man daran erkennen, dass sie keine schlechten Noten vergeben, mit denen sei schließlich kein Geld zu machen. Eine Benotung vergibt die Verbraucherstudien-Gesellschaft nur bei den Awards, bei den Tests werden Bewertungen von »sehr gut« bis »ausreichend« verteilt. Wer allerdings genauer wissen will, wie diese zustande kommen, der muss einen Studienband erwerben – zu einer Schutzgebühr von über 1000 Euro.

Trotzdem werben Händler regelmäßig mit solchen Siegeln. Penny lässt sich aktuell als »Deutschlands bester Dienstleister« in der Kategorie Preis/Leistung feiern. Lidl bejubelt, das 13. Mal in Folge in der Kategorie Discounter zum »Händler des Jahres« gekürt worden zu sein. Das goldumrandete und mit einer Krone versehene Siegel wird von Q&A Insights Europe BV vergeben, einer Firma aus Amersfoort in den Niederlanden. Sie lässt dafür über ein Onlineportal abstimmen, mitmachen kann jeder. Und Aldi wirbt mit der Auszeichnung »Deutschlands beste Marken« (Kategorie: Beste Eigenmarke, Unterkategorie: Bioprodukte), vergeben von der Verbraucherstudien-Gesellschaft, für seine Gut-Bio-Waren.

Um herauszufinden, warum Unternehmen die Siegel nutzen und wie viel sie dafür investieren, habe ich alle drei Handelsketten angeschrieben und Fragen gestellt. Die Forderung mag naiv sein, aber wir Kunden haben ein Recht, zwischen seriösen und gefakten Siegeln unterscheiden zu können und nicht mit falschen Werbeversprechen an der Nase herumgeführt zu werden. Auf Antworten warte ich bis heute.

Modewort Transparenz: Was QR-Codes wirklich verraten

Selbst für kritische Verbraucher ist es kaum möglich und extrem zeitaufwendig, sich im deutschen Siegel-Dschungel zurechtzufinden. Welche kann man ernstnehmen, welche getrost ignorieren? Verschiedene Websites, beispielsweise die der Verbraucherzentrale, helfen bei der Orientierung. Dort finden sich Informationen darüber, wofür die bekannteren Siegel stehen – oder eben nicht. Wollte man aber beim Einkaufen jedes einzelne checken, Shopping würde zum Vollzeitjob.

Kürzlich entdeckte ich beim Siegel-Studium bei Aldi auf dem Etikett eines Bio-Nackensteaks einen Aufdruck, den ich bis dato übersehen hatte: drei blaue Buchstaben, ATC. Davor, in Rot, das Symbol für eine Lupe. Ich machte ein Handyfoto, ging nach Hause, setzte mich an den Computer und erfuhr, dass ATC für Aldi Transparenz Code steht. Und dass man über diesen zurückverfolgen kann, wo das Fleisch herkommt. Gute Sache, dachte ich. Auch andere Supermarktketten bieten diesen Service an. Transparenz scheint in Mode zu kommen, sie scheint verkaufsfördernd zu sein. Mal sind es QR-Codes, mal lange Ziffernreihen, die man scannen oder irgendwo eingeben muss. Aber wer stellt sich beim Einkaufen hin und lässt erst mal das Smartphone glühen, um anschließend zu entscheiden, ob einem der Hof, wo das Schwein gemästet wurde, gefällt? Falls man das überhaupt erfährt.

Ich machte also am nächsten Tag die Probe, fuhr noch einmal zu Aldi. Was verrät mir dieser ATC-QR-Code? An der Fleischtheke beobachte ich eine Mutter mit zwei lebhaften Kindern und einem vollen Einkaufswagen. Sie hätte weder die Zeit noch die Nerven, Dutzende von Siegeln und Labels zu studieren … Ich nehme mir die Zeit und rufe die angegebene Seite auf, gebe den Transparenz-Code ein, drei Buchstaben, elf Ziffern. Wie immer vertippe ich mich, beim dritten Anlauf klappt es. Für meinen Test habe ich Bio-Paprikasteaks ausgewählt, das stimmt schon mal. Zur Herkunft des Fleisches erfahre ich Folgendes:

- Aufzucht: Deutschland
- Ort der Schlachtung: 49632 Essen (Oldenburg), Niedersachsen, Deutschland

Die gleichen Angaben stehen beim Ort der Zerlegung und der Verarbeitung. Bin ich jetzt schlauer? Nicht wirklich. Noch weniger, als ich das Kleingedruckte darunter lese: Die Angaben wurden mit größtmöglicher Sorgfalt zusammengestellt, basierend auf den Informationen des Lieferanten. Sollten Unrichtigkeiten auftreten, wird um Entschuldigung gebeten. Heißt: Kann stimmen, muss aber nicht.

Ich mache einen zweiten Test: Bio-Rumpsteak. Der gleiche Vorgang, nur die Ziffernfolge fällt etwas kürzer aus. Aufzucht diesmal in Österreich. Geschlachtet und zerlegt in 4020 Linz, ebenfalls Österreich. Verarbeitet in 33378 Rheda-Wiedenbrück, Deutschland – Tönnies-Land. Spaßeshalber checke ich, wie viele Kilometer zwischen beiden Orten liegen: 778. Für Bio-Fleisch eine miserable Ökobilanz. Tröstlich ist nur, dass die Tiere die weite Reise nicht mehr lebend antreten mussten.

All das hätte ich sehr viel schneller herausfinden können, wenn ich mir die Verpackung gründlicher angesehen hätte. Auf der Rückseite stehen nämlich exakt dieselben Informationen, der ATC-Code ist also nutzlos und überflüssig.

Irritiert recherchiere ich weiter und gebe eine Buchstaben-Zahlen-Kombination ein, die auf dem Etikett neben der Ortsangabe für die Schlachtung steht. Diesmal nutze ich Google, und das erste Ergebnis führt mich direkt auf die Website des Vereins gegen Tierfabriken in Österreich. Dort wird der Name des Schlachthofs in Linz mit der gesamten Anschrift genannt. Das dient aber nicht etwa als gutgemeinte Kundeninformation – es geht um einen Bericht über skandalöse Zustände in diesem Betrieb. Der Verein hatte sie öffentlich gemacht und Anzeige erstattet. Das ist einige Jahre her, aber das Internet vergisst nichts. Wer die Seite anklickt, bekommt sofort eine Reihe anderer Aufnahmen zu sehen, die gequälte Schweine, Rinder und Hühner zeigen. Manche Bilder sind anscheinend erst wenige Tage alt.

Seit den Dreharbeiten zu unseren Dokus über Lachsfarmen und Schweinefabriken überrascht mich nichts mehr, was Massentierhaltung und unseren Umgang mit Nutztieren betrifft. Was mir aber die Kinnlade herunterfallen lässt, ist die Unverfrorenheit, mit der die Industrie uns Verbraucher belügt und betrügt: Eine der Eigenmarken, unter denen Aldi Fleisch und Wurst verkauft, trägt den schönen Namen »Meine Metzgerei«. Da denkt man sofort an den guten alten Metzgermeister, der ganz in unserer Nähe seinem Handwerk nachgeht, jedes Stück Fleisch selbst begutachtet und seinen Kunden nur das Beste verkauft. In Wahrheit steckt zum großen Teil Danish Crown dahinter, ein weltweit tätiger dänischer Fleischkonzern mit 26000 Mitarbeitern und über acht Milliarden Euro Jahresumsatz, der 2020 allein in Deutschland rund 800 Millionen Euro umsetzte. Auf denselben Etikettenschwindel setzt auch die Konkurrenz. Bei Lidl heißen die Eigenmarken »Landjunker«, »Metzgerfrisch« und »Grillmeister«, bei Edeka gibt es »Gutfleisch«, »Bauerngut« und »Hofglück«, bei Penny »Mühlenhof« und »Naturgut«, bei Netto »Gut Ponholz – so schmeckt Heimat«. Dass Mühlenhof und Gut Ponholz gar nicht existieren, sondern Fantasienamen sind, spricht für den Einfallsreichtum der Marketingleute. Ein Aldi-Sprecher bezeichnete diese Lügenpoesie in Bezug auf die hauseigene Marke »Gut Drei Eichen« einmal als »symbolische Bezeichnungen«. Symbolisch wofür – Kundenverarsche? Für Gut-Ponholz-Heimat-Erzeugnisse von Netto kommen Lieferungen wohl auch aus Chile, und das Fleisch für »Mühlenhof«-Produkte soll teilweise von Tieren aus Brasilien und Thailand stammen.

Bessere Qualität fürs gute Gewissen: Ist Bio drin, wo Bio draufsteht?

Wer also mit gutem Gewissen einkaufen möchte, muss wahlweise verzweifeln, dauerhaft fasten oder zum Selbstversorger werden. Eigentlich wünscht sich fast jeder von uns Lebensmittel, die tierfreundlich, umweltbewusst und klimaschonend erzeugt werden, die gut schmecken und möglichst gesund sind. Mit diesen berechtigten Erwartungen kann man im Prinzip nur die Bio-Abteilungen aufsuchen, die es mittlerweile in fast jedem Supermarkt und Discounter gibt. Oder man geht direkt in Bio-Supermärkte wie Alnatura, Denns BioMarkt, Bio Company, basic/Bio für alle, VollCorner und LPG Biomarkt, um nur die bekanntesten zu nennen. Auch gibt es immer noch viele kleine Bio-Läden, aber seit die marktbeherrschenden Lebensmittelketten das Bio-Geschäft für sich entdeckt haben, ist der Verdrängungswettbewerb in vollem Gange. Kleinen Händlern droht auf längere Sicht ein ähnliches Schicksal wie einst den Tante-Emma-Läden. Selbst die etablierten Bio-Supermärkte leiden unter dem Konkurrenzkampf, der hauptsächlich über die Preise ausgetragen wird. Laut dem neuesten *Öko-Barometer* (2021) des Bundesministeriums für Ernährung und Landwirtschaft, für das das Meinungsforschungsinstitut infas Verbraucher und Verbraucherinnen befragte, kaufen neun von zehn ihre Bio-Produkte in herkömmlichen Supermärkten wie Rewe und Edeka, 71 Prozent beim Discounter, 47 Prozent besuchen dafür einen Bio- oder Naturkost-Laden, 40 Prozent einen Bio-Supermarkt (Mehrfachnennungen waren möglich). Am häufigsten in Bio-Qualität gekauft werden Eier, Obst, Gemüse und Kartoffeln, gefolgt von Milch- und Milcherzeugnissen sowie Fleisch und Wurst.

Aber wie zuverlässig ist Bio? Seit ich nicht mehr wie in meiner Zeit als Theaterschauspieler jeden Cent mehrfach umdrehen muss und nicht auf den Billigfraß von Theaterkantinen angewiesen bin, kaufe ich Bio. Nicht aus Sorge um meine persönliche Gesundheit, sondern erstens, weil ich Bauern unterstützen will, die den Mehraufwand betreiben, biologisch zu produzieren, und zweitens, weil ich einen kleinen Beitrag leisten will, um den massenhaften Einsatz von Pestiziden und chemischen Düngemitteln zu reduzieren. Alles, was auf Äckern, Pflanzen und Böden ausgebracht und gesprüht wird, landet im Grundwasser, in Flüssen, Seen, Meeren, es belastet und vergiftet unsere Umwelt. Und seit ich Bio kaufe und esse, höre ich den Satz: »Wo Bio draufsteht, ist nicht immer Bio drin!« Womit wir wieder bei den Siegeln wären. Wird bei Bio-Produkten genauso gelogen wie bei konventionell produzierten Nahrungsmitteln? Die unbefriedigende Antwort: Jein.

Generell gilt: Die Bezeichnungen Bio, bio und biologisch, genauso wie die synonym verwendeten Wörter Öko, öko und ökologisch, sind im Lebensmittelbereich rechtlich geschützt. Es dürfen nur Produkte damit gekennzeichnet werden, die der EU-Öko-Verordnung entsprechen. Diese legt in allen Bereichen den Mindeststandard fest, bei Tieren von der Geburt bis zur Fleischtheke. Jede Station dieser Kette – Aufzucht, Mast, Schlachtung, Verarbeitung, Handel – muss biozertifiziert sein und wird entsprechend kontrolliert, mindestens einmal pro Jahr. Das ist statistisch betrachtet 14 bis 17 Mal öfter als in konventionellen Massentierhaltungsbetrieben.

Pflichtsiegel für sämtliche Bio-Erzeugnisse ist das EU-Bio-Logo, das grüne Fähnchen mit den weißen Sternen, die wie ein Blatt angeordnet sind. Wo das nicht drauf ist, ist definitiv kein Bio drin. Zusätzlich gibt es das staatliche Bio-Siegel, ein sechseckiges, grün-schwarz-weißes Zeichen. Seit der Einführung des EU-Siegels im Jahr 2012 muss es nicht mehr verwendet werden – wird es aber, vor allem wegen seines hohen Bekanntheitsgrads. Auf Verpackungen sind beide Siegel oft direkt neben- oder untereinander zu finden.

Die EU-Verordnungen legen unter anderem fest, dass ohne Gentechnik produziert werden muss, etwa beim Tierfutter, und ohne chemisch-synthetische Pflanzenschutz- und Düngemittel. Auch der Einsatz von Süßstoffen, Konservierungsmitteln, Geschmacksverstärkern, Stabilisatoren und synthetischen Farbstoffen ist nicht erlaubt. Allerdings gibt es eine sogenannte Positiv-Liste mit 56 Lebensmittelzusatzstoffen, die verwendet werden dürfen. Das sind die Zusätze mit den E-Nummern, wie beispielsweise Ascorbinsäure, Lecithin, Johannesbrotkernmehl, Natriumnitrat. In verarbeiteten Lebensmitteln wie Aufstrichen und Wurst dürfen 5 Prozent an Zutaten enthalten sein, die nicht dem Bio-Standard entsprechen. Diese Produkte sind also nur zu 95 Prozent wirklich bio.

Wie zuverlässig und vertrauenswürdig man das EU-Siegel findet, hängt davon ab, wie kritisch man dessen Bestimmungen hinterfragt. Wie bei den meisten EU-Gesetzen mussten auch bei der Bio-Zertifizierung Kompromisse gemacht werden, mit denen alle Beteiligten – die Länder, die betreffenden Interessengruppen und Wirtschaftsbereiche – einverstanden waren.

Zum Beispiel wird die von den EU-Bio-Richtlinien geforderte Tierhaltung als »artgerecht« bezeichnet, ohne dass es eine verbindliche und geschützte Definition dafür gibt. Die Kriterien, die für den Begriff artgerecht herangezogen werden, sind eher unpräzise: ausreichendes Platzangebot, Auslauf ins Freie, Rückzugsmöglichkeiten, ein gutes Stallklima, abgestimmt auf die Tierart, natürliches Futterangebot, bestimmte Lichtverhältnisse und so weiter. Das ist gemessen an den Zuständen in der konventionellen Massentierhaltung ein großer Unterschied. Aber betrachtet man beispielsweise das Platzangebot für Mastschweine, stellt sich die Frage: Was genau bedeutet ausreichend? In der konventionellen Haltung sind laut Gesetz für ein Tier, das 110 Kilo wiegt, 0,75 Quadratmeter vorgeschrieben, also nicht einmal ein Quadratmeter. Die EU-Bio-Vorschrift verlangt dagegen 1,3 Quadratmeter und zusätzlich einen Quadratmeter Auslauf. Das klingt zwar gut, hat mit artgerechter Haltung aber auch wenig zu tun. Das Schwein darf zwar mal ins Freie, wo es sich seiner Natur entsprechend am liebsten aufhält, es lebt aber immer noch auf engstem Raum. Um den erwähnten Vergleich zu strapazieren: Auf den Menschen übertragen, entspricht der Unterschied zwischen konventioneller Haltung und Bio-Haltung in etwa dem Unterschied, ob man in einer kleinen oder etwas größeren Badewanne eingesperrt ist.

Ein anderes Beispiel: Für die Dauer und Entfernung des Transports vom Züchter zum Schlachthof hat die EU-Verordnung keine gesonderten Regeln vorgeschrieben. Es heißt lediglich, dass er möglichst kurz gehalten werden sollte. Bei den Tiertransporten gelten für Bio-Schweine also dieselben Regeln wie für Nicht-Bio-Schweine, Acht-Stunden-To(rto)uren eingeschlossen. Zum Thema Schlachten selbst findet sich ebenfalls nur eine schwammige Floskel: »Ein Leiden der Tiere ist während der gesamten Lebensdauer sowie bei der Schlachtung so gering wie möglich zu halten.« Bio-Tiere werden mit denselben Methoden betäubt und geschlachtet wie alle anderen: mit Gas, Strom oder Bolzenschussgerät, anschließend wird ihnen zum Entbluten die Halsschlagader aufgeschnitten. Der einzige

Unterschied: Sie werden von Nicht-Bio-Tieren getrennt, auch wenn sie meist in den gleichen Schlachthöfen getötet werden.

Es gibt Ausnahmen. Wir haben in unserer ZDF-Doku bei Bio-Bauern gedreht, die ihre Schweine zu kleinen, nahegelegenen Schlachthöfen bringen und dort selber mithelfen, wie es früher üblich war. Aber das Fleisch von solchen Schweinen ist bei Aldi, Lidl, Edeka und Co. nicht erhältlich. Mehrheitlich ist auch Bio-Schlachtung Fließbandarbeit. Nicht ohne Grund rühmt sich Tönnies, Deutschlands größter Bio-Schlachter und Marktführer im Segment Bio-Fleisch zu sein. Die Ausbeutung osteuropäischer Werksarbeiter, die Schlachtabfälle auf den Feldern, mit antibiotikaresistenten Keimen belastete Abwässer – all diese hässlichen Seiten der konventionellen Produktion verderben einem die schöne Vorstellung von sauberem Bio-Fleisch.

Zurück zu den Siegeln, die für bessere Qualität sorgen und unser Gewissen beruhigen sollen. Wenn das EU-Bio-Logo den Standard darstellt, dann gibt es einige Premiumstufen, die in ihren Ansprüchen darüber liegen. Dazu zählt das Siegel von Bioland (grün mit weißem Schriftzug), dem größten ökologischen Anbauverband in Deutschland. Wer Bioland-Bauer werden will, verpflichtet sich, seinen Hof nach sieben Prinzipien zu betreiben. Das oberste Prinzip ist Kreislaufwirtschaft, womit vor allem der Nährstoffkreislauf gemeint ist. Auf eigenen Feldern wird das Futter, zumindest teilweise, für die Tiere angebaut. Die liefern den organischen Dünger, Mist und Gülle, damit gesunde Pflanzen gedeihen. So könnte man es kurz zusammenfassen. Die anderen Prinzipien: Bodenfruchtbarkeit fördern, Tiere artgerecht halten (wie immer man das interpretieren mag), wertvolle Lebensmittel erzeugen, biologische Vielfalt mehren, natürliche Lebensgrundlagen bewahren, Menschen eine lebenswerte Zukunft sichern. Im Grunde sind das die Kriterien, an denen sich alle Bio-Verbände orientieren.

Ein weiteres Beispiel für Bio-Siegel ist Naturland (drei eingerahmte grüne Blätter auf weißem Grund), das nach eigenen Angaben einer der ersten Verbände war, der Richtlinien zur ökologischen Aquakultur und für nachhaltige Fischerei einführte. Naturland ist weltweit aktiv, hat 140 000

Mitglieder in rund 60 Ländern und bezeichnet sich als den größten internationalen Verband für ökologischen Landbau aus Deutschland. Die Vision, die dort verfolgt wird, ist so ambitioniert wie utopisch: »100 Prozent bio, weltweit!«

Die Anforderungen der beiden Verbände an ökologische Tierhaltung sind fast identisch. Bei Masthühnern stehen zehn Tieren ein Quadratmeter Stallfläche zu, es muss eine Art Terrasse mit befestigtem Boden und Überdachung geben, dazu ein Stück Freiland, was dem Anspruch von artgerechter Haltung am nächsten kommt. Gentechnisch verändertes Futter ist verboten. Die Schnäbel dürfen nicht gekürzt werden. Der Einsatz von Antibiotika ist zwar erlaubt, aber nicht für die gesamte Brut wie in der konventionellen Hühnermast, sondern nur bei Tieren, die tatsächlich krank sind.

Die gleiche Übereinstimmung gilt bei Schweinen: Für jedes Tier sind je nach Größe beziehungsweise Gewicht zwischen 0,8 und 1,5 Quadratmeter Stallfläche vorgeschrieben, zusätzlich Auslauf, dessen Beschaffenheit nicht näher definiert ist. Das kann Beton- oder Spaltenboden sein, es muss aber auch einen Bereich mit Stroh geben. Die Ringelschwänze abzuschneiden ist nicht erlaubt.

Auch wenn die Unterschiede zwischen herkömmlicher Massentierhaltung und Öko-Produktion marginal erscheinen mögen, die Vorschriften der Bio-Verbände sprechen dafür, sich an der Fleischtheke für Bio-Produkte zu entscheiden und an der Kasse etwas tiefer in die Tasche zu greifen. Trotzdem geht es hier weniger um Fakten, um Stallgrößen oder Kupieren oder Schnabelkürzen oder Futtermittel, beim Bio-Kauf geht es um eine Vorstellung, um ein Ideal (das allerdings oft keines ist). Und es geht um Vertrauen. Bio setzt auf Vertrauen. Wir Konsumenten sollen eines dieser Siegel sehen und zugreifen – und uns dabei wohlfühlen. Es ist wie beim Spenden für einen guten Zweck: Kostet zwar, fühlt sich aber gut an. Und macht die Welt ein Stückchen besser. Dass die Tiere sterben mussten, ist nicht schön, aber wenigstens ging es ihnen gut, sie hatten ein besseres Leben. Das sind die Argumente für Bio, und Umfragen und Zuwachsraten beweisen, dass immer mehr Menschen so denken.

Eigenkreationen: Wie sich der Handel grün schummelt

Das hat der Handel natürlich längst erkannt. Er kooperiert mit Bio-Verbänden und füllt seine Regale zusätzlich mit Bio-Eigenmarken. Lidl hat sich Bioland ins Boot geholt. Rewe und Edeka arbeiten mit Naturland zusammen. Aldi setzt auf seine Eigenmarke Gut Bio, verspricht Bio-Produkte zum kleinen Preis. So gelänge es den Kunden, wirbt der Discounter, »für einen bewussten und verantwortungsvollen Lebensstil einzukaufen«. Gut Bio, so texten die Aldi-Werbeleute weiter, setze »sogar ausschließlich auf Haltungsform 4 und auf Frischfleisch ganz ohne Gentechnik«. Außerdem sorge das EU-Bio-Siegel für Sicherheit beim Einkauf. Und dann wird noch der Transparenz-Code ins Spiel gebracht: »Transparenz kann so Aldi sein.« Um diese Werbeversprechen kurz einzuordnen – Punkt 1: Bio-Fleisch muss mindestens aus Haltungsform 4 stammen, alles darunter darf gar nicht bio/Bio genannt werden. Punkt 2: Der Verzicht auf Gentechnik ist ebenso Grundvoraussetzung für Bio-Produkte. Punkt 3: Ohne EU-Bio-Siegel darf nichts als bio verkauft werden. Und Punkt 4, Transparenz: Was Aldi darunter versteht, wurde schon beschrieben. Immerhin verspricht Aldi (und andere Ketten wie Penny und Rewe sind dem gefolgt), bis 2030 nur noch die Haltungsformen 3 und 4 im Sortiment zu haben – man möchte, »dass Tierwohl zu einer Selbstverständlichkeit wird«. Warum erst 2030? Und es gibt eine weitere Einschränkung, die nur mit Sternchen als Fußnote erwähnt wird und glatte Unterschlagung ist: Das Versprechen betrifft lediglich Frischfleisch und Trinkmilch. Und auch davon nur, was als Eigenmarke verkauft wird. Alltagsprodukte wie Butter, Quark, Käse, Joghurt und selbst H-Milch fallen nicht darunter.

Um mit dem Kaufargument Tierwohl, das laut Umfragen für Verbraucher immer wichtiger wird, noch mehr Geld zu verdienen, gibt es eine weitere Eigenmarke des Discounters. Auf ihrem Logo prangt so viel Grün, dass es glatt als Bio-Siegel durchgehen könnte. Gestaltet ist es wie ein Stempelabdruck, der suggerieren soll, dass es sich um geprüfte Ware handelt. Die Marke heißt zwar »Fair & Gut«, ist aber weder Fairtrade- noch biozertifiziert – es wird nur der Anschein erweckt. Das Sortiment umfasst – Stand heute – 18 Produkte: Eier, Käse, Milch, Geflügel- und Schweinefleisch. Erhältlich ist es nur in wenigen ausgewählten Filialen, nicht einmal jeder zehnten. Das ist »Tierwohl« in kleinen Häppchen, großflächig verstreut. Um der Marke Glaubwürdigkeit zu verleihen, hat sich Aldi mit dem Deutschen Tierschutzbund verbündet, dessen Siegel »Für mehr Tierschutz« auf den Verpackungen prangt, mit Ausnahme von Schweinefleisch. Der Präsident des Tierschutzbunds höchstpersönlich ließ sich Werbesprüche für die Milch entlocken. Ob das auf die vielbeschworene Unabhängigkeit des Siegels einzahlt, darf bezweifelt werden. Für das Schweinefleisch müssen zwei andere Siegel-Erfindungen herhalten. Eines davon ist eine Eigenkreation der Firma Tönnies mit dem überzeugenden Namen »Fairfarm«. Weiße Schrift, roter Grund, das Ganze verziert mit einem vierblättrigen Kleeblatt – einem Glücksversprechen aus der Mottenkiste. Angepriesen wird es als »Tierschutzprogramm unseres langjährigen Lieferanten Tönnies«, das für eine tiergerechte Haltung von Mastschweinen stehe. Mit der Marke »Fair & Gut« wolle man »eine zusätzliche Alternative zwischen konventioneller und Bio-Ware« anbieten. Nur dass es eine solche Alternative gar nicht gibt. Was nicht bio ist, ist konventionell. Und konventionell bedeutet Massentierhaltung, keinesfalls Tierwohl. Testwatch sieht in dem Label einzig und allein ein Instrument zur Imagepflege von Aldi, und so was nennt man Greenwashing.

Greenwashing ist seit Jahren der Volkssport unter den Marketingstrategen der Industrie. Nichts, was mittlerweile nicht grün wäre und als nachhaltig, CO_2-neutral oder umweltfreundlich vermarktet wird: der Hamburger Flughafen, Porsche, Billigtextilien, ganze Drogeriemarkt-Ketten, Kreuzfahrtschiffe, sogar Strom aus Atomkraft, und Nahrungsmittel sowieso.

Das größte Vertrauen unter den Bio-Siegeln genießt das von Demeter, Deutschlands ältestem Anbauverband. Benannt nach der griechischen

Göttin des Ackerbaus, wurde er in den 1920er-Jahren von anthroposophischen Landwirten gegründet, ist nach Bioland und Naturland der drittgrößte Bio-Verband und hat bezüglich seiner Produktionsmethoden die strengsten Auflagen. Die Demeter-Lehre einer biologisch-dynamischen Landwirtschaft geht auf Rudolf Steiner zurück, den Begründer der Anthroposophie. Sie betrachtet den bäuerlichen Hof als einzigartigen Organismus, in dem jeder den anderen braucht – der Mensch das Tier, das Tier die Pflanzen, die Pflanzen den Boden, der Boden den Menschen und so weiter. Das entspricht dem Konzept einer konsequent gedachten, modernen Kreislaufwirtschaft. So müssen Demeter-Landwirte, selbst wenn sie nur Gemüseanbau betreiben wollen, eine bestimmte Zahl an Tieren halten, und zwar exakt die Anzahl, die sie mit ihrer Ackerfläche ernähren können. Und deren Mist ausreicht, den Boden ökologisch zu düngen. Chemische Düngemittel sind verboten, stattdessen wird mit biodynamischen Präparaten gearbeitet, im Demeter-System als »Heilmittel für die Erde« bezeichnet. Um kurz den Aufwand zu beschreiben, mit dem Demeter-Betriebe ihren Dünger herstellen und einsetzen: Kuhhörner werden mit Kuhmist gefüllt und von Ende September bis März in der Erde vergraben. Laut Demeter entsteht dabei eine wohlriechende, dunkelerdige Masse, die den Böden Energie und Kraft schenkt. Andere Dünge bzw. Heilmittel werden aus Mineralien, Heilkräutern oder auch Kuhdung hergestellt. Der Dung soll idealerweise von Kühen stammen, die schon Kälber zur Welt gebracht haben. Deren Fruchtbarkeit soll sich positiv auf die Böden auswirken. Und Kuhmist muss es sein, weil er am hochwertigsten und nährstoffreichsten ist. Zumindest der von Demeter-Kühen, die gesund ernährt werden, auf Wiesen grasen, wie es die Natur für sie vorgesehen hat, und pro Tag um die 70 Kilo Grünzeug fressen. Ein anderes Präparat, das regulierend auf den Kaliumstoffwechsel und bestimmte Prozesse in Pflanzen wirken soll, wird aus getrockneten Schafgarbenblüten hergestellt. Auch Kamillenblüten, Brennnesseln, Baldrian, Löwenzahn und Eichenrinde werden als Grundsubstanzen für Heilmittel dieser Art genutzt, die dann, beeinflusst von Mondphasen und Sonne, natürliche Prozesse lenken und fördern sollen. Bei dem immensen Aufwand an Zeit und Arbeit beim Demeter-Anbau ist es wenig überraschend, dass sich Demeter-Produkte meistens im oberen Preissegment bewegen und für Konsumenten mit geringem Einkommen unerschwinglich scheinen.

Manche halten diesen Aufwand für esoterischen Humbug. Die Diskussion verläuft ähnlich wie die zwischen Vertretern der Schulmedizin und der alternativer Methoden. Es gibt Studien, die die Wirksamkeit der Demeter-Präparate bestätigen. Und andere, die das Gegenteil herausgefunden haben wollen. Einen spannenden Beitrag zu dieser Diskussion liefert die Doku *The Biggest Little Farm* (deutscher Titel: *Unsere große kleine Farm*) von John Chester. Sie zeigt die Produktionsmethoden und den Überlebenskampf einer Ökofarm in Kalifornien – ein großartiger Film und eine dringende Empfehlung meinerseits.

Ähnlich wie ich interessieren sich viele Kunden vermutlich gar nicht für den anthroposophisch-esoterisch-spirituellen Hintergrund der Demeter-Philosophie, sie wollen schlicht und einfach saubere Produkte kaufen, auch wenn sie teuer sind. Trotz der von der konventionellen Nahrungsmittelindustrie aufgewendeten Werbemilliarden hat sich herumgesprochen, dass Demeter die strengsten Regeln hat. Und nicht nur laut Eigenwerbung die nachhaltigste Form der Landbewirtschaftung betreibt, weshalb die Produkte bei vielen als die gesündesten gelten.

Natürlich gibt es auch an Demeter Kritik. In Deutschland wird grundsätzlich erwartet, dass alles päpstlicher sein sollte als der Papst, sonst wird gemeckert. So will zum Beispiel Animal Rights Watch auch bei Demeter kein Ökoparadies erkennen. Die Tierrechtsorganisation kritisiert, manche der Richtlinien würden sich bei genauem Hinsehen als weiche Soll-Vorschriften entpuppen. Bei Milchkühen sei die Anbindehaltung nicht generell verboten, und die Tiere würden wie auf anderen Höfen zwangsgeschwängert, meist per künstlicher Besamung, damit sie Milch produzieren. Selbst Weidegang sei nicht verbindlich vorgeschrieben, eine Betonfläche vor dem Stall genüge zur Not. Das allerdings soll sich nach den neuesten Richtlinien ändern – mit einer Frist bis 2030.

Bio ist besser, aber kein Paradies: Von kranken Tieren und schwarzen Schafen

Wichtiger als die Kritik an Siegeln wie Demeter scheint mir die überfällige Diskussion über die deutsche und europäische Subventionspolitik im Agrarbereich: Warum wurden konventionell, also ungesund produzierte Nahrungsmittel lange in etwa viermal so hoch subventioniert wie die gesünderen Bio-Produkte? Warum werden Menschen mit niedrigerem Einkommen genötigt, weniger gesunde Ware zu kaufen als Besserverdiener? Das ist ähnlich unsozial wie die Belastung durch Abgase und Feinstaub: Wohlhabende Bürger wohnen im Grünen, fahren große Autos, kinderreiche Familien und Menschen mit geringem Einkommen wohnen an vielspurigen Ausfallstraßen, wo der Wohnraum bezahlbar, aber die Luft miserabel ist. Wie kurzsichtig muss eine Politik sein, die beflissentlich ignoriert, dass saubere Luft und gesundes Essen das zunehmend unbezahlbare Gesundheitssystem entlasten und sich jede öffentliche Investition in diesen Sektor langfristig auszahlt?

Bei aller Kritik auch an Bio-Labeln helfen Siegel wie Demeter, Bioland und Naturland, um sich beim Einkaufen im Wirrwarr des Etiketten-Salats zurechtzufinden und sich in Bezug auf Produktqualität, Gesundheit und Tierschutz orientieren zu können. Aber weil die Bio-Branche und ihre Umsätze seit Jahren stetig wachsen, wird natürlich auch hier leider immer öfter geschummelt. Es gibt einerseits vorbildliche Öko-Höfe, deren Betreiber mit großem Idealismus und Aufwand hochwertige Lebensmittel herstellen. Andererseits finden sich leider auch schwarze Schafe, die die Bereitschaft der Kunden, für höhere Qualität und mehr Tierwohl mehr Geld auszugeben, schamlos ausnutzen.

In einem Dossier mit dem Titel »Die Bio-Lüge« berichtete *Die Zeit* im November 2021 von zahlreichen Verstößen gegen die Bio-Vorgaben der EU, aber auch gegen die solcher Anbauverbände wie Naturland, Bioland und selbst Demeter. Die Autorin untersuchte über 500 Prüfberichte der

Kontrollbehörden, die innerhalb von zwei Jahren angefallen waren. Dass Tieren zu wenig Auslauffläche oder Platz im Stall zur Verfügung stand, waren dabei noch die geringsten Vergehen. Berichtet wurde von einem Bio-Landwirt, der seinen Kälbern ohne Betäubung die Hornansätze verödet hatte. Bei einem anderen bestand der Verdacht, er könnte größere Mengen Antibiotika eingesetzt haben. Ein dritter wiederum hatte seinen ungefähr 100 Rindern Hormone verabreicht, um ihren Eisprung einzuleiten und damit die Brunst der Herde zu synchronisieren. Somit würden alle Tiere zur gleichen Zeit trächtig und später kalben – um anschließend Milch zu produzieren, worum es ja eigentlich geht.

Es ist richtig und wichtig, dass deutsche Medien Missstände aufdecken und veröffentlichen, gerade wenn es um Verbrauchertäuschung geht. Was dem Vertrauen des Konsumenten aber wenig zuträglich ist, ist der Eifer, mit dem in Deutschland sowohl bei Musterbetrieben als auch engagierten Unternehmern, karitativen Verbänden, Umweltorganisationen und sogenannten Gutmenschen die Nadel im Heuhaufen gesucht und dann mit einem lustvollen »Ätsch! Erwischt!« veröffentlicht wird.

In diesem journalistischen Eifer wird oft vergessen, dass wir damit den Großkonzernen in die Hände spielen, denen Gesundheit, soziale und ökologische Verantwortung und Tierschutz egal sind, Hauptsache die Rendite stimmt. Traurige Tatsachen wie beispielsweise, dass Coca-Cola der größte Plastikvermüller der Welt ist (vor Nestlé), McDonald's sofort vor Gericht zieht, wenn Einwegverpackungen besteuert werden sollen, der Porsche-Chef am Koalitionsvertrag der Ampel-Regierung mitschreibt, Edeka, Rossmann & Co. das Plastiktütenverbot unterlaufen, der deutsche Staat Milliardensubventionen in die konventionelle Massentierhaltung steckt und sogar die Rüstungsindustrie subventioniert, liest man selten. Aber dass die erfolgreichste Wiederaufforstungs-Organisation der Welt, Felix Finkbeiners Plant for the Planet, in Mexiko einmal falsch angepflanzt und geschlampt hat, wurde medial gewaltig aufgeblasen. Viel wichtiger wäre eine wissenschaftlich fundierte Recherche darüber, wie viele Patienten an resistenten Keimen sterben oder welche Zusammenhänge es gibt zwischen pestizid-, hormon- oder antibiotikahaltigen Lebensmitteln und Volkskrankheiten wie Krebs, Diabetes, Rheuma etc. Das ist natürlich komplizierter und aufwendiger, als mal kurz den deutschen Hang zu Schadenfreude und Perfektionismus zu befriedigen, um Auflage, Klicks oder Quote zu erzielen.

Auch gibt es beim Bio-Betrug weitaus gravierendere Fälle als die in der *Zeit* beschriebenen. Sie tauchen in keinem Prüfbericht auf. Wie beispielsweise der Fall eines Landwirts im Wendland, der einen der größten Bio-Schweinehöfe betrieb und jahrelang als Vorzeigebauer galt. Er wurde sogar vom Landwirtschaftsministerium für seine vorbildliche Tierhaltung ausgezeichnet. Nur dank heimlich gedrehter Videoaufnahmen von Tierschützern wurde bekannt, wie es tatsächlich hinter seinen Stalltüren zuging. Die Aufnahmen zeigten Schweine mit offenen Wunden, entzündeten Beinen, abgeschnittenen und abgefressenen Schwänzen. In anderen Sequenzen waren hochträchtige Sauen zu sehen, die sich, in Abferkelkörbe eingezwängt, kaum bewegen konnten. Obwohl es bereits Jahre zuvor ähnliche Aufnahmen von dem Hof gegeben haben soll, waren den Prüfern lediglich Unstimmigkeiten beim Futter aufgefallen. Es liegt an solch kriminellem Etikettenschwindel, wenn Verbraucher befürchten, dass nicht überall, wo Bio draufsteht, auch Bio drin ist.

Am Landgericht in Schwerin wurden im vergangenen Jahr gleich zwei Prozesse gegen Bio-Landwirte geführt, die im großen Stil betrogen hatten, indem sie Fleisch von konventionell gezüchteten Schweinen über Jahre hinweg als Bio-Ware verkauften. Einer der Bauern hatte immer wieder Lieferscheine gefälscht, um vorzutäuschen, er habe Bio-Futter statt gewöhnlichem gekauft. Im Prozess kam heraus, dass die Fälschungen so stümperhaft gemacht waren, dass sie den Kontrolleuren hätten auffallen müssen – wenn sie ihren Job ordentlich gemacht hätten.

Das Kontrollsystem scheint nicht nur bei der konventionellen Produktion, sondern auch bei Bio-Betrieben ein neuralgischer Punkt zu sein. Durchgeführt werden die Inspektionen von privaten Firmen, die von der Bundesanstalt für Landwirtschaft und Ernährung als Öko-Kontrollstellen zugelassen sein müssen. Es sind dieselben Kontrolleure, die auch die Bio-Zertifizierungen vornehmen. Aktuell gibt es bundesweit 17 dieser Firmen. Ihr Geld verdienen sie, indem sie beispielsweise den Landwirten ihre

Prüfungsarbeiten in Rechnung stellen. Der Kontrollierte bezahlt also den Kontrolleur. Der Kontrollierte kann sich seinen Kontrolleur sogar aussuchen. Oder einen anderen wählen, falls ihm der Vorgänger nicht gepasst hat – zum Beispiel, weil er zu genau geprüft hat. Er kann auch die Firma wechseln und eine andere Kontrollstelle beauftragen. Diese konkurrieren miteinander und freuen sich über jeden neuen Kunden. Umso mehr, wenn der Kunde einen großen Hof betreibt. Großbetriebe nimmt man besonders gern – und die will man keinesfalls wieder verlieren. Der Grund ist nachvollziehbar: Die Gebühren richten sich nach der Größe des Betriebs. Es soll Besitzer von großen Höfen geben, das hat mir ein Kontrolleur hinter vorgehaltener Hand erzählt, die seinesgleichen behandeln wie lästiges Ungeziefer. Das gehe so weit, dass sie ansagen, wann man als Prüfer aufzutauchen und wieder zu verschwinden hat.

Ein spezielles Thema hierbei sind landwirtschaftliche Betriebe, die parallel biozertifiziert und konventionell arbeiten. Bei Demeter, Bioland und Naturland ist das verboten, die EU-Öko-Verordnung aber erlaubt es – solange beides voneinander getrennt wird. Wie das aussehen soll, wenn zwei Felder nebeneinander liegen, weiß ich nicht. Man kann schlecht den Wind abschalten, damit der Dünger nicht von einer Fläche zur anderen gepustet wird. Oder den Regen, der Pestizide ins Grundwasser spült.

Wie oberflächlich Kontrollen mitunter durchgeführt werden, kam vor einigen Jahren ans Licht, als etliche Millionen Eier aus mehreren Bundesländern als Bio-Eier in den Handel gebracht wurden, obwohl sie als solche gar nicht hätten deklariert werden dürfen. Die betroffenen Betriebe sollen die Bio-Haltungsvorschriften missachtet haben. Entweder wurden zu viele Tiere im Stall gehalten oder es gab zu wenig Auslauffläche – oder beides war der Fall. Selbst beim Futter sollen sich zahlreiche Landwirte nicht an die Richtlinien gehalten haben. Damals wurde auch gegen einige Kontrollstellen ermittelt, weil ihre Mitarbeiter offenbar nicht gründlich geprüft hatten. Hinzu kommt, dass manche Bio-Vorschriften so verfasst sind, dass sie Raum für kreative Lösungen lassen: Eine Vorgabe zum Beispiel besagt, dass nicht mehr als 3000 Hühner in einem Stall gehalten werden dürfen. Das kann umgangen werden, indem man innerhalb einer Halle halbhohe

Trennwände installiert, sodass trotzdem Zehntausende Tiere unter einem Dach eingepfercht sind.

Doch selbst wenn alle Vorschriften penibel eingehalten werden, die Tiere wirklich mehr Platz und mehr Licht bekommen und Zeit im Freien verbringen dürfen, heißt das leider nicht, dass sie dadurch automatisch gesünder sind. Das scheint bei allem Verbesserungswillen lange Zeit übersehen oder ignoriert worden zu sein. Professor Albert Sundrum, der an der Universität Kassel den Fachbereich Tierernährung und Tiergesundheit leitet und seit über 30 Jahren die Bio-Landwirtschaft beobachtet, nannte es in einem Interview mit der *Zeit* einen »Denkfehler«. Man könne nicht von den Haltungsbedingungen auf das Wohlbefinden der Tiere schließen. Verschiedene Studien würden belegen, dass die sogenannten Produktionskrankheiten in Öko-Betrieben ein ähnliches Problem darstellten wie in konventionellen. Das sei in der Wissenschaft längst bekannt. Tatsächlich stellten Veterinärmediziner der Bundesforschungsanstalt für Ernährung und Lebensmittel (Vorgänger des Max Rubner-Instituts) und vom Veterinäramt Bayreuth bereits 2005 bei der Untersuchung von Schlachttieren fest, dass konventionell gehaltene Schweine und Rinder zum Teil sogar bessere Gesundheitswerte aufwiesen als Bio-Tiere. So wurden bei Bio-Schweinen häufiger Lungenentzündungen und Leberschäden festgestellt, verursacht durch Parasiten. Auch Bio Rinder wiesen häufiger Leberschäden auf als herkömmlich gemästete. Nur bei der Gesundheit der Gliedmaßen schnitten die Tiere von Öko-Höfen besser ab. Zu einem ähnlichen Ergebnis führte der Vergleich der Schlachtbefunde von über einer halben Million Puten aus konventioneller und Bio-Haltung für eine Doktorarbeit am Institut für Lebensmittelhygiene der Universität Leipzig. Demnach mussten deutlich mehr Öko-Puten aussortiert werden, weil sie Verletzungen oder Krankheiten aufwiesen, besonders häufig Bakterieninfektionen und Gelenkentzündungen. In der Öko-Haltung, so schlussfolgerte die Verfasserin, träten grundsätzlich die gleichen Gesundheitsprobleme auf. Und schließlich war Albert Sundrum selbst führend an einer internationalen Studie (Gesamtbudget: über vier Millionen Euro) beteiligt, für die der Gesundheitszustand von Milchkühen auf mehr als 200 Öko-Höfen in

Frankreich, Spanien, Schweden, Großbritannien, den Niederlanden und Deutschland untersucht wurde. Auch hier war das Ergebnis ernüchternd: Trotz deutlich besserer Haltungsbedingungen waren die Erkrankungsraten im Schnitt nicht niedriger als in der gewöhnlichen Milchviehhaltung.

In einem anderen Interview wiederholte der Professor seine Studienergebnisse: Wir würden zu einem erheblichen Anteil das Fleisch kranker Tiere essen, auch aus Bio-Betrieben. Man bräuchte sich nur ansehen, was für Befunde in den Schlachthöfen auftreten, an den Klauen, den Eutern, den Brustbeinen der Legehennen. Viele Tiere seien chronisch krank. Früher sei solches Fleisch als »bedingt tauglich« gestempelt und günstiger verkauft worden. Heute käme es einfach so in den Handel.

Und noch ein Problem sprach er an: Die ökologische Landwirtschaft würde in dieselbe Falle tappen wie die konventionelle, nämlich in den Wettbewerb der Kostenminimierung, hervorgerufen – oder besser gesagt: erzwungen – durch den Lebensmittelhandel. Der definiere auch die Qualität von Bio, was eigentlich Aufgabe des Staats sei, indem alles undifferenziert in die Regale sortiert würde. Das sieht der Professor nicht allein so. »Leider erfüllt der Großteil der Bio-Ware bei Weitem nicht das, was Verbraucherinnen und Verbraucher sich vorstellen«, erklärte Mahi Klosterhalfen, Präsident der Albert Schweitzer Stiftung, einer Tierschutzorganisation, die seit Jahren hervorragende Arbeit leistet, in einer Pressemitteilung im Juni 2021. Es habe sich eine Art Industrie-Bio mit enttäuschenden Tierschutzstandards etabliert, was bisher fast nur Insider mitbekommen hätten.

Als Ursachen für die hohen Krankenraten in der Bio-Landwirtschaft haben die Experten mangelnde Hygiene, falsche Fütterung, vor allem aber Mängel im Management ausgemacht. Man könnte meinen, je größer ein Betrieb ist, desto schwieriger wäre es, alles korrekt auf die Reihe zu kriegen. Aber diese These haben die Studien nicht unterstützt. Es fanden sich große Höfe, auf denen alles akkurat lief, aber genauso gab es kleine Betriebe, wo kaum ein Tier von einer Krankheit verschont blieb. Was eines der wesentlichen Probleme zu sein scheint, ist die Tatsache, dass auf vielen Öko-Höfen dieselben seit Jahrzehnten auf Höchstleistungen getrimmten Hybridrassen gehalten werden wie in der herkömmlichen Landwirtschaft. Bestes

Beispiel sind die Turbo-Mastputen B.U.T. Big 6 (siehe Kapitel II), die extrem schnell große Mengen an Muskelfleisch ansetzen, sodass ihr Skelett das Gewicht kaum tragen kann. Manche liegen deshalb fast nur noch auf dem Boden. Auch die meisten Schweine- und Milchkuhrassen wurden auf bestimmte Eigenschaften gezüchtet, an Bio-Haltung wurde dabei offenbar nicht gedacht. Viele Landwirte würden lieber heute als morgen auf andere Rassen umsteigen. Da aber das Angebot an Tiergenetik weltweit von einigen wenigen Zuchtkonzernen bestimmt wird, haben sie oft keine andere Wahl.

Auch wenn ich aus besagten Gründen bevorzugt kaufe, was mit den Siegeln von Bioland, Naturland und Demeter im Angebot ist, ist mir durchaus bewusst, dass Bio tatsächlich oft nicht hält, was es verspricht. Trotzdem halte ich es für meine Pflicht als Konsument, das bisschen Macht, die mein Geldbeutel mir verleiht, auszuspielen: für die Reduktion von giftigen Pestiziden, Düngemitteln, Medikamenten und Hormonen, für artgerechtere Tierhaltung, als Unterstützung der Bauern und Betriebe, die den Mehraufwand der ökologischen Lebensmittelproduktion auf sich nehmen.

Zu guter Letzt ein paar Worte über den vielzitierten Bio Boom. Jahr für Jahr überschlagen sich die Erfolgsmeldungen der Branche über neue Wachstumsraten, dass man denken könnte, in den Supermärkten würde überhaupt nur noch Bio angeboten. 2020 wurde als neues Rekordjahr verbucht. Der Umsatz an Bio-Lebensmitteln und -Getränken stieg um sagenhafte 22 Prozent auf knapp 15 Milliarden Euro Umsatz. Befördert durch Covid-bedingte Lockdowns schnellte vor allem das Liefergeschäft mit Bio-Kisten in ungeahnte Höhen. 2021 wurde erneut ein kräftiges Plus registriert, wenn diesmal auch nur um 5,8 Prozent. Das bedeutete immer noch ein Umsatzplus von knapp 880 Millionen Euro.

Ich finde diese Zahlen überaus erfreulich. Sie beweisen, dass es den deutschen Verbrauchern immer wichtiger wird, was sie essen und wie ihre Lebensmittel hergestellt werden. Bei allem, was auch im Bio-Bereich zu kritisieren und verbesserungsfähig ist – es bleibt ein Fakt: dass Öko beziehungsweise Bio die (Um-)Welt ein bisschen weniger schädigt oder zerstört.

Trotzdem: Wenn von Bio-Boom gesprochen wird, dann ist das noch immer ein »Boomchen«, allerdings mit gewaltigem Potenzial nach oben. Was in den Medien selten kolportiert wird, ist die Relation der Zahlen von biologischer und konventioneller Ware: Beim Gesamtumsatz, der im Lebensmittelgeschäft erzielt wird, macht Bio gerade einmal 6,8 Prozent aus. Der Anteil von Bio am Fleischumsatz – Rind, Schwein und Geflügel zusammengenommen – liegt bei etwas über 6 Prozent. Bei Milch sind es knapp 4 Prozent. In Dänemark ist der Bio-Anteil am Lebensmittelmarkt fast doppelt so hoch. Damit sind die Dänen in diesem Bereich Weltmeister. In Österreich und der Schweiz liegt er bei etwa 11 Prozent, in Luxemburg und Schweden bei 9. Auch bei den Pro-Kopf-Ausgaben für Bio-Produkte sind wir Deutschen mit rund 180 Euro im Jahr eher Mittelmaß. Die Schweizer machen im Schnitt 418 Euro locker, die Dänen 384 Euro. Wobei, das sollte man fairerweise sagen, in beiden Ländern die Lebenshaltungskosten höher sind. Aber auch die Österreicher (254 Euro) und die Schweden (212 Euro), deren Lebensstandard statistisch etwa unserem entspricht, geben mehr aus als wir. Deutlich geringer sind die Ausgaben für Bio-Lebensmittel dagegen in Italien (64 Euro), Spanien (53 Euro) und den Niederlanden (78 Euro).

Es war im Jahr 2001, nach der BSE-Rinderwahn-Krise, als die damalige Bundesregierung eine Neuausrichtung der Agrarpolitik verkündete. Man sprach von einem Paradigmenwechsel. Das staatliche Bio-Siegel wurde eingeführt, das Wort Agrarwende wurde zur Modevokabel. Die Ökologisierung der Landwirtschaft, des Handels und des Konsums sollte endlich vorangetrieben werden. Damals lag der Anteil biologischer Landwirtschaft in Deutschland bei 3 Prozent. Als Ziel wurde ausgerufen, ihn bis 2010 auf 20 Prozent zu steigern. Heute, zwölf Jahre später, liegen wir bei etwa 13 Prozent. Auf die Agrarwende warten wir also bis heute. Bleibt zu hoffen, dass alle Beteiligten – Politik, Industrie, Verbraucher – in Zukunft weniger reden, dafür mehr tun als bisher. Bis das geschieht, nutze ich die schärfste Waffe, die mir als kleinem Konsumenten zur Verfügung steht: mein Portemonnaie.

IV.

STEAKS UND MILCH AUS DEM BIOREAKTOR, GEZÜCHTETE INSEKTEN – WOMIT ERNÄHREN WIR UNS IN DER ZUKUNFT?

Ein Gespenst geht um: Haben wir schon Gen-Food auf dem Teller?

Ich stamme aus einer überaus diskutierfreudigen Familie. Aufgrund seiner Eloquenz und seines unglaublichen Wissens war die größte Herausforderung für mich als Teenager, mit meinem Vater zu debattieren. Unsere Ansichten hätten gegensätzlicher kaum sein können. Er war Sozialdemokrat alten Schlags, nannte Jazz, Rock 'n' Roll und R&B »Dschungelmusik« und sagte Sätze wie: »Je länger die Haare, desto kürzer der Verstand.« Ich las Carlos Castaneda, Jack Kerouac, hörte »Born to Run« von Bruce Springsteen, bis die LP zerkratzt war, wurde mit 16 Greenpeace-Mitglied und war eher fundamental grün unterwegs. Mein Vater befürwortete Atomkraft, ich war strikt dagegen. Ich hielt Miles Davis für den größten Musiker und Springsteen für den besten Songschreiber aller Zeiten, mein Vater hielt es eher mit Mozart, Brahms und Bruckner. Nachdem ich dem pubertären Rebellieren entwachsen war und meine Haare wieder kürzer wurden, diskutierten wir trotzdem eifrig weiter, meistens am Esstisch, gerne auch bis spät in die Nacht. Debattierklub im Hause Jaenicke. Wenn es hitzig wurde, und das passierte zwischen meinem Vater und mir regelmäßig, verdrückte sich meine Mutter meist in die Küche und hatte dort plötzlich viel und lange zu tun. Trotzdem gingen meine Eltern Mitte der Achtzigerjahre gemeinsam zu den Demonstrationen gegen die Atommüll-Wiederaufbereitungsanlage in Wackersdorf. Das erfuhr ich aber erst Jahre später von meiner Mutter. Mein Vater spielte einfach mit Begeisterung den Advocatus Diaboli, und er war nicht besonders tolerant, was andere Meinungen anging. Das änderte sich erst, als er nach seiner Pensionierung als Biochemiker zunehmend altersmilde und -weise wurde. Trotzdem kam es immer wieder zu leidenschaftlichen Streitgesprächen, an denen wir beide unseren Spaß hatten. Mein Vater sah die Dinge aus der empirisch-nüchternen Sicht eines Naturwissenschaftlers, ich kam aus der Sponti-Ecke und übte mich in grüner Agitationsrhetorik: *Don't fuck with nature* ... Bitte nicht Gott spielen ... Der Natur ihren freien Lauf lassen, die weiß, was sie tut, und ist klüger als wir … Der Kapitalismus ist der Sargnagel einer gesunden Umwelt. Das waren so meine Standardsprüche.

Anfang der 2000er-Jahre ging es bei unseren Diskussionen immer öfter um das Thema Gentechnik. Die USA bauten seit 1996 genveränderten Mais und vor allem genveränderte Sojabohnen an. In Brasilien und Argentinien, wo dies heute auf riesigen, größtenteils abgeholzten Flächen stattfindet, fing das Geschäft mit genmanipuliertem Futtersoja gerade erst an. Bald aber kamen ganze Containerschiffe voller Gen-Soja nach Europa. In Deutschland war der erste Frachter, der Gen-Soja aus den USA antransportierte, im November 1996 eingelaufen. Weil das Schiff mitten in der Nacht im Hamburger Hafen eintraf, wäre es wahrscheinlich niemandem aufgefallen, hätten es Greenpeace-Aktivisten nicht in Schlauchbooten auf der Elbe empfangen. Mit einem Diaprojektor warfen sie einen riesigen Schriftzug auf die Bordwand: »Keine Gen-Soja in unsere Lebensmittel«. Die Fracht von knapp 45 000 Tonnen war für eine Hamburger Ölmühle bestimmt. Ob die gesamte Ladung oder nur ein Teil davon aus genmanipuliertem Soja bestand, blieb ein Geheimnis. Aus verständlichem Grund: Umfragen hatten schon damals ergeben, dass niemand Produkte kaufen wollte, die Rohstoffe aus genveränderten Pflanzen enthielten. Daher war es nur logisch, dass alle großen Lebensmittelhersteller unisono erklärten, sie würden solche Produkte nicht verwenden. Mein Vater hielt die allgemeine Empörung für übertrieben und ignorant. Er argumentierte, Gentechnik sei ein Segen, damit könne endlich das Hungerproblem auf der Welt gelöst werden. Meinen Standpunkt, dass man die Natur nicht manipulieren sollte, weil die sich sonst irgendwann rächt, ließ er nicht gelten: Ich solle an die Millionen von Menschen denken, die hungern, und dass jeden Tag Zigtausende von ihnen sterben, weil es nicht genug Nahrung gäbe oder diese ungerecht verteilt sei.

Heute, zwanzig Jahre später, ist die Abneigung der Konsumenten nach wie vor groß, zumindest in Deutschland. Sie ist hier sogar stärker als in den meisten anderen Ländern. Lange hieß es, über 80 Prozent der Bürger wollten partout nichts auf dem Teller haben, was mit Genmanipulation in Verbindung steht. 2021 sprachen sich bei einer Umfrage des Verbands

Lebensmittel ohne Gentechnik 65 Prozent gegen Lockerungen der Regeln für die Zulassung und Kennzeichnung von Pflanzen aus, die durch neue Verfahren wie die Gen-Schere CRISPR/Cas entstehen. Das war immer noch eine deutliche Mehrheit, aber einige Gentechnik-Befürworter wollten gleich eine Art Trendwende erkennen, hin zu mehr Akzeptanz des Fortschritts mithilfe der Genforschung. Dabei belegen andere Umfragen und Studien, dass das Misstrauen der Bundesbürger gegenüber Gentechnik keineswegs abgenommen hat.

Es sind immer noch dieselben alten Argumente, mit denen versucht wird, genetische Manipulationen schönzureden. Vor allem ihr Nutzen für die Bekämpfung des Welthungers wird bei jeder Gelegenheit betont. Das erinnert mich an die Diskussionen mit meinem Vater. Er verstarb 2016, ich vermisse ihn, unsere gemeinsamen Spaziergänge und lebhaften Gespräche fehlen mir. Könnte er die heutigen Fakten sehen, wäre er vermutlich selbst ernüchtert.

Aktuell werden in 29 Ländern auf insgesamt rund 190 Millionen Hektar (etwa die fünffache Fläche der Bundesrepublik) Genpflanzen angebaut, hauptsächlich Soja, Mais, Raps und Baumwolle, zunehmend auch Zuckerrüben. Die größten Flächen befinden sich in den USA, in Brasilien und in Argentinien. Aber auch in Kanada, Indien und Paraguay wachsen auf jeweils mehreren Millionen Hektar genveränderte Pflanzen. Die Erzeugnisse von dort werden rund um den Globus exportiert, auch nach Deutschland. Hier handelt es sich zum größten Teil um Sojabohnen, die zu Schrot verarbeitet und ins Viehfutter gemischt werden, für Hühner, Schweine und Rinder. Allein 2021 wurden rund 3,6 Millionen Tonnen eingekauft, im Jahr davor waren es sogar fast 4 Millionen Tonnen. Die Hauptlieferanten sind Brasilien und die USA. Mit Brasilien assoziiert man sofort die rabiate Abholzung des Regenwalds, mit katastrophalen Folgen für Klima und Umwelt. Das bestreitet mittlerweile niemand mehr, und trotzdem wird gerodet, was das Zeug hält – ein trauriges Beispiel für menschliche Kurzsichtigkeit, Gier und Dummheit. Zusätzlich werden für neue Anbauflächen ganze Ökosysteme zerstört, wie etwa die brasilianischen Cerrado-Savannen, die vor allem durch Brandrodung bereits zur Hälfte vernichtet wurden. Sie sind inzwischen noch stärker bedroht als der Regenwald im Amazonasgebiet.

Obwohl sie vollmundig das Gegenteil behaupten, scheint das die meisten Fleischproduzenten – hierzulande und überall auf der Welt – nicht zu interessieren. Hauptsache, es wird genug Futter produziert, damit noch mehr Tiere gemästet werden und die Profite weiter steigen können – nach uns die Sintflut. Um wenigstens zu versuchen, dem etwas entgegenzusetzen, hat die Deutsche Gesellschaft für Internationale Zusammenarbeit (GIZ), die im Auftrag verschiedener Bundesministerien arbeitet und dementsprechend mit Steuergeldern finanziert wird, ein Projekt initiiert, das die weitere Entwaldung für die Soja-Produktion in Südamerika, speziell in Brasilien, stoppen soll. Geleitet wird das Projekt von der Umweltorganisation WWF Deutschland. Beteiligt sind mehrere Unternehmen, deren Vertreter gemeinsam mit den Umweltexperten bei regelmäßigen Meetings, zumeist online, konkrete Strategien und Ziele erarbeiten sollen. Eines dieser Unternehmen war Tönnies – bis zum Frühjahr 2022. Da meinte der Fleischgigant, die medienwirksame Veröffentlichung seines aktuellen Geschäftsberichts dafür nutzen – beziehungsweise missbrauchen – zu können, sich als umweltbewusster Konzern zu präsentieren. Möglicherweise tat er dies auch, um von den nicht so rosigen Geschäftszahlen abzulenken. Der Firmenumsatz war nach 2020 das zweite Mal in Folge eingebrochen, diesmal um rund 800 Millionen Euro. Wobei er immer noch gewaltige 6,2 Milliarden betrug. Jedenfalls verkündete Tönnies ein »Projekt mit dem WWF zur Entwaldungsfreiheit entlang der Lieferkette«, noch dazu so, als sei es die eigene Idee gewesen. Die Rede war von einer Zusammenarbeit mit der Umweltorganisation, und dass man hochmotiviert sei, an den Verfahren und Regeln mitzuarbeiten, um Ökosysteme wie Regenwälder und Savannen zu schützen. Das kam bei den Verantwortlichen der Umweltorganisation gar nicht gut an: »Ohne Einwilligung und Inkenntnissetzen des WWF hat Tönnies … die Teilnahme in der Projektgruppe genutzt, um eine vermeintliche Partnerschaft mit dem WWF zu verkünden, um somit auf ihr scheinbar umfassendes Nachhaltigkeitsengagement zu verweisen. Das ist so dreist wie durchsichtig.

Denn bisher hat sich Tönnies noch nicht schriftlich zu einer Teilnahme und den ambitionierten Zielsetzungen der Projektgruppe bekannt.« Wer so etwas im Zusammenhang mit dem Jahresbericht prominent kommuniziere, ohne nachweislich positive Änderungen in seinen Lieferketten herbeizuführen, nutze die Öffentlichkeitswirksamkeit der Marke WWF aus, und das klinge nicht nach Zusammenarbeit, sondern nach Greenwashing. Als Konsequenz wurden die Tönnies-Abgesandten kurzerhand aus der Projektgruppe ausgeschlossen.

Übrigens hat sich der umstrittene Fleischkonzern selbst eine Nachhaltigkeitsstrategie auferlegt, die »Agenda t30«. 30 steht für das Jahr 2030, bis dahin sollen die Ziele umgesetzt werden. Vor allem ein besonders großes Ziel: »Bis 2030 werden wir einer der nachhaltigsten Lebensmittelproduzenten in Europa sein.« So steht es auf der Firmen-Homepage. Die Formulierung »einer der nachhaltigsten« ist vermutlich nicht zufällig gewählt – schön unkonkret und kaum überprüfbar. Recht schwammig definiert ist auch ein anderes Ziel: Bis 2030 sollen 70 Prozent der zum Schlachten angelieferten Tiere aus »übergesetzlichen Haltungsformen« stammen. Übergesetzlich klingt erst mal gut. Wenn man aber genauer hinsieht, sind damit die Haltungsstufen 2 bis 4 gemeint, ohne dass konkret gesagt wird, wie viel Prozent von jeder einzelnen Stufe. Die Masse könnte also aus Stufe 2 stammen, die kaum besser ist als Stufe 1 – das wäre kein nennenswerter Fortschritt. Außerdem wird Fleisch der Haltungsstufe 1, dem gesetzlich vorgeschriebenen Mindestniveau, vom Lebensmittelhandel schon jetzt kaum noch akzeptiert, zumindest bei Geflügel und Schwein. Ein weiteres Ziel soll bereits viel früher umgesetzt werden: »Spätestens Anfang 2023 frisst kein Tönnies-Schwein mehr Soja aus dem Regenwald«, verkündete der Firmenchef in einem *Spiegel*-Interview. Er meinte damit auch die auf ehemaligen Savannen-Flächen angebauten Bohnen. Wie das umgesetzt werden soll, ist unbekannt. Wenn Tönnies und seine Lieferanten das tatsächlich und verlässlich nachprüfbar hinbekämen, auch in den Schlachthöfen im Ausland, wovon es mehr als ein Dutzend gibt (sogar für einen in China sind die Verträge unterschrieben), würde ich tatsächlich meinen Hut ziehen und Clemens Tönnies gratulieren.

Andere Profiteure dieser Naturzerstörung und Klimaschädigung sind die Agrar- und Chemiekonzerne, die den weltweiten Saatgut-Markt dominieren und dafür sorgen, dass ihre Gentechnik in noch größeren Mengen auf noch mehr Feldern ausgebracht wird. Auch ihr Interesse gilt dem eigenen Gewinn, der Macht und dem Einfluss, um die Einnahmen auch in Zukunft üppig sprudeln zu lassen. Mit Bayer, BASF, Corteva und Syngenta beherrschen vier multinationale Chemiekonzerne rund 70 Prozent des weltweiten Geschäfts. Sie bestimmen nicht nur die Preise, sondern auch, welche Pflanzensorten angebaut werden. Mit ihren monopolistischen Geschäftspraktiken und Knebelverträgen zwingen sie Bauern überall auf dem Globus in Abhängigkeiten, die es so in keiner anderen Branche geben dürfte. Und nicht nur die Bauern: Als Herrscher über den Saatgut-Markt können sie auch deren Abnehmern diktieren, was sie kaufen – einfach, weil kaum etwas anderes im Angebot ist. Bei Sojabohnen zum Beispiel stammen mittlerweile über 90 Prozent des globalen Gesamtanbaus aus gentechnisch veränderten Samen. Wenn man also wie deutsche Tierzüchter auf Sojafutter setzt, das als einer der besten Eiweißlieferanten gilt, reichlich ungesättigte Fettsäuren, Mineralstoffe und Vitamine enthält, kommt man um Gen-Soja kaum herum. Aber das System ist noch perfider: Die mächtigsten Saatgut-Produzenten sind gleichzeitig die größten Anbieter von Pestiziden. Sie haben also ein besonderes Interesse daran, möglichst solche Pflanzensorten zu entwickeln, patentieren zu lassen und zu verkaufen, die den Einsatz von Pestiziden erforderlich machen, um ihre Erträge zu maximieren. Aus Sicht der Konzerne ist das die perfekte Win-win-Taktik, um sich zusätzliche Gewinne zu sichern.

Sojabohnen sind hierfür ein Paradebeispiel. Auf dem südamerikanischen Kontinent werden mittlerweile fast ausschließlich gentechnisch veränderte Bohnen angebaut, zu über 95 Prozent. Die Pflanzen dafür wurden so gezüchtet, dass sie resistent gegen Glyphosat sind, weshalb das Breitbandherbizid dort massenhaft zum Einsatz kommt. Auf den Flächen, die damit besprüht werden, überleben nur die Sojapflanzen. Die Agro-Chemiker von Bayer & Co würden dies effektive Unkrautbekämpfung nennen, in Wahrheit ist es eine Katastrophe – für die Menschen, die in den Anbaugebieten leben, für die Arbeiter, die auf den Feldern schuften, und für die Umwelt; es zerstört auch Bodenfruchtbarkeit und Biodiversität. Das wissen alle Beteiligten, außer vielleicht manche der einfachen Landarbeiter, die froh sind, einen Job zu haben, um ihre Familie durchzubringen. Trotzdem werden fast ausschließlich genmanipulierte Sojabohnen angebaut. Warum? Aus demselben Grund, aus dem Regenwälder vernichtet und Savannen zerstört werden: Profit.

Soja-Anbau in dieser Größenordnung ist ein wesentlicher Wirtschaftsfaktor – für die produzierenden Länder, für die Konzerne, für die Großgrundbesitzer. Aber nicht für die Bauern. Ihnen wird oft Ackerland weggenommen, das sie vorher für den Eigenbedarf oder den lokalen Verkauf bestellt haben.

Wir Europäer fördern dieses menschenverachtende und naturzerstörende System, indem wir unsere Soja-Importe genau dort ordern – für ein weiteres krankes System, nämlich die industrielle Massentierhaltung. Drei Viertel des globalen Soja-Anbaus dienen der Futtermittelproduktion für die Fleischindustrie.

Mythos Gentechnik: Warum Millionen Menschen trotzdem hungern

All das hat mit dem von der Genlobby immer wieder vorgeschobenen Kampf gegen Hunger rein gar nichts zu tun. Die Vereinten Nationen setzten 2015 die »Agenda 2030« auf. Sie beinhaltet 17 Nachhaltigkeitsziele, deren Erfüllung die Welt besser und gerechter machen soll. Als zweites dieser Ziele wurde die Beseitigung von Hunger und Unterernährung ausgerufen, einschließlich der Förderung einer nachhaltigen Landwirtschaft, die dieses ehrgeizige Vorhaben unterstützen soll. Gefördert werden unzählige Projekte in vielen Ländern, finanziert mit Milliarden und Abermilliarden aus den Kassen der UN-Mitgliedsstaaten, darunter auch Deutschland. Es gibt also seit 2015 eine Art globalen Masterplan, auf höchster

Ebene ausgerufen und organisiert. Und trotzdem funktioniert der gut gemeinte, dringend umzusetzende Plan nicht – man fragt sich: warum?

Auf dem UN-Welternährungsgipfel 2021 wurde deutlich, dass die Entwicklung in die komplett falsche Richtung läuft. Obwohl mehr Lebensmittel als jemals zuvor produziert werden, leiden jedes Jahr mehr Menschen an Hunger. Bestätigt wird diese Tatsache durch den im Juli 2022 veröffentlichten Bericht »The State of Food Security and Nutrition in the World«. Herausgegeben wurde er von der Ernährungs- und Landwirtschaftsorganisation der Vereinten Nationen FAO, dem Internationalen Fonds für landwirtschaftliche Entwicklung IFAD, dem UN-Kinderhilfswerk UNICEF, dem UN-Welternährungsprogramm WFP und der Weltgesundheitsorganisation WHO. Demzufolge waren 2021 rund 828 Millionen Menschen von Hunger betroffen. Das sind über zehn Prozent der Weltbevölkerung und 46 Millionen mehr als im Jahr zuvor. Und sogar 150 Millionen mehr als 2019. Die Corona-Pandemie hat die Situation zusätzlich verschärft. Etwa ein Drittel aller Menschen ist von Ernährungsunsicherheit geplagt, obwohl der Anspruch auf ausreichende und gesunde Ernährung ein ausgewiesenes Menschenrecht ist. Bereits in der »Erklärung von Rom«, die beim ersten Welternährungsgipfel 1996 von 185 Staaten unterzeichnet wurde, heißt es: Jeder Mensch hat das Recht auf Zugang zu gesundheitlich unbedenklichen und nährstoffreichen Nahrungsmitteln, auf eine angemessene Ernährung und darauf, frei von Hunger zu sein.

Papier ist leider geduldig, denn in der Realität wird dieses Menschenrecht seit Jahrzehnten mit Füßen getreten wie kaum ein anderes. Und Verbesserung ist nicht in Sicht. Dass es bis 2030 auf der Welt keinen Hunger mehr geben soll, so die Zielsetzung der UN, daran glauben nicht einmal mehr die unerschütterlichsten Optimisten.

Besonders schockierend sind die Zahlen, die Kinder betreffen: 45 Millionen im Alter von unter fünf Jahren, so steht es in dem Bericht, litten an Auszehrung, der tödlichsten Form von Unterernährung. Sie erhöht das Sterberisiko der Kinder bis zum Zwölffachen. Außerdem wiesen 149 Millionen Kinder der gleichen Altersgruppe Wachstums- und Entwicklungsstörungen auf, verursacht durch chronischen Mangel an Nährstoffen. Paradoxerweise waren gleichzeitig 39 Millionen Kinder übergewichtig, ein Phänomen, das auch bei Erwachsenen zu beobachten ist. Schätzungen besagen, dass weltweit rund zwei Milliarden Menschen übergewichtig oder fettleibig sind. Gleichzeitig leiden viele von ihnen, wie die betroffenen Kinder, unter Nährstoffmangel.

Es klingt, als passe das alles überhaupt nicht zusammen. Tut es aber: Die Menschen hungern nämlich nicht, weil nicht genügend Lebensmittel vorhanden sind, sondern weil ihnen – das ist einer der Gründe – die finanziellen Mittel fehlen, sich ausreichend versorgen zu können, insbesondere mit gesunden Lebensmitteln. Auch hierzu liefert der Bericht Zahlen: Knapp 3,1 Milliarden Menschen konnten es sich 2020 nicht leisten, sich gesund zu ernähren – 112 Millionen mehr als im Jahr davor. Gesunde Nahrungsmittel sind ein weiterer Grund, der das Dilemma erklärt. Es werden viel zu viele Lebensmittel produziert, die diese Bezeichnung nicht verdienen und auf die die Menschheit getrost verzichten könnte oder sogar müsste. Man braucht sich nur in einem gewöhnlichen Supermarkt umzusehen: Regal um Regal ist vollgepackt mit potenziellen Krankmachern – zu viel Fett, zu viel Salz, zu viel Zucker, zu viele Zusatzstoffe. Und das nicht etwa, weil die Nahrungsmittelindustrie es nicht besser wüsste. Im Gegenteil, viele Rezepturen werden absichtlich so ausgetüftelt, dass beim Konsumenten ein Suchteffekt entsteht. Er soll beim nächsten Einkauf schließlich wieder danach greifen. Der Preis spielt dabei natürlich auch eine wesentliche Rolle, und zwar nicht erst für die Kunden im Supermarkt, sondern schon bei der Herstellung. Je billiger etwas produziert werden kann, umso größer ist die Gewinnspanne. Die fällt, um nur ein Beispiel zu nennen, bei Keksen und anderem Knabberzeug etwa drei- bis viermal so hoch aus wie bei Obst und Gemüse. Der gesundheitliche Aspekt ist definitiv nicht das oberste Kriterium in dieser Branche, auch wenn sie es gern anders darstellt. Ein perfektes Beispiel ist Nutella, mein favorisierter Brotaufstrich im Grundschulalter. Nutella ist zum Synonym geworden für fragwürdige Werbebotschaften. Dabei ist es längst kein Geheimnis mehr, dass ungesunde Ernährung nicht nur enorme Folgekosten im Gesundheitswesen verursacht, sondern weltweit auch zu den meisten Todesfällen führt. Laut einer in der führenden medizinischen Fachzeitschrift *The Lancet* veröffentlichten globalen Ernährungsstudie, für die Daten aus 195 Ländern der Jahre 1990 bis 2017 ausgewertet wurden, sterben jährlich rund elf Millionen Menschen infolge ernährungsbedingter Krankheiten. Jeder fünfte Todesfall ist also auf schlechte Ernährung zurückzuführen. Die mit Abstand häufigste Todesursache sind dabei Herz-Kreislauf-Erkrankungen, Infarkte und Schlaganfälle, die zehn der elf Millionen Todesfälle ausmachen. Auf Deutschland bezogen sterben jedes Jahr rund 160.000 Menschen, weil sie – salopp gesagt – zu oft zu Pommes, Cola und Süßkram greifen.

Zurück zur Gentechnik, die wie ein Gespenst überall zu lauern scheint, ohne dass man es richtig greifen kann. Auch wenn wir es verdrängen oder nicht wahrhaben wollen, ist sie längst zum festen Bestandteil unseres Alltags geworden. Ob in der Medizin, in der Industrie, bei der Nahrungsmittelproduktion oder in der Landwirtschaft – es gibt vermutlich keinen Lebensbereich mehr, in dem Gentechnik nicht eine Rolle spielt. Arzneimittel werden bereits seit den Achtzigerjahren unter Verwendung gentechnisch veränderter Organismen hergestellt. Heute kann man davon ausgehen, dass jeder zweite Wirkstoff, der neu auf den Markt kommt, auf diese Weise entsteht. Auch die schnelle Entwicklung von Corona-Impfstoffen, so wichtig oder umstritten sie sein mögen, wäre ohne Gentechnik nicht machbar gewesen. Ebenso wird intensiv daran geforscht, gentechnische Verfahren bei Therapien einsetzen zu können, etwa zur Behandlung von Tumoren. Bei bestimmten Formen von Blut- und Lymphdrüsenkrebs hilft beispielsweise eine spezielle Gentherapie, die körpereigene Abwehrzellen so verändert, dass sie die Krebszellen jagen und zerstören.

Eine andere Branche, die ohne Gentechnik kaum noch denkbar wäre, ist die chemische Industrie. Für Dünger, Reinigungsmittel und Pflegeprodukte werden gentechnisch produzierte Enzyme verwendet. Das Gleiche gilt für die Textilindustrie. Ein großer Teil der Baumwolle, die dort verarbeitet wird, stammt von Pflanzen, deren Samen mittels Genverfahren auf höhere Erträge getrimmt wurden. Oder nehmen wir die Wasseraufbereitung in Kläranlagen. Hier erledigen meist Mikroorganismen die Arbeit, die für diesen Zweck gentechnisch optimiert wurden. Ein weiteres Beispiel sind sogenannte Ölfresser-Bakterien, die nach Schiffsunfällen und Ölkatastrophen kontaminiertes Meer- oder Flusswasser reinigen, auch sie sind Produkte der Gentechnik. Das gilt auch für Pflanzen, die speziell dafür gezüchtet werden, Giftstoffe wie Quecksilber über ihre Wurzeln aus dem Boden »zu saugen«, um diesen wieder nutzbar zu machen.

Die Liste ließe sich beliebig verlängern. Genforschung und Gentechnik sind derart komplexe Themen, dass man sie mit der Überschrift »Fluch und Segen« versehen sollte. Gentechnik grundsätzlich zu verteufeln wäre falsch, vor allem, wenn sie es uns ermöglicht, Krankheiten zu heilen und Leben zu retten. Oder wenn sie zum Schutz, zum Erhalt und zur Rettung der Umwelt beiträgt, so absurd das vordergründig klingen mag.

Eine andere Frage ist, ob man es gutheißt, dass Tiere und Pflanzen gentechnisch verändert werden. Das wirkt im abendländisch-christlichen Verständnis, als wolle der Mensch den lieben Gott spielen. Die vermeintliche Krone der Schöpfung manipuliert Lebewesen so, dass sie einen noch größeren Nutzwert haben – als profitable Steigerung der bisherigen Nutztierhaltung. Gentechniker würden es vermutlich Optimierung nennen: Die Hörner von Milchkühen stören im engen Stall? Na, dann weg damit! Man könnte ja auch überlegen, den Stall zu vergrößern oder weniger Kühe hineinzustellen, ihnen Bedingungen zu schaffen, die für sie verträglicher wären. Oder die lästigen, geschmacklich minderwertigen Eber in der Schweinezucht? Dann sorgen wir doch dafür, dass sie gleich als Sauen geboren werden – oder, auch daran wird eifrig herumexperimentiert, dass sie Eber bleiben, aber nicht geschlechtsreif werden. Das erspart die kosten- und zeitintensive Kastration. Oder die ebenso lästigen männlichen Küken in der Legehennen-Produktion – die Biotech-Spezialisten werden garantiert eine Möglichkeit finden, sie noch vor dem Ausbrüten im Ei absterben zu lassen.

In den USA, wo man der Gentechnik offener gegenübersteht als bei uns, wurde kürzlich ein per Gen-Schere verändertes Rind für die Fleischproduktion zugelassen. Genau genommen waren es zwei Rinder, bei denen jeweils ein Gen so verändert wurde, dass ihnen kürzere und glatte Haare wachsen und sie somit dünneres Fell haben. Dadurch vertragen sie höhere Temperaturen, sind weniger hitzegestresst und können schneller Fleisch ansetzen. Letzteres war wohl der Hauptgrund für den beträchtlichen Forschungsaufwand. Der gleiche Effekt wurde vor vielen Jahren bereits auf traditionelle Weise herbeigezüchtet, was beim Zulassungsprozess hilfreich gewesen sein dürfte. Die US-Lebensmittelbehörde FDA schätzte die Genmanipulation dann auch als risikoarm ein, obwohl manches schiefgelaufen war. Von vier Rindern, denen die Gen-Schere eingesetzt wurde, wies eins keine Genveränderung auf, ein zweites starb. Unklar ist auch, ob bei den erfolgreich genmanipulierten Exemplaren, bei denen es neben den beabsichtigten auch zu unbeabsichtigten, nicht näher benannten Genveränderungen kam, Spätfolgen auftreten werden. Ungeachtet dessen bedeutet die Einstufung »risikoarm«, dass das Fleisch der Rinder und ihrer Nachkommen ohne weitere Prüfungen auf den Markt kommen darf und nicht als genverändert gekennzeichnet werden muss. Insofern ist absehbar, dass es auch nach Europa und Deutschland geliefert werden kann. Was die Zulassung noch dubioser macht: Die Einstufung der FDA gilt nicht nur fürs Fleisch, sondern auch für die Zuchtbullen, die die veränderten Gene in sich tragen, und für ihr Sperma. Amerika mag jenseits eines Weltmeeres liegen, aber Zuchtbullen und Sperma werden längst global gehandelt. Dadurch kann das veränderte Erbgut, von dem niemand weiß, welche Auswirkungen es langfristig hat, auch bei uns in Rinderherden eingekreuzt werden und sich weiterverbreiten.

Die Weltpremiere für das erste Genom-editierte Tier, das jemals für die Nahrungsmittelproduktion zugelassen wurde, fand 2021 in Japan statt. Dabei handelte es sich um einen in Asien beliebten Speisefisch, die Rote Meerbrasse. Nach zweijähriger Forschungsarbeit war es Wissenschaftlern eines Start-ups und von zwei Universitäten gelungen, mittels Gen-Schere CRISPR/Cas ein Gen auszuschalten, das normalerweise das Muskelwachstum hemmt. Die Folge war, dass die genveränderte Variante des Fischs, die in Aquafarmen gezüchtet wird, nicht nur das Futter besser verwertet, sondern auch 20 Prozent mehr Fleisch ansetzt. Zwar liegen in den USA und in Kanada schon länger gentechnisch veränderte Lachse an den Fischtheken, unter anderem die passenderweise »Frankensalmon« genannte Sorte, allerdings wurden diese mit alten Gentechnik-Methoden »erschaffen« – durch Hinzufügen von Fremdgenen. Deswegen müssen diese Lachse und Produkte, die aus ihnen hergestellt werden, als »bioengineered« gekennzeichnet werden. Das ist bei der Meerbrasse in Japan nicht der Fall.

Über das muskelwachstumshemmende Gen verfügen übrigens nicht nur Fische, sondern auch andere Tiere und wir Menschen. In mehreren Ländern laufen Forschungsprojekte mit dem Ziel, durch die Ausschaltung dieses Gens Mutanten von Rindern, Schweinen, Schafen und Ziegen zu schaffen, die deutlich mehr Fleisch ansetzen und damit größere Gewinne versprechen. Das erinnert an die überzüchteten, schwergewichtigen Puten, die aufgrund ihrer überdimensionierten Brust kaum stehen oder laufen können. Erforscht wird auch, ob durch die Manipulation des Gens für zusätzliches Muskelwachstum das Leistungsvermögen von Sportpferden und Hunden gesteigert werden kann. Und auch für die Humanmedizin ist das Gen von großem Interesse, zum Beispiel bei der Suche nach Behandlungsmethoden gegen Muskelschwund. Mein Vater, selbst begeisterter Forscher, hatte zumindest teilweise recht: Jede Medaille hat zwei Seiten.

Gegner der Gentechnik sollten sich keinen Illusionen hingeben. Die Genforschung entwickelt sich in immer schnellerem Tempo. In nicht allzu ferner Zukunft werden kaum noch Tiere in den Ställen stehen, die nicht das Ergebnis einer Genmanipulation sind. Die großen Genetik-Unternehmen, die das Geschäft bestimmen, werden sich nicht weiter mit herkömmlichen Züchtungsverfahren aufhalten. Die sind vielleicht kostengünstiger, aber viel zeitaufwendiger. Vor allem können sie niemals so genau auf die Bedürfnisse und Wünsche des Marktes und der Verbraucher ausgerichtet werden, wie das bei genmanipulierten Kreaturen und Kreationen möglich ist. Die Gen-Veränderung bei der japanischen Meerbrasse hätte auch über herkömmliche Zuchtverfahren erreicht werden können, doch das hätte nach Auskunft der beteiligten Wissenschaftler und Wissenschaftlerinnen bis zu 30 Jahre gedauert.

Das Gleiche gilt für den anderen Bereich der Landwirtschaft, die Produktion pflanzlicher Lebensmittel. Hier ist die Forschung schon wesentlich weiter. Die Eigenschaften von Pflanzen werden so verändert, dass sie höhere Erträge bringen, besser ans Klima angepasst sind, Trockenheit, Stürmen, extremen Temperaturen trotzen, resistent sind gegen Insekten und unempfindlich gegen den Befall von Bakterien, Viren und Pilzen. Bei manchen wird der Nährstoffgehalt durch Genveränderungen gesteigert, bei anderen geht es darum, Allergene zu eliminieren. Auch daran, wie man Obst und Gemüse möglichst lange frisch und appetitlich aussehen lassen kann, wird längst getüftelt. In Kanada wurde durch Ausschaltung eines Gens ein Apfel entwickelt, »Arctic Apple« genannt, dessen Fruchtfleisch sich nach dem Aufschneiden oder Hineinbeißen nicht mehr bräunlich verfärbt. Models, Kalorien- und Zucker-Paranoiker und andere Essgestörte können also den täglichen Apfel, der den Arzt fernhalten soll, scheibchenweise über mehrere Tage hinweg verzehren, ähnlich einem gereiften Käse.

In Japan, wo Genforscher besonders ambitioniert und die Behörden anscheinend besonders freizügig sind, wurde im Januar 2021 die erste CRISPR/Cas-veränderte Tomatensorte zum Anbau und Verkauf freigegeben, angeblich ohne tiefergehende Untersuchungen möglicher Risiken. Dort gilt wie in einigen anderen Nicht-EU-Staaten die Regel: Wird einer Pflanze beim Einsatz der Gen-Schere keine Fremd-DNA hinzugefügt, muss sie weder ein besonderes Zulassungsverfahren oder spezielle Prüfungen durchlaufen noch als genverändert gekennzeichnet werden. Man geht davon aus, dass die herbeigeführte Mutation auch auf natürliche Weise hätte entstehen können – oder mittels konventioneller Züchtung. Das wurde in diesem Fall tatsächlich versucht, allerdings ohne Erfolg. Die CRISPR/Cas-Tomate wird als besonders gesund angepriesen, da sie einen etwa fünfmal höheren Gehalt des Botenstoffs Gamma-Aminobuttersäure (besser bekannt als GABA) hat als herkömmliche Früchte. Dadurch soll ihr Verzehr blutdrucksenkend und schlaffördernd wirken.

Die Konzentration dieses Botenstoffs ist in normalen Tomaten am höchsten, wenn sie noch grün und unreif sind. Während sie reifen, wird ein Teil davon abgebaut. Diesen Prozess haben die Forscher beeinflusst, indem sie die Funktion mehrerer Gene stilllegten. Genau hier setzt allerdings die Kritik an, die Folgen der Genveränderungen nicht gründlich geprüft zu haben. Der Botenstoff GABA übernimmt bei Stoffwechselprozessen in der Pflanze verschiedene Aufgaben, er beeinflusst unter anderem das Wachstum und ihre Resistenz gegen Schädlinge und Krankheiten. Frühere Versuche mit der Gen-Schere hatten dazu geführt, dass die Pflanzen erheblich schlechter wuchsen. Durch den Eingriff ins Erbgut, so lautet die Kritik, werde der Stoffwechsel auf verschiedenen Ebenen beeinflusst, es sei nicht absehbar, wie sich das auf andere Inhaltsstoffe der Tomate und ihre Verträglichkeit für Menschen auswirkt. Zusammengefasst: Mehr GABA ist als Plus zu verbuchen, alles andere jedoch bleibt erst mal ein Rätsel und ein Risiko.

Die GABA-reiche Tomate aus Fernost ist nur ein Beispiel für Gen-Food, es gibt Hunderte andere. Ich bin kein Fortschrittsmuffel, im Gegenteil. Trotzdem frage ich mich, wie weit die genetische Modifizierung unserer Nahrungsmittel gehen sollte, was davon tatsächlich ein Fortschritt ist und Sinn macht. Ein Wunsch wäre, dass wenigstens die Insel der Bio-Lebensmittel erhalten bleibt, die den Einsatz von Gentechnik ausschließt – vermutlich ein frommer Wunsch, aber dazu später mehr.

Die 0,9-Prozent-Regel: Ohne Gentechnik, mit Gentechnik – was denn nun?

Rechtlich ist das Thema eine überaus schwammige Angelegenheit. Einerseits wird der Einsatz von Gentechnik in Europa und Deutschland streng reguliert. Genveränderte Pflanzen dürfen außer zu Forschungszwecken nicht mehr angebaut werden. Andererseits werden genmanipulierte Produkte massenhaft importiert: Aktuell gibt es für rund 90

Pflanzensorten eine EU-weite Einfuhrgenehmigung. Die größte Menge, die nach Deutschland eingeführt wird, sind erwähnte Soja-Lieferungen. Damit werden die Tiere gefüttert, deren Fleisch und Milchprodukte später auf unserem Esstisch landen. Verfüttert werden auch Mais, Raps, Baumwollsaat und Zuckerrübenschnitzel, die als importierte Ware ebenfalls oft genetisch modifiziert wurden. Zusätzlich werden den Futtermitteln Zusatzstoffe beigemischt – zum Beispiel Aminosäuren, Vitamine und Enzyme –, die in der Regel mithilfe gentechnisch veränderter Mikroorganismen wie Bakterien und Pilzen erzeugt werden. All diese Zutaten werden zusammen mit den auf heimischen Äckern angebauten, gentechnikfreien Futterpflanzen zu Mischfutter vermengt. Man muss also davon ausgehen, dass nahezu jedes Schwein, jede Kuh und jedes Huhn mit Gentechnik belastetes Futter erhält, abgesehen von den Tieren auf Bio-Höfen.

Steckt in Futtermitteln Gentechnik, müssen diese entsprechend gekennzeichnet sein. Seltsamerweise gilt das nicht für Lebensmittel, die damit erzeugt werden, also Fleisch, Eier und Milch – und alles, was aus Milch hergestellt wird. Als Verbraucher kann ich also nicht erkennen, ob gentechnisch veränderte Substanzen verwendet wurden. Geschuldet ist das dem europäischen Lebensmittelrecht, das auch keine Kennzeichnung vorschreibt, wenn dem Futter vorher die genannten, mithilfe genveränderter Mikroorganismen hergestellten Enzyme, Vitamine, Aromen oder Aminosäuren beigefügt wurden. Es wird einfach davon ausgegangen, dass sich diese Mikroorganismen sukzessive abbauen, sodass im fertigen Produkt nichts mehr davon enthalten ist.

Solche Lebensmittel dürfen sogar mit dem Siegel »Ohne GenTechnik« beworben und verkauft werden, solange bestimmte Fütterungsfristen eingehalten werden. So dürfen Milchkühe bis drei Monate vor der Milchgewinnung Gen-Futter fressen, Schweine bis vier Monate vor der Schlachtung. Für Masthühner sind zehn Wochen festgelegt, für Legehennen sechs, bevor es gestattet ist, ihre Eier als gentechnikfrei zu vermarkten. Auch die erwähnten Zusatzstoffe im Futter sind erlaubt, zeitlich unbegrenzt, ebenso die Anwendung von Tier-Medikamenten und -Impfstoffen, die gentechnisch hergestellt wurden. Darüber hinaus wird generell bei Tierfutter eine zufällige, technisch unvermeidbare Beimischung von genveränderten Organismen geduldet, wenn diese den Wert von 0,9 Prozent nicht überschreitet. Das entspricht neun Gramm pro Kilo. Damit ist das Siegel bei tierischen Lebensmitteln genau betrachtet eine Mogelpackung. Das erkennt man auch daran, dass die Bestimmungen bei anderen, nicht tierischen Lebensmitteln, rigoroser ausfallen. Bei denen gilt ausnahmslos die Null-Toleranz-Regel. Wobei in der Praxis, bei Kontrollen, bis zu 0,1 Prozent »Gen-Verschmutzung« nicht beanstandet werden.

Initiiert wurde das Siegel »Ohne GenTechnik« vom Bundesministerium für Ernährung und Landwirtschaft. Aber das hat die Markennutzungsrechte, also Vermarktung und Verkauf, exklusiv dem Verband Lebensmittel ohne Gentechnik übertragen. Dieser Verband finanziert sich über Mitgliedsbeiträge und die Siegel-Vergabe. Nicht zuletzt deshalb sehen viele darin vor allem ein Marketingkonzept und Verkaufsmodell. Manche sprechen sogar von »gesetzlich autorisierter Verbrauchertäuschung«. Ich nenne es wie gehabt schlicht Volksverarsche.

Fakt ist, dass das Siegel bisher fast ausschließlich (über 95 Prozent) für Milch, Eier und Geflügelfleisch verwendet wird. Bei verarbeiteten Lebensmitteln, ob tierischer Herkunft oder nicht, muss man dagegen suchen, um welche zu finden, die mit der grünen »Ohne GenTechnik«-Raute gekennzeichnet sind. Ein Grund dafür dürfte sein, dass mittlerweile mehr als 80 Prozent aller in der Lebensmittelherstellung verwendeten Enzyme mithilfe der bereits erwähnten gentechnisch bearbeiteten Mikroorganismen hergestellt werden. Ähnliches gilt für viele andere Zusatzstoffe wie Geschmacksverstärker, Säuerungs- und Verdickungsmittel oder Farbstoffe. Für den Konsumenten ist all das absolut undurchschaubar. Selbst für Hersteller dürfte es schwierig sein, weil solche Enzyme und Zusatzstoffe, die sie für die Produktion einkaufen, nicht als Gentechnik-Produkte deklariert sein müssen – und es in der Regel auch nicht sind. Deshalb ist es ziemlich gewagt, wenn die Bundesregierung auf ihrer Homepage unter der Rubrik »Verbraucherschutz« als Überschrift verkündet: »Lebensmittel in Deutschland grundsätzlich gentechnikfrei.« Zumal man beim Lesen des Textes erfährt, dass dies gar nicht stimmt. Tatsache ist, dass die amtliche Lebensmittelüberwachung bei ihren Kontrollen seit Jahren in 20 bis 25 Prozent der untersuchten sojahaltigen Lebensmittel Bestandteile genveränderter Organismen findet. Meist liegen diese zwar unterhalb der zulässigen Grenzwerte, aber die Behauptung »grundsätzlich gentechnikfrei« ist schlicht falsch.

So dubios es sein mag, das »Ohne GenTechnik«-Siegel bietet zumindest eine gewisse Orientierung, die allerdings versagt, sobald es um andere, nicht von Tieren stammende Lebensmittel geht. Für die gilt wie bei den Futtermitteln die 0,9-Prozent-Regel. Das heißt: Sind Gentechnik-Bestandteile enthalten, müssen diese auf der Verpackung deklariert werden – es sei denn, ihr Anteil bleibt unter besagtem Wert und ist nachweislich zufällig und technisch unvermeidbar hineingeraten.

Selbst Bio-Erzeugnisse müssen nicht vollständig frei sein von Gentechnik. Obwohl der Einsatz gentechnisch veränderter Substanzen bei Bio gesetzlich verboten ist, wird hier ebenfalls der Grenzwert von 0,9 Prozent toleriert. Das ist irritierend, trotzdem haben sich Öko-Verbände und Gesetzgeber auf diese Regelung verständigt – aus einem einfachen Grund: Würde für Bio-Produkte ein niedrigerer Schwellenwert angesetzt, zum Beispiel 0,1 oder 0,2 Prozent, müssten sie bei einer Überschreitung als Gen-Food ausgewiesen werden, während konventionelle Produkte bei einem Vielfachen des Werts immer noch als gentechnikfrei gelten würden. Abgesehen davon wäre der Bio-Status dann natürlich dahin. Und verkaufen könnte man die Sachen auch nicht, jedenfalls nicht hierzulande. Ob Bio oder nicht, wer Lebensmittel für den deutschen Markt als Gen-Food deklariert, muss davon ausgehen, dass er sie nicht loswird.

Das könnte sich allerdings bald ändern. Entscheidend ist, wie das neue Regelwerk zum Umgang mit Gentechnik ausfällt, das die EU im Sommer 2023 vorlegen will. Dabei geht es hauptsächlich um die Frage, ob in Zukunft für neue Gentechnik-Technologien wie die Gen-Schere CRISPR/Cas erleichterte Bedingungen gelten werden. Bisher fallen sie unter dasselbe Gesetz wie die alten Gentechnik-Verfahren, was einem Anwendungs- und Anbauverbot gleichkommt. Seit der Europäische Gerichtshof 2018 entschied, beides gleich zu behandeln, laufen nicht nur Gentechnik- und

Agrarindustrie Sturm, sondern auch zahlreiche Wissenschaftler und Wissenschaftlerinnen von Universitäten und anderen Forschungseinrichtungen. Sie alle fordern von der EU-Kommission, die Gesetzgebung dem wissenschaftlichen und technischen Fortschritt anzupassen. Konkret gemeint ist damit, durch Genome Editing veränderte Pflanzen, in die keine DNA von anderen Organismen eingebracht wird wie beispielsweise bei den japanischen Tomaten, rechtlich mit klassisch gezüchteten Pflanzen gleichzustellen. Im Klartext: die Zulassungsbestimmungen vereinfachen, den Anbau und Handel erlauben, auf eine gesonderte Kennzeichnung verzichten.

In Ländern wie Argentinien, Australien, China, Indien und Israel ist das bereits der Fall. Auch in Japan, Brasilien, Kanada und den USA kann Saatgut für solche Pflanzen ohne größere Hürden auf den Markt gebracht werden. Selbst in der Schweiz, wo seit 2005 ein striktes Nutzungsverbot aller gentechnisch veränderten Pflanzen gilt, will das Parlament seinen Kurs ändern und künftig eine »risikobasierte Zulassung« ermöglichen.

Egal ob die EU diesem Trend folgen wird oder nicht, per Gen-Schere veränderte Pflanzen und deren Früchte wird es bald auch bei uns geben. Wenn nicht als Eigenentwicklung, dann als Importware. Bei vielen werden wir gar nicht erfahren, dass eine Genveränderung vorgenommen wurde, weil sie nicht deklariert wird und weil sie schwer nachzuweisen ist. Selbst wenn zuverlässige Nachweismethoden entwickelt würden, wird man sie schon aus Kostengründen nicht flächendeckend anwenden können. Daher stellt sich die Frage, wie sinnvoll es ist, große Summen in die Erforschung solcher Nachweismethoden zu stecken, wie es gerade gemacht wird.

Das mag nach Kapitulation klingen, aber es ist nur realistisch. Die rasante Entwicklung der Gentechnik ist genauso wenig aufzuhalten wie der Forscherdrang von Wissenschaftlern oder der Wille seitens der Industrie, neue Märkte und Einnahmequellen zu erschließen. Genauer betrachtet wird bereits seit vielen Jahrzehnten Genforschung betrieben, beispielsweise bei der Mutagenese. So wird das Verfahren mit der Gen-Schere zwar auch bezeichnet, Mutagenese heißt ja erst mal nichts anderes, als dass im

Erbgut von Lebewesen künstlich Mutationen erzeugt werden. Aber gemeint sind hier die früheren Verfahren, die heute konventionell genannt werden. Dabei wurde radioaktive oder UV-Strahlung eingesetzt, um solche Erbgut-Mutationen herbeizuführen. Oder Chemikalien, die erbgutverändernd wirken. Obwohl diese Verfahren jahrzehntelang systematisch in der Pflanzenzucht angewandt wurden, spricht heute kaum noch jemand darüber. Weltweit sind so rund 3400 neue Sorten entstanden. Bei vielen ist schon nicht mehr bekannt, ob ihr Erbgut irgendwann einmal verändert wurde oder nicht.

Wie man zur Gentechnik auch stehen mag, klar ist: Unser gegenwärtiges Ernährungssystem taugt nicht für die Zukunft. Im Gegenteil. Es ist »die größte Bedrohung unserer Natur«, wie es eine WWF-Studie von 2021 zusammenfasst. 80 Prozent der weltweiten Entwaldung findet demnach statt, um unsere Ernährung zu sichern. Außerdem verursacht sie 29 Prozent der Treibhausgas-Emissionen, 70 Prozent des Verlustes an biologischer Vielfalt an Land sowie 50 Prozent in Flüssen und Seen. Noch katastrophaler sind die Auswirkungen auf den Wasserhaushalt der Erde: Etwa 70 Prozent des vorhandenen Frischwassers wird dafür verbraucht – im Sinne von ge- oder benutzt, um korrekt zu sein, Stichwort: Wasserkreislauf.

Man kann es auch einfacher ausdrücken: Mutter Erde, die die Menschheit ernähren soll, wird von ebendieser für ihre Lebensmittelerzeugung stärker ausgebeutet und misshandelt, als sie vertragen kann. Oder salopp: Würden wir mit unseren Müttern so umgehen, wie wir es mit Mutter Erde tun – die meisten von uns säßen im Knast.

Jeder, der sich ernsthaft mit Ernährung, Ökosystemen, Klima und Nachhaltigkeit beschäftigt, weiß, dass wir so nicht weitermachen können. Wir fahren das gesamte System wissentlich und mit Ansage gegen die Wand. Zumal die Zahlen und Statistiken erschreckend klar beweisen, dass die Grenzen in vielen Bereichen – Klimaschäden, Artensterben, Wasserhaushalt, Versauerung der Ozeane, Polkappen- und Gletscherschmelze, Abholzungen, Plastikvermüllung – jetzt schon überschritten sind. Von den bereits erwähnten gesundheitlichen Folgen für uns Menschen – Hunger,

Mangel-, Fehl- und Unterernährung – ganz zu schweigen. Die Alarmzeichen sind nicht zu übersehen, trotzdem stecken die meisten Menschen, allen voran die sogenannten Entscheider, ihren Kopf knietief in den Sand, als würden sie hoffen, dass es so schlimm schon nicht kommen wird. Dabei wird der Bedarf an Nahrungsmitteln weiter kontinuierlich steigen. Bis 2050, so berechnen Experten, werden rund zehn Milliarden Menschen unsere Erde bevölkern.

Die Vordenker: Ein Speiseplan, der die Welt retten soll

Wie ein zukunftsträchtiges Ernährungsmodell aussehen könnte, hat die EAT-Lancet-Kommission drei Jahre lang untersucht. EAT ist eine global aufgestellte Nichtregierungsorganisation (NGO) mit Sitz in Norwegen, die von zwei finanzstarken Stiftungen und einer Forschungseinrichtung gegründet wurde. Sie hat sich kein geringeres Ziel gesetzt, als unser Ernährungssystem zu revolutionieren. Dabei stehen die Gesundheit der Menschen und die Erhaltung der Umwelt im Fokus. Im Unterschied zu anderen Ansätzen wird hier beides als Einheit betrachtet: Gesund ernähren und die Welt retten – das eine geht nicht ohne das andere. Für das Projekt schlossen EAT und *The Lancet*, die bereits erwähnte Medizin-Fachzeitschrift, eine Kooperation. Die dafür gebildete Experten-Kommission besteht aus 37 Wissenschaftlern und Wissenschaftlerinnen aus 16 Ländern, die unterschiedlichste Disziplinen vertreten, von Gesundheit und Ernährung über Nachhaltigkeit und Umweltschutz bis zu Politik, Verwaltung und Landwirtschaft.

Herausgekommen ist eine Art ganzheitlicher Speiseplan für eine gesunde und umweltverträgliche Ernährung, gut sowohl für Mensch als auch Natur – bezeichnet als »Planetary Health Diet«. Die Studie ist als Vorlage für alle Regionen der Welt gedacht und kann jeweils an deren spezifische Bedingungen angepasst werden. Als Grundlage wurden in einer Meta-Analyse die wichtigsten Ernährungsstudien ausgewertet, die den

Zusammenhang von bestimmten Ernährungsweisen und Krankheiten wie Krebs, Diabetes und Herz-Kreislauf-Erkrankungen untersuchten. Das Resultat lässt sich vereinfacht so zusammenfassen: Wer viel verarbeitetes und rotes Fleisch isst, für den erhöht sich das Risiko, krank zu werden, um etwa 40 Prozent. Dagegen wird dieses Risiko durch eine pflanzenbetonte Ernährung mit etwas Fisch, aber hauptsächlich mit Gemüse, Hülsenfrüchten, Vollkornprodukten und Nüssen gesenkt. Milch, Milchprodukte und weißes Fleisch, also Geflügel, wurden in ihrer gesundheitlichen Wirkung als eher neutral eingestuft, vorausgesetzt man konsumiert nicht zu viel davon. Aus diesen Erkenntnissen leitete die Kommission Empfehlungen für konkrete Tagesrationen bestimmter Lebensmittel ab, berechnet auf eine tägliche Gesamtkalorienaufnahme von 2500 Kilokalorien. Neben Eiern und gesättigten Fetten sollte demnach am wenigsten rotes Fleisch gegessen werden. Als Tagesdosis werden lediglich 14 Gramm empfohlen, als Toleranzschwelle maximal das Doppelte. Auf die Woche berechnet wären demnach knapp 100 Gramm empfehlenswert, knapp 200 Gramm noch gesundheitsverträglich. Beides liegt signifikant unter dem, was die Deutsche Gesellschaft für Ernährung den Fleischessern hierzulande rät. Und noch deutlicher unter dem, was tatsächlich an Fleisch verzehrt wird. Zurückhaltung wird auch bei Zucker (maximal 31 Gramm pro Tag, das sind zehn Stück Würfelzucker, weniger als einer 0,33 Liter-Dose Cola beigemischt werden) und stärkereichem Gemüse wie Kartoffeln und Maniok (50 Gramm) angeraten. Hauptbestandteile der täglichen Mahlzeiten sollten – mit großem Abstand vor allem anderen – Gemüse, Obst und Vollkorngetreide sein, wobei Gemüse auch alle Blattsalate beinhaltet. Die komplette Liste ist umseitig dargestellt.

Lebensmittelgruppe	**Empfohlene Menge pro Tag in Gramm (in Klammern: mögliche Spannbreiten)**	**Kalorienaufnahme pro Tag (in kcal)**
Kohlenhydrate		
Vollkorngetreide	232	811
Stärkehaltiges Gemüse (Kartoffeln, Maniok)	50 (0–100)	39
Gemüse	300 (200–600)	78
Obst	200 (100–300)	126
Proteinquellen		
Rind-, Lamm- oder Schweinefleisch	14 (0–28)	30
Geflügel	29 (0–58)	62
Eier	13 (0–25)	19
Fisch	28 (0–100)	40
Hülsenfrüchte	75 (0–100)	284
Nüsse	50 (0–75)	291
Milchprodukte (Vollmilch oder aus dieser Menge hergestellte Produkte)	250 (0–500)	153
Fette		
Ungesättigte Fette (Oliven-, Raps-, Sonnenblumen-, Soja-, Erdnuss-, Traubenkernöl)	40 (20–80)	354
Gesättigte Fette (Palmöl, Schmalz, Talg)	11,8 (0–11,8)	96
Zugesetzter Zucker		
Alle Süßungsmittel	31 (0–31)	120

Quelle: EAT-Lancet-Kommission

Es gibt nicht *die* eine Ernährungsweise, die für alle richtig ist. Das wissen die EAT-Lancet-Experten natürlich. In den verschiedenen Ecken der Welt wird sehr unterschiedlich gegessen und getrunken. Regionale Traditionen spielen ebenso eine Rolle wie individuelle Vorlieben und Verfügbarkeit. Die Regale der Supermärkte bei uns und in anderen Industrieländern sind voll mit exotischen und tropischen Importfrüchten, rund ums Jahr sind mehr oder weniger alle Gemüse- und Obstsorten verfügbar. Ebenso Fisch und Meeresfrüchte aus sämtlichen Meeren der Welt, oder aus Aquafarmen rund um den Globus.

Das ist nicht überall so, und es ist ein überflüssiger Auswuchs von Luxus, den man infrage stellen sollte. Auch kann nicht überall alles angebaut werden, das ist schon klimabedingt nicht möglich. Deshalb ist der Speiseplan als Referenz gedacht, als Orientierung, anpassbar an alle denkbaren Ernährungsweisen. Und er ist als Modell konzipiert, das aufzeigen soll, wie es funktionieren könnte, die wachsende Weltbevölkerung möglichst gesund zu ernähren, ohne die natürlichen Ressourcen überzustrapazieren.

Es gibt weltweit kein Thema, das so existenziell, so persönlich, so ausgiebig diskutiert und umstritten ist und mit dem so viel Geld verdient wird, wie unsere Ernährung. Deshalb dauerte es nicht lange, bis sich die ersten Kritiker zu den Vorschlägen der EAT-Lancet-Kommission zu Wort meldeten. Ein Punkt, der bemängelt wurde, war die Orientierung an den 2500 Kilokalorien als Tageszufuhr. Das sei für Schwerstarbeiter zu wenig, für Bürohengste wiederum zu viel. Außerdem gäbe es viele Länder, wo den Menschen diese Kalorienanzahl als täglicher Energielieferant gar nicht zur Verfügung stünde. Ein anderer Kritikpunkt war der Richtwert für Fleischkonsum: Würden sich alle Menschen auf der Welt an die Vorschläge der Kommission halten, würde nur noch die Hälfte an rotem Fleisch verzehrt wie bisher. Aus gesundheitlicher Sicht wäre das zweifellos ein Gewinn. Die EAT-Lancet-Experten hatten ausgerechnet, dass so – und durch den Verzicht auf die Hälfte an Zucker – jedes Jahr etwa elf Millionen durch ernährungsbedingte Krankheiten verursachte Todesfälle vermieden werden könnten. Auch für die Gesundheit unseres

Planeten wäre es ein Segen: Es würden weniger Tiere gezüchtet, weniger Gülle und Treibhausgase produziert, man bräuchte weniger Futter, weniger Wälder müssten abgeholzt, weniger Äcker gedüngt werden und vieles mehr.

Aber: Für eine Region wie Nordamerika würde es bedeuten, dass die Menschen dort nur noch etwa ein Siebtel der Fleischmenge verzehren dürften, die sie heute im Durchschnitt essen. Und da stellen die Kritiker die Frage, ob eine solche Reduzierung überhaupt realistisch ist, ob und wie man den Menschen vermitteln kann, dass sie mitmachen.

Dieselbe Frage stellt sich beim Konsum von stärkereicher Pflanzennahrung auf dem afrikanischen Kontinent. Dort wird pro Kopf täglich etwa das Siebenfache dessen konsumiert, was laut »Planetary Health Diet« empfehlenswert ist. Selbst wenn man die Menschen in diesen Ländern ausreichend mit gesünderen Alternativen versorgen würde – wären sie bereit, ihre Ernährungsgewohnheiten zu ändern?

Am einfachsten umzusetzen sind die EAT-Lancet-Empfehlungen für diejenigen, die als Flexitarier unterwegs sind, sich hauptsächlich pflanzlich ernähren, aber gelegentlich Ausnahmen machen und zu Fleisch oder Fisch greifen, auch zu Milchprodukten, Eiern oder Honig, und dabei auf möglichst gute Qualität achten.

Man kann über Modewörter wie Pescetarier, Flexiganer, Frutarier, Omnis, Paläos, Veganer, Vegetarier und Flexitarier streiten. Meines Erachtens braucht man nicht für alles einen Namen oder eine Schublade. Die Gewichtung bei flexitarischer Ernährung aber könnte ein Modell für die Zukunft sein – zumindest für alle, die nicht auf tierische Lebensmittel verzichten wollen. Das scheint weiterhin die Mehrheit zu sein, sowohl bei uns als auch global betrachtet.

Der EAT-Lancet-Speiseplan mag gewisse Mängel haben, scheint aber von allen Ansätzen der bisher beste, fundierteste und nachhaltigste Entwurf. Da wir – Wissensstand heute – nur diese eine Erde haben und ihre Ressourcen begrenzt sind, ist vor allem die gesamtheitliche Herangehensweise der Studie zukunftsweisend, nichts losgelöst vom anderen zu betrachten. Punktuelle Veränderungen oder oberflächliche

Schönheitskorrekturen führen zu nichts, das gesamte System muss grundlegend verändert werden. Die EAT-Lancet-Wissenschaftler sprechen von »Transformation«. Wie diese organisiert werden sollte, darüber haben sie sich ebenfalls Gedanken gemacht – und eine Strategie entwickelt, die sofort umgesetzt werden könnte.

Es beginnt damit, die Menschen zu einer gesünderen Ernährung zu animieren. Dafür bedarf es mehr gesunder Nahrungsmittel, und diese müssten unkompliziert für alle verfügbar, also auch bezahlbar sein. Gleichzeitig sollten die Umweltkosten, die durch die Lebensmittelherstellung verursacht werden, genauso in den Preisen inbegriffen sein wie die Herstellungskosten. Bezahlbar und höhere Preise sind aber ein Widerspruch. Der müsste aufgelöst werden, indem für sozial Benachteiligte eine Absicherung geschaffen wird, sodass sie sich gesunde Nahrung leisten können. Auch das klingt nach Widerspruch und höheren Ausgaben. Es würde sich für Gesellschaft und Staat aber rechnen, weil es die (medizinischen) Folgekosten, die durch ungesunde Ernährung entstehen, erheblich verringern könnte. Die zunehmend unbezahlbaren Gesundheitssysteme würden entlastet.

Zu den wichtigsten Methoden, Menschen von gesunder Ernährung zu überzeugen, so die EAT-Lancet-Experten, gehören Bildung und Werbung. Nur wer weiß, welche Lebensmittel gesund sind und welche eher in die Kategorie Krankmacher fallen, kann zu den richtigen greifen. Ernährungskunde sollte bereits in den Schulen unterrichtet werden, und keinesfalls als trockene, oberflächliche Theorie. In der Praxis sieht es nämlich oft so aus, dass vor dem Klassenzimmer ein Getränkeautomat voller Cola und anderer Zuckerbomben steht. Und in einem anderen Automaten oder in der Cafeteria werden solche Sachen wie BiFi, Currywurst in Plastikschalen als Snack to go oder Süßkram verkauft. Viele Waldorfschulen betreiben eigene Gärten, in denen die Schüler lernen, Obst und Gemüse selbst anzubauen. Warum passiert das nicht an allen Schulen?

Alte Tricks im neuen Gewand: Wie Kinder zu ungesunder Nahrung verführt werden

Bei der Schulspeisung geht's weiter, einem alten, leidigen Thema. Wieso es in einem reichen, hochentwickelten Land wie Deutschland nicht machbar zu sein scheint, Schulkindern gesunde Kost vorzusetzen, ist nicht nur mir ein Rätsel. Anscheinend ist es wichtiger, Millionensummen für erfolglose Ernährungskampagnen zu vergeuden – dazu später. Viele Menschen, mich eingeschlossen, halten nichts von staatlicher Überregulierung. Hier aber wären klare Richtlinien dringend angebracht. Schließlich geht es um die Gesundheit und das Wohlergehen unserer Kinder. Über zwei Millionen Kinder und Jugendliche in Deutschland sind übergewichtig, davon rund 800 000 adipös, was etwas eleganter klingt als fettleibig. Die Gründe dafür sind eine Kombination aus ungesunder Ernährung und Bewegungsmangel. Viele Kinder essen zu viel Fett und Zucker, bewegen sich zu wenig und verbringen zu viel Zeit vor dem Fernseher, am Handy oder am Bildschirm. Seit Jahren steigt die Zahl übergewichtiger Kinder, und die Folgen sind schon jetzt dramatisch: Bluthochdruck, Fettleber, Diabetes, Herz-Kreislauf-Erkrankungen, Arterienverkalkung – alles Krankheiten, die normalerweise erst im fortgeschrittenen Alter auftreten, inzwischen aber immer häufiger bei Kindern und Jugendlichen diagnostiziert werden. Warum das die Politik, die Lehrer- und Ärzteverbände, die Krankenkassen und Eltern nicht zu konsequentem Handeln bewegt, ist nicht nachvollziehbar. Nicht einmal das Einfachste scheint man in vielen Städten auf die Reihe zu bekommen: attraktive Sportangebote für junge Leute. Fast überall fehlt es an Sporthallen, an Trainingsplätzen, an Trainern. Das bisschen Sportunterricht in der Schule ist auch ein schlechter Witz. Wie sollen Kinder so zu einem aktiven, sportlichen Leben erzogen werden?

Wenn die EAT-Lancet-Experten gezielte Bildungs- und Werbemaßnahmen für eine gesunde Ernährung fordern, dann kommt man nicht umhin, kurz einmal den derzeitigen Stand der Dinge in diesem Sektor näher zu betrachten. Die Ausgangslage sozusagen. Tatsache ist, dass solch alarmierende Statistiken und Fakten wie die oben geschilderten weitestgehend und hartnäckig ignoriert werden.

Warum die Lebensmittelindustrie unsere Supermärkte mit Krankmachern vollpackt, wurde schon beschrieben. Um diese massenhaft zu verkaufen, wird milliardenschwer die Werbetrommel gerührt, auch das war bereits Thema. Werbung, die sich an Erwachsene richtet, ist das eine. Erwachsene können selbst entscheiden, ob sie sich von schönen Bildern und Slogans an der Nase herumführen lassen oder nicht. Etwas ganz anderes ist es, wenn gezielt und raffiniert Kinder verführt werden. Einer Studie der Universität Hamburg zufolge, die 2021 veröffentlicht wurde, sehen Kinder zwischen 3 und 13 Jahren mit durchschnittlichem Medienkonsum täglich 15 Werbespots für Lebensmittel, die die WHO als ungesund einschätzt – 10 davon im Fernsehen, 5 im Internet. Mit dem gleichen Thema befasst sich der Foodwatch-Report »Junkfluencer – Wie McDonald's, Coca-Cola und Co. in sozialen Medien Kinder mit Junkfood ködern«, ebenfalls von 2021. Unabhängig davon, auf welcher Plattform es geschieht – Kinder sind wehrlose Opfer solcher Werbekampagnen, bei denen es hauptsächlich um Fast Food, Schokolade, süße Backwaren, Würstchen (Ferdi Fuchs), Pudding, Chips und die bekannten Zuckerbrausen geht, das meiste mit tierischen Inhaltsstoffen. Um die Hersteller beim Namen zu nennen. Absender waren Konzerne wie McDonald's, Kentucky Fried Chicken, Ferrero, Nestlé, Kellogg's (Pringles), Haribo, Coppenrath & Wiese.

Die Hamburger Studie offenbarte, dass von allen untersuchten Lebensmittel-Spots 92 Prozent für ungesunde Produkte warben, die als Genussmittel einzuordnen sind. Deren Inhaltsstoffe überschreiten nach WHO-Kriterien die Grenzwerte für Kinderprodukte und sollten deshalb nicht an diese vermarktet werden. Im TV lag die Quote ungesunder Produkte bei 89 Prozent, im Internet bei 98. Von all diesen Spots wurden 70 Prozent so gestaltet oder in einem Umfeld positioniert, dass sie eindeutig an Kinder adressiert waren. Und was es geradezu bösartig und menschenverachtend macht: Viele der Produkte wurden als besonders gesund beworben. Zum Beispiel indem bestimmte Inhaltsstoffe wie Vitamine in den Vordergrund gestellt und mit Bildern garniert wurden, die mit dem Produkt nichts zu tun hatten, in unserer Vorstellung aber mit gesundem Leben assoziiert werden. Für meine Generation eine olle Kamelle: die uralten, mittlerweile verbotenen Methoden der Tabakindustrie. Junkfood scheint die Zigarette der Zukunft: blauer Himmel, grüne Wiesen, Berge, kristallklares Wasser. Es fehlen nur Cowboys und löchrige Schuhe. Oder, und das hat sich nicht einmal die Tabakindustrie getraut, das Produkt wurde im Zusammenhang mit sportlichen Aktivitäten dargestellt, das zieht bei Kindern und Erwachsenen.

Man kann sich freie Marktwirtschaft, Spaß-, Genuss- und Konsumgesellschaft schönreden, wie man will: Eine ganze Industrie mit ihrer Armee von gewissenlosen Fachkräften und Spezialisten arbeitet hart und investiert Milliarden, um Kindern ein Ernährungsverhalten anzutrainieren, das sie früher oder später krank macht. Die Pharmaindustrie freut und bedankt sich. Zu den lukrativsten Kunden beziehungsweise Patienten dieser Branche gehören Diabetiker. Je früher sie erkranken, desto mehr verdienen die Insulin-Hersteller.

Viele Menschen haben keine große Auswahl bei der Berufsentscheidung. Aber wie PR-Strategen, Werber, Marketingspezialisten, Werbepsychologen, Horden von BWLern, Kommunikationswissenschaftlern, Junkfood-Herstellern und Lebensmittelchemikern abends ohne Gewissensbisse in den Spiegel gucken können, nachdem sie ganztägig Kinder mit ihrem Junk, sprich Müll, verführt und krank gemacht haben, das erstaunt mich immer wieder.

Ebenso erstaunt es mich, warum seit Jahren nichts dagegen unternommen wird. Gegen die Tabaklobby wurde irgendwann vorgegangen, entsprechende Werbung weitestgehend verboten. Bei Lebensmitteln lässt sich die Politik von den Konzernen mit schön formulierten Selbstverpflichtungen an der Nase herumführen. Die Verlogenheit beider Seiten kennt keine Grenzen. Exemplarisches Beispiel für die Branche ist Ferrero. Das italienische Unternehmen mit deutscher Niederlassung in Frankfurt und Produktionsstätte in Stadtallendorf formuliert seine Werbe- und Marketingprinzipien so: »Ferrero ist der Meinung, dass eine effiziente Selbstkontrolle werblicher Kommunikation einen angemessenen Rahmen bereitstellt, um das Bedürfnis des Verbrauchers nach wahrheitsgemäßer und korrekter Information bestmöglich einzulösen. Deshalb übernimmt Ferrero eine aktive Rolle im Selbstverpflichtungsprozess – sowohl individuell als auch über die Verbände, denen das Unternehmen angehört …« Im Klartext, ohne verschwurbeltes Gefasel: Niemand soll uns regulieren, wir lehnen gesetzliche Vorschriften ab. Wir sind selbst verantwortungsbewusst genug, um alles richtig zu machen. Ach wirklich?

Wie es um dieses Verantwortungsbewusstsein bestellt ist, sah man im Frühjahr 2022, als bekannt wurde, dass Ferrero einen Salmonellen-Ausbruch in seinem Werk im belgischen Arlon monatelang verheimlicht hatte. Und nicht nur das. Obwohl intern bekannt war, dass Überraschungseier, Schoko-Bons, Kinder Schokolade und andere Produkte mit den gefährlichen Bakterien belastet sein könnten – und es waren, wie sich herausstellte –, wurden sie an den Handel ausgeliefert und verkauft, sowohl im späten Weihnachts- als auch im Ostergeschäft. Erst nachdem in Großbritannien und Frankreich Infektionsfälle auftraten, wurde gezwungenermaßen eine Rückrufaktion eingeleitet. Allerdings nur zögerlich und unzureichend, sodass sie sich über Monate hinzog und immer wieder neue Chargen zurückgerufen werden mussten. Die Behörden ließen das Werk schließen. In 16 Ländern, darunter auch Deutschland, kam es zu insgesamt über 350 Infektionsfällen. Inzwischen ermittelt die Justiz gegen das Unternehmen.

Das Verschweigen beziehungsweise Verdrehen der Wahrheit scheint bei Ferrero zur Firmenphilosophie zu gehören. Zum Komplex »Überwiegend an Kinder gerichtete Werbung & Marketing« heißt es auf der deutschen Homepage des Nutella-Produzenten: »Obwohl es keinen Nachweis für einen direkten Zusammenhang zwischen Werbung und Ernährungsverhalten von Kindern gibt, ist Ferrero der Meinung, dass Werbung, die sich vorrangig an Kinder richtet, ein besonderes Augenmerk gelten muss.« Was den ersten Teil des Zitats betrifft, ist genau das Gegenteil der Fall: Zahlreiche wissenschaftliche Studien aus verschiedenen Ländern belegen eindeutig, dass Werbung das Essverhalten von Kindern und Jugendlichen sehr wohl beeinflusst. Und das gleich doppelt negativ: Durch Werbung für ungesunde Lebensmittel greifen sie häufiger zu solchen und konsumieren auch mehr davon. Eine Langzeitstudie mehrerer Universitäten in den USA ergab, dass Kinder, die Fast-Food-Werbung zu sehen bekommen, dieses fast doppelt so häufig essen wie Kinder ohne Werbeeinfluss. Bereits eine kleine Dosis an Werbe-Berieselung erhöht den Konsum um etwa 50 Prozent, selbst bei Kindern, deren Eltern die ungesunden Schnellmahlzeiten ablehnen.

Damit es gut klingt, widersprechen sich die Ferrero-Werbestrategen selbst. Unter der gleichen Überschrift zur Werbung, die auf Kinder abzielt, heucheln sie, Werbung und Markenkommunikation für Food-Produkte seien in erster Linie an Erwachsene gerichtet. Diese würden die entscheidende Rolle dabei spielen, Kinder zu einer ausgewogenen Ernährung und einer gesunden, aktiven Lebensweise zu erziehen. Als würden sie gesunde Nahrung unters Volk bringen, wird behauptet: Sowohl für eine ausgewogene Ernährung als auch für eine gesunde Lebensweise entwickle das Unternehmen Lebensmittelprodukte von hoher Qualität, einzigartig und schmackhaft, und biete sie den Konsumenten in genau der richtigen, vorverpackten Portion an. Und wörtlich: »Eine wirklich ausgewogene Ernährung besteht also nicht darin, einige Lebensmittel einfach wegzustreichen (OH DOCH!, möchte man schreien), sondern umfasst vielmehr … auch die Produkte, die Verbraucher am liebsten essen, um so dazu beizutragen, dass allgemein korrekte und seit langem vorhandene Essgewohnheiten erhalten bleiben.«

Nahezu identische Aussagen – beziehungsweise Lügen – finden sich bei Nestlé, dem weltgrößten Nahrungsmittelkonzern aus der Schweiz. Zu der Frage »Sind Nestlé-Produkte ungesund?« heißt es auf der Unternehmenshomepage www.nestle.ch: »Nein. Es gibt grundsätzlich keine generell gesunden oder ungesunden Lebensmittel. Maßvoll genossen hat jedes Produkt einen Platz in einer ausgewogenen Ernährung. Sich gesund zu ernähren heißt, Lebensmittel vielfältig und ausgewogen zu kombinieren.« Wie wenig das der Wahrheit entspricht, offenbarte eine interne Präsentation für Führungskräfte des Konzerns, aus der die *Financial Times* im Mai 2021 zitierte. Darin wird selbstkritisch konstatiert, dass – gemessen am Umsatz – über 60 Prozent der von Nestlé produzierten Lebensmittel und Getränke nicht die »anerkannte Definition von gesund« erfüllen.

Verbraucherschützer haben die wahren Absichten längst durchschaut und warnen seit Jahren vor den Praktiken solcher Firmen wie Nestlé und Ferrero. Diese würden sich ungeniert als Partner zur Prävention von Übergewicht und den Folgekrankheiten bei Kindern und Jugendlichen anbiedern, kritisierte beispielsweise die Verbraucherzentrale. Anlass war die Aktion »kinder+SPORT«, die Ferrero gemeinsam mit dem Deutschen Olympischen Sportbund (DOSB) an Schulen zum Erwerb des Sportabzeichens veranstaltete. Inzwischen ist das Projekt international angelegt, heißt »Joy of moving«, trägt im Logo aber weiterhin das Wort »Kinder«, das genauso aussieht wie auf der mit dem Slogan von der »Extra-Portion Milch« beworbenen Kinder Schokolade. Warum Deutschlands oberster Sportverband, der nach wie vor als Partner auftritt, so etwas unterstützt, muss man nicht verstehen. Oder man geht wie ich davon aus, dass er genauso »integer« ist wie das IOC, die FIFA und die UEFA.

Die Verbraucherschützer warnen: Die Food-Branche versuche, mit Werbung im frühestmöglichen Alter in die Köpfe der Kinder zu gelangen. Über Schulen und Sportvereine fänden sie am besten und einfachsten Zugang zu ihrer Zielgruppe. Das ist inzwischen nur noch die halbe Wahrheit. Heute bestimmen Internet und Social Media das Medienverhalten der jungen Generation, lineares Fernsehen wird von einigen Altersklassen so gut wie gar nicht genutzt. Dementsprechend nehmen die Sozialen Medien beim Werbekonsum eine Schlüsselrolle ein. Kontrolle durch die Eltern findet auf diesen Plattformen kaum statt. Und die verführerische Werbung wird längst nicht mehr nur in ihrer klassischen Form ausgesendet. Es werden angesagte Influencer eingespannt, die zwischen Schminktipps, Pranks und Lifehacks Werbebotschaften für Ungesundes so verpacken, dass sie wie gutgemeinte Empfehlungen der besten Freundin wahrgenommen werden. Die vermutlich wirksamste Methode, jemanden für etwas zu begeistern – und gleichzeitig die hinterhältigste.

Kürzlich forderten die Verbraucherschutzminister der Bundesländer in einem gemeinsamen Beschluss von der Bundesregierung, diesem Treiben einen Riegel vorzuschieben und an Kinder und Jugendliche adressierte Werbung für Lebensmittel mit hohem Fett-, Zucker- und Salzgehalt zu verbieten. Na endlich, könnte man denken, jetzt wachen unsere Entscheider vielleicht auf. Aber solche Appelle werden seit Jahren mit schöner Regelmäßigkeit nach Berlin geschickt. Verbraucherorganisationen, Ärzteverbände, Ernährungsexperten, sie alle fordern dieses Werbeverbot.

Zuständig ist das Bundesministerium für Ernährung und Landwirtschaft. Noch ein Thema, bei dem Ex-Ministerin Julia Klöckner nicht nur versagt, sondern aktiv gebremst hat. Man denke nur an ihr hübsches PR-Video für Nestlé, in dem sich der Deutschlandchef im Dienstzimmer der strahlenden Ministerin für ein bisschen weniger Zucker in ein paar Produkten selbst auf die Schulter klopfen durfte. Aber was erwartet man von einer Politikerin, die in ihrer Amtszeit sogar eine wissenschaftliche Studie vor der Veröffentlichung umschreiben ließ, damit sie ihren Freunden in der Lebensmittelindustrie besser in den Kram passte. Experten des Max Rubner-Instituts hatten in der Arbeit die zu der Zeit noch nicht in Deutschland eingeführte Lebensmittelampel »Nutri-Score« als »grundsätzlich vorteilhaft« für eine Nährwertkennzeichnung im Sinne der Verbraucher bewertet und ihre Vorzüge herausgestellt. Klöckner, damals ausgemachte »Nutri-Score«-Gegnerin, beauftragte Mitarbeiter, so ziemlich alle Argumente, die für den »Nutri-Score« sprachen, zu streichen oder ins Negative zu verkehren. Ans Licht kam das erst, als Foodwatch vor das Verwaltungsgericht zog, um die Herausgabe der Originalstudie zu erzwingen. Was auch gelang, allerdings erst im Sommer 2022 – zu spät, um Frau Klöckner aus ihrem früheren Amt zu kegeln.

Die neue Bundesregierung hat sich zum Ziel gesetzt, den Lebensmittelfirmen zu untersagen, Kinder unter 14 Jahren weiter mit Werbung für ungesunde Lebensmittel zu ködern. Zumindest steht das im Koalitionsvertrag. Viel mehr scheint bisher nicht passiert zu sein. Dass die freiwillige Selbstverpflichtung, auf die sich führende Nahrungsmittel- und Getränkehersteller vor 15 Jahren im Zuge der sogenannten EU Pledge verständigten, nur ein billiges Täuschungsmanöver war, dürfte inzwischen jedem klar geworden sein. In der erwähnten Studie der Universität Hamburg sind 53 Länder aufgelistet, dazu die jeweiligen Maßnahmen, die getroffen wurden, um Kinder besser vor Werbung zu schützen.

In keinem Land, das sich wie Deutschland auf freiwillige Selbstverpflichtungen der Industrie verlässt, haben diese »Maßnahmen« etwas gebracht. Die konsequenteste Variante wird in der kanadischen Provinz Quebec praktiziert: Dort ist an Kinder gerichtete Werbung in sämtlichen Medien verboten, inklusive Internet. Auch über Merchandising und Außenwerbung dürfen Kinder nicht zu ungesunder Kost verleitet werden. In Chile müssen Produkte, die zu viel Fett, Salz oder Zucker enthalten, mit einem auffälligen schwarzen Stoppschild gekennzeichnet werden, Werbung für sie ist verboten. In Schweden, Norwegen, Irland und Großbritannien ist – in unterschiedlichem Umfang – TV-Werbung im Umfeld von Kindersendungen reglementiert, bei Online-Medien wird auf Selbstregulierung gesetzt. Man darf auf die deutsche Lösung gespannt sein, falls es denn eine geben wird. Sollte wieder nichts unternommen werden, wäre das ein erneuter Kniefall vor der Lebensmittelindustrie und ein Armutszeugnis für unsere Volksvertreter. Juristisch betrachtet, könnte man Paragraf 223 und Paragraf 225 des Strafgesetzbuchs geltend machen. Dann wäre es Körperverletzung oder zumindest eine grobe Fahrlässigkeit unseren Kindern gegenüber.

Kurz vor Drucklegung dieses Buchs gab es einen neuerlichen Appell von über 300 Kinder- und Jugendärzten und -ärztinnen, dieses Mal an Cem Özdemir gerichtet. Sie erinnerten an die im Koalitionsvertrag vereinbarten Maßnahmen und forderten, dass von 6 bis 23 Uhr keine Werbung für Junkfood und Süßigkeiten mehr gesendet werden darf. Als Gesetz, egal ob im Radio, TV oder Internet.

Lebensmittelverschwendung: Schluss damit!

Zum nächsten Punkt der EAT-Lancet-Strategie: Was muss passieren, damit eine globale Ernährungswende gelingen kann? Der wichtigste Baustein ist eine Agrarwende, die Umstellung der Landwirtschaft. Die Maxime sollte nicht mehr lauten: Auf Teufel komm raus immer mehr – mehr

Masse, mehr Fläche, mehr Gewinn-Marge, sondern: weniger, dafür größere Vielfalt, in besserer Qualität. Wenn heute über 50 Prozent der deutschen Ackerflächen verwendet werden, um Tierfutter anzubauen, dann ist das kontraproduktiv. Zukunftsträchtiger und nachhaltiger wäre es, mehr nährstoffreiche pflanzliche Lebensmittel anzubauen, die uns Menschen direkt ernähren, ohne den Umweg über Tiere und deren Fleisch. Das hieße mehr ökologische Landwirtschaft und weniger Monokulturen.

Nach Meinung der Experten wird das nur machbar sein, wenn die Bodenqualität verbessert wird und man mit weniger Wasser auskommt. Der zurückliegende Sommer, für hiesige Breitengrade viel zu heiß und zu trocken, hat wieder einmal deutlich gemacht, was für ein wertvolles Gut Wasser ist und dass unsere Ressourcen nicht unerschöpflich sind. Hier schließt sich der Kreis: Durch den Klimawandel nehmen Wetterextreme zu, davor warnen Klimaforscher und Meteorologen seit etlichen Jahren. Wasserknappheit stellt in vielen Regionen schon jetzt ein existenzielles Problem dar. Laut einem Bericht der Europäischen Dürrebeobachtungsstelle vom August 2022 ist fast die Hälfte Europas von Dürre bedroht. Auf 17 Prozent der Fläche soll die Lage bereits alarmierend sein. Wenn wir also mit weniger Wasser auskommen müssen, brauchen wir – vor allem in der Landwirtschaft – Pflanzen, die trotzdem ertragreich und resistent sind gegen Trockenheit. Daran wird bereits intensiv geforscht. Auch das ist ein Grund, warum wir in Zukunft eine Zunahme von Technologien wie Genome Editing erleben werden. Umso mehr, wenn wir mit den vorhandenen Landflächen auskommen und zum Beispiel nicht noch mehr Wald roden oder Grünflächen versiegeln wollen. Das würde die Klimakrise weiter verschärfen. Deshalb schlagen die EAT-Lancet-Experten vor, die Nutzung der Landflächen, aber auch der Meere strenger zu reglementieren. Die Regenwald- und Savannenvernichtung für Ackerbau muss aufhören, in den Meeren müsste weniger gefischt werden. Die exzessive Fischerei der letzten Jahrzehnte hat längst irreparable Schäden an den marinen Ökosystemen verursacht.

Und noch ein Punkt wird nach Erkenntnissen der EAT-Lancet-Kommission entscheidend sein: Das Vernichten, Wegwerfen, Vergammeln von Lebensmitteln muss unterbunden werden. Das Statistische Bundesamt hat für 2020 knapp 11 Millionen Tonnen Lebensmittelabfälle registriert (weltweit: 1,3 Milliarden Tonnen). Der größte Teil – 59 Prozent, das sind 6,5 Millionen Tonnen – wurde in den privaten Haushalten weggeworfen. Umgerechnet auf die Gesamtbevölkerung hat demnach jeder Bundesbürger im Jahr 78 Kilo in den Müll geschmissen. Das ist mehr als mein Körpergewicht. Diese Zahl schließt zwar Obst- und Gemüse-Schalen und Knochen mit ein, hauptsächlich handelt es sich aber um Lebensmittel, die noch essbar gewesen wären. Am meisten landen Obst und Gemüse in der Tonne (35 Prozent), gefolgt von Brot und Backwaren (13 Prozent), anderen Getreideprodukten (12 Prozent) und Milcherzeugnissen (9 Prozent).

Frankreich bestraft die Vernichtung von essbaren Lebensmitteln mittlerweile mit hohen Geldbußen, was vermutlich auch daran liegt, dass Essen in Frankreich einen höheren Stellenwert hat als bei uns. Zögerlich, betulich und träge, wie wir sind, hat aber auch Deutschland einen Plan: Das erklärte Ziel der Bundesregierung ist es, die Lebensmittelabfälle bis 2030 zu halbieren, gemessen an dem, was im Jahr 2015 weggeworfen wurde. Damals waren es noch 18 Millionen Tonnen. Aber warum erst 2030? Solche Mengen sind in Anbetracht von Hungerkrisen, Alters- und Kinderarmut, auch bei uns, nicht nur eine gewissenlose Verschwendung, mit unserer Wegwerfmentalität schaden wir zusätzlich dem Klima. Würden wir weniger wegschmeißen, müsste weniger produziert werden, es entstünden weniger Treibhausgase, weniger Verpackungsmüll und weniger Transportkosten – in der gesamten Lieferkette würden Ressourcen eingespart. Nirgends könnten wir so einfach und bequem das Richtige tun wie hier: Genau so viel kaufen, wie wir verbrauchen, möglichst nichts wegwerfen, notfalls spenden oder verschenken, an die Tafeln beispielsweise. Ganz nebenbei würde es bei stetig steigenden Lebenshaltungskosten auch unsere Geldbeutel schonen. Wer, bitte, würde Geld in den Müll schmeißen?

Kurioserweise ist »Containern«, also die Rettung von Essbarem aus Mülltonnen, in Deutschland ein Straftatbestand, es wird als Diebstahl behandelt. Dagegen kommt die Nahrungsmittelindustrie, die uns teilweise Müll als Essen andreht, straffrei davon. Zumindest hier könnten wir von Frankreich lernen.

Ich bin, was das achtlose Wegwerfen von Essen angeht, zugegebenermaßen altmodisch. Als Kinder durften wir zu Hause den Tisch erst verlassen, wenn wir aufgegessen hatten. Ich bin bis heute dankbar, so erzogen worden zu sein, auch wenn manche es für vorsintflutlich und pädagogisch fragwürdig halten. Leute, die sich an Buffets oder beim Film-Catering ihre Teller vollpacken und dann die Hälfte liegenlassen, sind mir ein Graus. Die einzige Steigerung davon ist, wenn Raucher ihre Zigarette danach auch noch in ihren Essensresten ausdrücken. Dafür würden mir die 75 000 Euro, die in Frankreich als Höchststrafe für Lebensmittelvernichtung verhängt werden, noch zu niedrig erscheinen.

Die EAT-Lancet-Experten thematisierten noch eine andere Art von Lebensmittelverlusten, nämlich solche, die entstehen, bevor die Produkte beim Endverbraucher landen: während des Produktionsprozesses, bei Ernte, Transport, Verarbeitung oder Lagerung. In Deutschland fallen während der Verarbeitung 15 Prozent der Gesamtabfälle an, das sind 1,6 Millionen Tonnen. Im Handel sind es noch einmal etwa 7 Prozent (800 000 Tonnen). Fehlkalkulationen, also größerer Einkauf als Verkauf, im Lager Vergessenes und Vergammeltes, falsch eingestellte Kühlgeräte, nicht mehr absetzbare Saisonware (Ostern, Weihnachten) – das sind im Wesentlichen die Ursachen. Auch hier besteht dringender Handlungsbedarf.

Nach den Empfehlungen der EAT-Lancet-Kommission wäre für Deutschland eine Generalüberholung fällig – um es nicht Totalsanierung zu nennen. Neben der Reduzierung der Lebensmittelverschwendung müsste der Verzehr von rotem Fleisch im Vergleich zum aktuellen Stand um etwa 90 Prozent verringert werden. Von Milch, Milchprodukten, Zucker und gesättigten Fetten sollte nur noch die Hälfte konsumiert werden. Dafür das Doppelte an Gemüse, Hülsenfrüchten und Nüssen.

Selbst die Deutsche Gesellschaft für Ernährung, nicht gerade für progressives Denken bekannt, sieht eine »zentrale Herausforderung«

darin, die Ernährungsgewohnheiten der deutschen Bevölkerung zu verbessern. So steht es in einem Fachaufsatz, erschienen in ihrem Publikationsorgan, der *Ernährungs-Umschau*, Ausgabe Mai 2022. Darin setzt sich ein Autorenteam von sechs Wissenschaftlern der DGE, des Max Rubner-Instituts und zweier Universitäten mit der »Planetary Health Diet« auseinander und vergleicht sie mit den eigenen Ernährungsrichtlinien. Erwartungsgemäß ist das Fazit nicht, die EAT-Lancet-Variante zu favorisieren und die eigene zu verbessern. Immerhin werden zwar verschwurbelte, aber inhaltlich klare Worte gefunden, wie ungesund wir uns ernähren und dadurch die Umwelt schädigen: »Die hohe Zufuhr an rotem Fleisch ist sowohl unter gesundheitlichen als auch unter ökologischen Gesichtspunkten nachteilig zu bewerten. Gerade bei einem Ernährungsmuster mit hohem Fleisch- und Wurstverzehr besteht ein erhöhtes Risiko für verschiedene ernährungsbedingte Erkrankungen ... Auch wenn die Fleischproduktion nicht immer um Ressourcen mit der Produktion pflanzlicher Lebensmittel konkurriert, so prägen Lebensmittel tierischer Herkunft den ökologischen Fußabdruck des Ernährungssystems als ressourcenintensive Lebensmittel maßgeblich.« Damit sich die Bevölkerung in Zukunft ökologisch nachhaltiger und gesundheitsfördernder ernährt, müsse es strukturelle Veränderungen geben – und überhaupt eine Ernährungswende, die allerdings nicht näher beschrieben wird.

Paradox erscheint, dass die Ernährungsregeln der DGE seit Jahrzehnten publiziert und von Behörden der Bundesregierung, insbesondere dem Bundeslandwirtschaftsministerium, propagiert werden, ohne dass es irgendetwas gebracht hätte. Keine Spur von Ernährungswende, vom Rückgang ernährungsbedingter Zivilisationskrankheiten. Im Gegenteil, sie nehmen zu, obwohl die DGE sich selbst als die »für Deutschland zuständige wissenschaftliche Fachgesellschaft im Bereich Ernährung« beschreibt. Daraus kann man zwei Schlüsse ziehen: Entweder sind ihre Empfehlungen ungeeignet oder sogar falsch, um eine Kursänderung herbeizuführen. So wird bis heute zu einem viel zu hohen Fleisch- und Milchkonsum geraten. Oder es interessiert die Menschen in Deutschland einfach nicht. In beiden Fällen stellt sich die Frage nach dem Sinn dieser Institution. Und nach ihrer Effektivität.

Verräterisch ist ein Blick ins Lobbyregister des Deutschen Bundestags. Demnach erhielt die DGE im Jahr 2021 allein vom Bundesministerium für Ernährung und Landwirtschaft eine »institutionelle Zuwendung« in Höhe von über fünf Millionen Euro. Insgesamt in etwa die gleiche Summe überwiesen mehrere Bundes- und Landesbehörden, in allen Fällen als »Projektförderung« verbucht. Beispielsweise zahlte die Bundesanstalt für Landwirtschaft und Ernährung, die Umsetzungsbehörde des Bundeslandwirtschaftsministeriums, über 700 000 Euro für das Projekt »IN FORM in der Gemeinschaftsverpflegung«. IN FORM, laut Selbstbeschreibung ein »Nationaler Aktionsplan«, initiiert vom Bundeslandwirtschafts- und vom Bundesgesundheitsministerium, unterstützt Projekte in allen Lebensbereichen, um das Ernährungs- und Bewegungsverhalten der Menschen dauerhaft zu verbessern. Dieselbe Behörde zahlte rund 180 000 Euro für das Projekt »Geprüfte IN FORM Rezepte – Gesund genießen«. Und noch einmal etwa 40 000 Euro für »Geprüfte IN FORM Rezepte – vom Einkauf zum Esstisch«. Ein Betrag von 150 000 Euro wurde für das Projekt »Verpflegung ausgewählter vulnerabler Bevölkerungsgruppen« überwiesen. Geldgeber war wiederum besagte Bundesanstalt, sie scheint einer der Hauptfinanziers zu sein. 12 von 30 Posten auf der Liste werden ihr zugeordnet. Vom Niedersächsischen Ministerium für Ernährung, Landwirtschaft und Verbraucherschutz gab es ebenfalls 150 000 Euro – der Verwendungszweck: »Institutionelle Förderung der DGE-Sektion Niedersachsen.« Zusätzlich flossen von derselben Behörde über 200 000 Euro für das Projekt »Vernetzungsstelle Schulverpflegung Niedersachsen«. Solche Vernetzungsstellen sind offenbar ein lukratives Geschäftsmodell. Sie wurden in mehreren Bundesländern mit großzügigen Finanzspritzen bedacht, ob für die Ernährung in Schulen, Kindertagesstätten oder für Senioren.

In Anbetracht der Wirkungslosigkeit der DGE-Aktivitäten scheinen all diese Investitionen eine riesige Geldverschwendung zu sein. Und der Krisen-Modus verschärft sich: Klimakrise, Lieferengpässe, Inflation,

Preisspirale, Dürren, geringere Ernteerträge. Wie will man Menschen dazu bringen, gesünder, sprich mehr Obst und Gemüse zu essen, wenn gleichzeitig durch Corona und Ukraine-Krieg die Preise rasant steigen? Cem Özdemir schlug vor, die Mehrwertsteuer auf Obst, Gemüse und Hülsenfrüchte zu streichen. Das Umweltbundesamt unterstützt diesen Vorschlag, und zwar nicht nur für die Zeit der Krise. Jeder müsse sich eine gesunde Ernährung leisten können. Die Forderungen von Greenpeace gingen noch einen Schritt weiter: Um die Essgewohnheiten zu ändern und die Umwelt zu entlasten, sollen die steuerlichen Vergünstigungen für Fleisch und Milch aufgehoben und diese Lebensmittel stattdessen mit dem regulären Steuersatz von 19 Prozent bedacht werden.

Möglich wäre beides, seit die neue EU-Mehrwertsteuer-Richtline in Kraft ist. Der ermäßigte Steuersatz könnte bis auf 5 Prozent gesenkt werden. Für bestimmte Lebensmittel, die die Grundbedürfnisse decken, dazu gehören Obst und Gemüse, ist eine komplette Streichung erlaubt. Laut einem WHO-Report, der in Zusammenarbeit mit Steuerexperten entstand, wird durch Subventionen für Obst und Gemüse, die den Preis um 10 bis 30 Prozent senken, der Kaufanreiz erhöht und der Konsum wirksam gesteigert. Finanzminister Christian Lindner von der FDP, zuverlässiger Vertreter von Industrieinteressen und Besserverdienern, hat diese Forderungen und Vorschläge bislang allesamt abgeblockt.

Was Deutschland in Sachen gesunde Ernährung dringend braucht, ist eine Strategie – mit verbindlichem Auftrag und überprüfbaren Zielen, für alle Bereiche: Landwirtschaft, Lebensmittelindustrie, Handel, Gesundheits- und Bildungssystem, Verbraucher. Egal wie gründlich man hierzulande recherchiert, es findet sich nichts, was als zukunftsweisendes Konzept zu erkennen wäre. Da die Besetzung auf der Regierungsbank alle vier Jahre wechselt, Kontinuität dort also nicht zu erwarten ist, wäre es sinnvoll, ein parteiübergeordnetes, regierungsunabhängiges Expertengremium mit dieser Aufgabe zu betrauen. Es sollte – anders als die DGE – frei sein von Interessenkonflikten und anderen, vor allem finanziellen Abhängigkeiten. Nur bei einem solchen Expertenrat wären Subventionsgelder sinnvoll investiert.

Der Veggie-Boom: Warum ausgerechnet Fleischkonzerne davon profitieren

Wie also werden wir uns in Zukunft ernähren? In den vergangenen 20 Jahren hat sich der Fleischkonsum weltweit mehr als verdoppelt. Einerseits, weil die Gesamtbevölkerung unseres Planeten gewachsen ist, und andererseits, weil sich mehr Menschen Fleisch leisten können. Das Profitstreben der Fleisch-Branche hat die Industrialisierung der Massentierhaltung so perfektioniert, dass Fleisch für (fast) jeden erschwinglich ist. In Deutschland und einigen anderen Industriestaaten ist der Fleischkonsum allerdings rückläufig. Hauptursachen sind die beschriebenen Aspekte wie Umweltschutz, Tierleid und die eigene Gesundheit. In hochindustrialisierten Ländern werden diese Argumente gegen Fleisch-, Milch- und Eierkonsum ein immer stärkeres Gewicht bekommen. Ganz anders sieht es in einigen Ländern Asiens, Afrikas und Südamerikas aus. Bestes Beispiel ist China: Die Chinesen verzehren inzwischen ein Drittel der weltweiten Fleischproduktion. Für die aufstrebende Mittelschicht gilt Fleisch auf dem Teller als Statussymbol, als Beweis des sozialen Aufstiegs. Bis 2050, so schätzt die Ernährungs- und Landwirtschaftsorganisation der Vereinten Nationen, FAO, wird sich die Nachfrage nach tierischen Lebensmitteln weltweit um mindestens 60 Prozent erhöhen. Diesen Bedarf mit den bisherigen Methoden der landwirtschaftlichen Produktion zu decken, wäre für Umwelt und Klima eine Katastrophe mit Ansage.

Burger aus Linsen, Erbsen oder Jackfruit, Würste und Hackfleisch aus Sojabohnen, um nur einige Beispiele zu nennen – das alles gibt es längst. Pflanzliche Fleischersatzprodukte, ob vegetarisch oder vegan, boomen. Für 2022 wird weltweit ein Umsatz von über neun Milliarden Euro prognostiziert. Damit hätte er sich innerhalb von zwei Jahren verdoppelt. Die Entwicklung in Deutschland verläuft ähnlich: Von 2019 bis 2021 stieg der Umsatz um fast 70 Prozent, betrug zuletzt 458 Millionen Euro. Knapp

98 000 Tonnen Veggie-Alternativen wurden verkauft. Für dieses Jahr wird wieder ein starkes Wachstum erwartet. Über 40 Prozent des Umsatzes steuert allein der Pionier und Marktführer in diesem Segment bei, die Firma Rügenwalder Mühle aus Bad Zwischenahn. 2021 verkaufte das Familienunternehmen zum ersten Mal mehr vegetarische und vegane Produkte als Fleischwaren. Selbst Schweinefleisch-Papst Clemens Tönnies, der noch vor wenigen Jahren den Veggie-Hype mit dem Satz »Ich glaube nicht an diesen Markt« für beendet erklärte, schwenkte schleunigst um, ließ in Böklund ein eigenes Werk für Fleischersatzprodukte errichten und vermeldete im August 2021 einen Umsatzsprung von mehr als 250 Prozent auf 30 Millionen Euro, der in nur zwei Jahren erreicht wurde. Bis 2025 soll sich der Umsatz der Veggie-Sparte, die sein Sohn Maximilian leitet, vervierfachen. Im Rahmen dieser Erfolgsmeldungen rühmte sich der Konzern mit der umweltfreundlichen Botschaft, bei allen Fleischersatzprodukten auf Regenwald-Soja zu verzichten und stattdessen in Europa angebaute Bohnen zu verwenden. Weil auf brasilianischen Feldern fast nur gentechnisch veränderte Soja-Pflanzen wachsen, wäre es anders auch gar nicht machbar, wenn die Veggie-Ware nicht als Gen-Food auf den Markt kommen soll. Auch dies ist ein ärgerliches Beispiel für die schamlosen Greenwashing-Versuche der Großkonzerne.

Im direkten Vergleich mit dem Umsatz des Fleischmarkts wirken die Zahlen bei Veggie-Produkten bescheiden. In Deutschland liegt dieser mit rund 36 Milliarden Euro etwa 80 Mal höher als der von pflanzenbasierten Erzeugnissen. Weltweit bewegt sich der Fleisch-Umsatz im einstelligen Billionen-Bereich. Trotzdem wächst das Geschäft mit den Fleischalternativen und verspricht stark steigende Gewinne. Deshalb wird dieser Markt auch für diejenigen immer interessanter, die auf der anderen Seite stehen und Umsatzeinbußen befürchten müssen: die Fleischkonzerne. Das geschieht spätestens seit dem Hype um Beyond Meat, dem weltweit bekanntesten und inzwischen börsennotierten Hersteller von Fleischersatz, in den einflussreiche Namen wie Bill Gates und Leonardo DiCaprio investiert haben. Noch bevor die ersten aus Erbsenprotein hergestellten Burger der US-Firma hierzulande verkauft wurden, sicherte sich die PHW-Gruppe (siehe

Kapitel II) die exklusiven Vertriebsrechte für Deutschland. Mittlerweile vertreibt der niedersächsische Geflügel-Gigant neben Beyond Meat unter der eigenen Veggie-Marke »Green Legend« vegane Fisch-, Fleisch- und Geflügel-Adaptionen.

Dass die Unternehmensführung an fleischlose Nahrung als Zukunftsmodell glaubt, zeigt ein anderes Engagement. Nach eigenen Angaben investierte PHW als Mitgründer einen zweistelligen Millionenbetrag in die Firma Foods United, die jetzt Livekindly heißt. Zusätzlich ist PHW durch das Joint Venture Green Meadows mit Livekindly verbunden. Das Gemeinschaftsunternehmen übernimmt Produktion und Vertrieb für den europäischen Markt. Um das Kerngeschäft nicht zu schädigen, betonen die Manager des Geflügelkonzerns bei jeder Gelegenheit, mit den Alternativprodukten die Flexitarier bedienen zu wollen, also Kundschaft, die selbstverständlich auch Fleisch isst.

Haupteigentümer von Livekindly ist die milliardenschwere Schweizer Beteiligungsgesellschaft Blue Horizon, die auf nachhaltige Lebensmittel setzt. Auch sie hat in Beyond Meat investiert. Ihre Mission: Die Transformation der globalen Lebensmittelindustrie. Unter dem Dach von Livekindly sollen internationale Traditions- und Start-up-Marken zusammengekauft und so das weltgrößte Unternehmen für pflanzliche Lebensmittel geschaffen werden. Dass es dabei nicht allein um die Rettung der Welt geht, sondern auch um Profit und Dividende, lässt sich daran erkennen, dass einige der ranghöchsten Managerposten mit Leuten besetzt wurden, die zuvor für Lebensmittelmultis wie Nestlé, Unilever und Kraft Heinz gearbeitet haben. Sie kennen das Geschäft und alle seine Tricks am besten.

Als ersten Zukauf sicherte sich Livekindly das deutsche Start-up LikeMeat mit Sitz in Düsseldorf. Dessen Gründer, Sohn eines Fleischunternehmers, brachte 2013 als einer der ersten Hähnchen- und Gyros-Ersatz aus Soja und Erbsen auf den Markt, mit beachtlichem Erfolg. Vor dem Verkauf machte LikeMeat mit 120 Mitarbeitern mehr als 20 Millionen Euro Umsatz im Jahr. Heute, unter der Regie des neuen Eigentümers, werden die Produkte in zehn europäischen Ländern vertrieben. Ziel ist es, eine globale Marke daraus zu machen.

Start-ups wie LikeMeat waren die Treiber dieser Entwicklung. Inzwischen jedoch haben die etablierten Fleisch-, Molkerei- und Lebensmittelkonzerne das Ruder übernommen. Ihnen geht es allerdings nicht darum, den Fleischmarkt zu revolutionieren. Sie wollen die Kontrolle behalten und sich neue Geschäftsfelder sichern. Es ist eine Investition in die Zukunft. Fast alle großen Unternehmen, in Deutschland und weltweit, sind auf den Zug aufgesprungen. Natürlich auch die Handelskonzerne, die wie gewohnt das Feld mit Eigenmarken besetzen wollen. Die Angebotspalette wird ständig erweitert, es gibt kaum ein tierisches Produkt, das noch nicht auf pflanzlicher Basis nachgeahmt wurde. Mit jedem neuen Anbieter und Produkt wächst die Konkurrenz. Für den Verbraucher hat das den Effekt, dass das Angebot steigt und die Preise sinken. Ob preiswerte Massenproduktion die Erzeugnisse allerdings besser macht, ist eine andere Frage.

Alternative Proteinquellen: Wie schmeckt eigentlich Insekten-Aufstrich?

Vor nicht allzu langer Zeit wurde eine neue Kreation auf den Markt gebracht, Hybridfleisch genannt – eine Mischung aus Fleisch und Gemüse oder – selten – auch Obst. Zum Beispiel gibt es Hack aus Rindfleisch und Jackfruit, einer ovalen Riesenfrucht, die in tropischen Gefilden an Bäumen wächst. Es gibt auch Wiener Würstchen aus Hähnchenfleisch und Karotten. Und Fleischwurst mit Soja. Oder Salami, die zur Hälfte aus Schweine- beziehungsweise Geflügelfleisch und Fleischersatz besteht. Dass weniger Fleisch verarbeitet wird, klingt erst mal gut: Weniger Tier, weniger Treibhausgase, weniger Wasser, aber echter Fleischgeschmack – mit diesen Vorzügen rühmen Hersteller und Handel diese Produkte. Worauf nicht hingewiesen wird: Das Fleisch stammt meistens aus niedrigen Haltungsformen. Und die Liste der restlichen Zutaten ist auch nicht wirklich überzeugend. Der Fleischersatz bei erwähnter Salami ist eine Mixtur aus Wasser, Palmfett, Erbsenprotein, Molkenprotein, Citrusfaser, Kartoffelstärke und Rote-Bete-Pulver. Hinzu kommen Gewürze, die nicht genau definiert sind, das Antioxidationsmittel Natriumascorbat und als Konservierungsstoff Natriumnitrit, auch als Pökelsalz bekannt. Letzteres sollte man tunlichst vermeiden (siehe Kapitel II). Unterm Strich ist Hybridfleisch ein netter Versuch, Fleisch und vor allem Wurst einen gesünderen Anstrich zu geben, leider nicht viel mehr.

Immerhin: Dass Fleisch- und Milchalternativen das Ökosystem entlasten, können selbst überzeugte Fleischliebhaber und -lobbyisten nicht mehr leugnen. Laut einer Studie des Umweltbundesamts entstehen bei der Produktion eines Kilos sojabasierten Fleischersatzes 2,8 Kilo Treibhausgase. Zum Vergleich: Bei Rindfleisch sind es 30,5 Kilo, bei Geflügel 4,3 Kilo, bei Schweinefleisch 4,1 Kilo. Auch Wasser- und Flächenverbrauch sind wesentlich geringer. Und was für mich als Tierliebhaber entscheidend ist: Für diese Ersatzprodukte muss kein Tier leiden. Bei zwei anderen Kriterien fällt die Bewertung weniger klar aus. Einerseits beim Geschmack und dem Sensorischen: Beides ist nach Meinung der Studienverfasser noch verbesserungsfähig, zumindest im Sinne einer perfekten Imitation, die eingeschworene Fleischesser überzeugen könnte. Ich habe aber dank meines Produktionspartners und großartigen Kameramanns Markus Strobel die Erfahrung gemacht, dass er als Bayer, begnadeter Koch und überzeugter Fleischgenießer sowohl den Beyond-Meat- als auch den Impossible-Burger (beide erbsenbasiert) mit Vergnügen isst und von einem echten Burger nicht unterscheiden kann.

Der zweite Punkt betrifft die Frage, wie gesund Fleischalternativen sind. Da es sehr unterschiedliche Varianten gibt, ist dies pauschal schwer zu beantworten. Generell gilt: Je weniger Zusatzstoffe beigemischt sind, umso besser. Oft sind es aber gerade nicht wenige wie Zucker, Fett, Salz, Säureregulatoren, Raucharomen, Geschmacksverstärker, Verdickungsmittel – um nur einige zu nennen. Hinzu kommt, dass es sich meist um hochgradig verarbeitete Produkte handelt, bei deren Herstellung oft Vitamine, Mineralien und Ballaststoffe verloren gehen. Insofern sind Bio-Produkte auch beim Fleischersatz grundsätzlich die bessere Wahl. Auf jeden Fall unbestritten ist, dass diese pflanzlichen Produkte gute Proteinquellen sind.

Apropos Proteine: Wir Nord- und Mitteleuropäer ekeln uns bisher noch davor, aber Insekten könnten auch hier als Nahrungsmittel in Zukunft eine immer größere Rolle spielen. Diese Tierchen sind nachweisbar gute Proteinlieferanten. Und sie haben noch mehr Nährstoffe zu bieten, die für die menschliche Ernährung wichtig sind: Magnesium, Eisen, Kupfer, Phosphor, Selen und Zink. Dazu kommen verschiedene Vitamine, Omega-3-Fettsäuren und Ballaststoffe. Für rund 2,5 Milliarden Menschen in Afrika, Asien und Lateinamerika gehören Insekten traditionell zur Nahrung – aus guten Gründen. Ernährungsphysiologisch sind Heuschrecken, Seidenraupen, Mehlwürmer und Rüsselkäferlarven genauso wertvoll wie Schweine, Rinder und Hühner. Wir müssten nur unsere Ekelschwelle und alte Gewohnheiten überwinden. Vielleicht hilft es, wenn man sich einmal die Zutaten vor Augen führt, aus denen Blutwurst gemacht wird: Blut, Fettklumpen und Schwarte – auch nicht gerade appetitlich. Protein-Shakes und -Riegel aus Insekten gibt es auch in Deutschland längst zu kaufen, neuerdings auch Snacks, Nudeln, Bratwürste, Burger und Grillen-Aufstrich, der ähnlich schmeckt wie Leberwurst. Man kann sich sogar an gefriergetrockneten Mehl- und Buffalowürmern, Hausgrillen und Heuschrecken versuchen, die als solche noch zu erkennen sind. Die Anzahl an Firmen, die in Deutschland Insekten-Food anbieten, ist bisher überschaubar. Aber wieder sind es vor allem Start-ups, die sich über die Ernährung der Zukunft Gedanken machen, ihren Gründermut, viel Zeit und auch Geld investieren.

Fleisch aus der Petrischale: Nischenprodukt oder Ernährungsrevolution?

Wer sich ebenfalls Gedanken über unseren Umgang mit Tieren und zur Ernährung macht, ist der deutsche Philosoph Richard David Precht. Ich mag seinen scharfen Verstand und wie er komplexe Themen so zusammenfasst, dass sie jeder versteht. Für unsere Schweine-Doku haben wir ihn in einem stillgelegten Schlachthof interviewt. In der Doku ist nur eine kurze Sequenz davon zu sehen. Dabei haben wir fast vier Stunden geredet. Er ist der festen Überzeugung, dass sich so ziemlich alles, was unsere derzeitige Nahrungsmittelproduktion betrifft, demnächst radikal verändern wird. Nicht aus ethisch-moralischen Gründen oder weil wir plötzlich alle unser Herz für Nutztiere, Regenwälder oder Klimaschutz entdecken, sondern aus rein ökonomischen Gründen. Das Schlüsselwort dazu lautet »Sprunginnovation«.

Über diese Vokabel stolperte ich wenig später noch einmal in der Überschrift eines Artikels in der *Welternährung*, dem Fachjournal der Welthungerhilfe. Verfasst hatte den Text der Wirtschaftsethiker Nick Lin-Hi, Professor an der Universität Vechta. Zu seinen Forschungsschwerpunkten gehört die Zukunft der Ernährung. Wie Richard David Precht vertritt er die Auffassung, dass die klassische Tierhaltung ein Auslaufmodell und ihr Ende bereits eingeläutet ist. Mit den bekannten Begründungen: Umweltbelastung, Tierleid, Ressourcenverschwendung, Klimakrise. Weil aber viele Menschen nicht bereit seien, ihr Konsumverhalten zu ändern und weiterhin Fleisch essen und Milch trinken wollen, bedarf es – so seine Theorie – einer solchen Sprunginnovation, die das bisherige Ernährungssystem komplett auf den Kopf stellt. Ähnlich wie vor langer Zeit der Buchdruck oder die Dampfmaschine radikale wirtschaftliche und gesellschaftliche Veränderungen ausgelöst haben, oder später die Erfindung von Computer und Smartphone. Danach war die Welt jeweils eine andere.

Ein ähnliches Potenzial sieht der Professor in »Cultured Meat«, auch bezeichnet als Clean Meat oder In-vitro-Fleisch – im Labor gezüchtetes Fleisch. Und er ist längst nicht der Einzige. Weltweit experimentieren etwa 80 Unternehmen, hauptsächlich Start-ups, am Fleisch aus der Petrischale oder der Technologie, die dafür benötigt wird. Am weitesten fortgeschritten sind bisher Forschungen in Israel, den Niederlanden und in den USA. Einen Meilenstein setzte ein Team um Mark Post, Professor an der Universität Maastricht, als es im August 2013 den weltweit ersten Zuchtfleisch-Burger präsentierte. Die Entwicklungskosten damals beliefen sich in etwa auf eine Viertelmillion Euro, spendiert von

Google-Mitgründer Sergey Brin. Gut sieben Jahre später, im Dezember 2020, die nächste Weltpremiere: Das US-amerikanische Food-Unternehmen Eat Just erhielt in Singapur die Zulassung für die Herstellung und den Verkauf von Hähnchenfleisch aus dem Labor. Seit Frühjahr 2021 stehen damit gefüllte Dumplings und Labor-Hähnchenfleisch-Salat auf der Speisekarte eines der Restaurants im Fünf-Sterne-Hotel JW Marriott Singapore South Beach. In Israel wurden inzwischen schon Prototypen von Steaks aus gezüchteten Rinderzellen im 3-D-Bioprinting-Verfahren hergestellt. Das bisher größte wog 104 Gramm. Auch Kuhmilch kann bereits im Bioreaktor gezüchtet werden, unter anderem mithilfe milchproduzierender Brustzellen. Mit demselben Verfahren lässt sich sogar menschliche Muttermilch im Labor erzeugen.

Schon wegen der enormen Kosten ging man anfangs davon aus, dass es eine Ewigkeit dauern würde, bis Laborfleisch für den Massenmarkt hergestellt und im Supermarkt verkauft werden kann. Das war ein Irrtum, die Entwicklung hat rasant an Fahrt aufgenommen. Sieben Jahre nach dem 250 000-Euro-Burger von Professor Post kostete ein Stammzellen-Steak nur noch 250 Euro. Richard David Precht geht davon aus, dass es demnächst für 25 Euro oder noch weniger zu haben sein wird.

Immer mehr Lebensmittelkonzerne und Investoren haben das Zukunftspotenzial erkannt und stellen die Gelder zur Verfügung, die Start-ups allein nicht aufbringen könnten. Selbst die drei größten Fleischkonzerne der Welt, JBS, Cargill und Tyson Foods, sind in das Geschäft eingestiegen, vor Kurzem auch Nestlé, global die Nummer 1 unter den Nahrungsmittelkonzernen. JBS will ab Mitte 2024 im spanischen San Sebastián laborgezüchtete Hamburger, Hacksteaks und Wurst in großen Stückzahlen produzieren. Bereits im vergangenen Jahr wurde in Israel die erste industrielle Produktionsanlage errichtet – von Future Meat, dem Unternehmen, das mit Nestlé kooperiert. Nach Angaben der Firma können in der Fabrik täglich 500 Kilo Laborfleisch hergestellt werden. Als Nächstes soll ein Werk in den USA entstehen. Eat Just, das US-Unternehmen, das bereits in Singapur Hähnchenfleisch aus der Retorte produziert, hat

Allianzen in Katar geschmiedet, um dort schnellstmöglich die nächste Fabrik zu errichten. Zusätzlich soll in den USA die bisher größte Anlage entstehen, mit einer Produktionskapazität von jährlich über zehn Millionen Tonnen Zuchtfleisch.

Die großen deutschen Fleischfirmen halten sich bisher zurück, mit Ausnahme der PHW-Gruppe, die sich relativ früh mit dem umworbenen israelischen Start-up SuperMeat zusammengetan hat. Wenn es marktreif ist, gilt Laborfleisch in Europa als Novel Food (neuartiges Lebensmittel) und muss deshalb von der Europäischen Behörde für Lebensmittelsicherheit, EFSA, geprüft und zugelassen werden. Ein solches Prüfungsverfahren dauert bis zu 18 Monate. Die ersten Anträge sollen fertig in den Schubladen liegen.

Winston Churchill, einst britischer Premierminister, prophezeite bereits 1931 in seinem Essay »Fifty Years Hence«, das in der Literaturzeitschrift *The Strand Magazine* erschien: »Wir werden von dem Aberwitz abkommen, ein ganzes Huhn zu züchten, um die Brust oder den Flügel zu essen, und diese stattdessen in einem geeigneten Medium züchten.« Auch wenn seitdem über 90 Jahre vergangen sind, lag Churchill mit seiner Vision richtig. Die Basis für Laborfleisch ist Muskelgewebe, das dem lebenden Tier per Biopsie entnommen wird. Es ist ein minimaler Eingriff. Im nächsten Schritt werden aus dem Gewebe Stammzellen separiert und diese anschließend in einem Bioreaktor mit einem Nährmedium »gefüttert«. Das Nährmedium versorgt die Stammzellen mit allem, was sie für ihre Vermehrung und ihr Wachstum benötigen. Allerdings bilden sich daraus keine fertigen Steaks, sondern einzelne Muskelfasern – und auch diese erst über mehrere Zwischenschritte. Wie klein die Fasern sind, kann man daran ermessen, dass erst etwa 20 000 davon einen Burger ergeben. Um ein Steak herzustellen, müssen zuerst Muskel- und Fettzellen gezüchtet und dann miteinander verwoben werden, um schließlich gemeinsam in einem Inkubator zu »reifen«, bis sie die charakteristische Struktur von Fleisch annehmen.

Ursprünglich wurde als Hauptbestandteil des Nährmediums fötales Kälberserum verwendet. So wie es seit den Fünfzigerjahren – bis heute – auch beim Anlegen von Zellkulturen in der medizinischen Forschung gemacht wird, beispielsweise zum Züchten von Hautersatz für Patienten, die großflächige Verbrennungen erlitten haben. Für dieses Kälberserum werden schwangere Kühe getötet, um den noch lebenden Fötus aus der Gebärmutter zu schneiden, eine Kanüle in dessen Herz zu bohren und sämtliches Blut zu entnehmen. Die Föten müssen mindestens drei Monate alt sein, sonst ist ihr Herz zu klein. Die Tierrechtsorganisation Peta hat berechnet, dass jedes Jahr weltweit rund zwei Millionen Kühe und Föten für diesen Zweck sterben. Die Hauptlieferanten sitzen in den USA, in Australien, Neuseeland, Kanada, Brasilien, Mexiko und Chile. Aber auch in Europa wird das Serum gewonnen, etwa in Irland, Frankreich, Dänemark, Polen und den Niederlanden. In Deutschland angeblich nicht. Aber bei Sigma-Aldrich, einer amerikanischen Tochtergesellschaft des deutschen Pharmakonzerns Merck, kann man per Internet fötales Kälberserum bestellen. 500 Milliliter kosten, je nach Sorte, zwischen 300 und 800 Euro, zuzüglich Steuer, Transport und Sonderverpackungsgebühr. Geliefert wird in Trockeneis, minus 20 Grad tiefgefroren.

Für die ersten Burger-Pattys wurden bis zu 50 Liter Serum pro Stück benötigt, das war der Hauptgrund für den horrenden Preis. Allein von den Kosten her ist das Kälberserum also keine Option für die Herstellung von Laborfleisch im großen Stil. Aber auch aus Gründen der Ethik und des Tierschutzes kommt dieses Verfahren nicht infrage. Deshalb werden inzwischen statt des Serums pflanzenbasierte Substanzen verwendet. Zumindest behaupten das die Player dieses neuen Markts. Woraus die neuartigen Nährmedien genau bestehen, wird geheim gehalten. Begründet wird das mit dem Schutz von Patenten. Die Nährmedien enthalten bis zu 100 verschiedene Substanzen, darunter Zuckermoleküle, Vitamine, Salze, Aminosäuren, Spurenelemente, Wachstumsfaktoren (Proteine) und Hormone. Durchgesickert ist immerhin, dass zumindest einige Labore gentechnisch veränderte Organismen einsetzen, um Bestandteile der Nährmedien zu erzeugen. Dass ausschließlich rein natürliche Substanzen verwendet werden, gilt als höchst unwahrscheinlich. Warum sonst wäre der Chemie- und Pharmakonzern Merck in dieses

Geschäftsfeld eingestiegen? Merck beteiligt sich unter anderem als Investor bei Mosa Meat, der Firma, die Laborfleisch-Burger-Pionier Mark Post mitgründete. Dabei versteht sich das Unternehmen als Technologie-Anbieter und liefert verschiedenen Start-ups der Branche neben Reagenzien besagte Nährmedien für die Züchtung von Zellkulturen.

In Mosa Meat haben auch die Schweizer Blue Horizon, US-Filmstar Leonardo DiCaprio und die Bell Food Group, der größte Schweizer Fleischkonzern, investiert. DiCaprio ist zudem Investor und Berater beim israelischen Start-up Aleph Farm, das sich auf zellkultiviertes Rindersteak spezialisiert und zuletzt das erste Ribeye-Steak im Labor gezüchtet hat. Andere namhafte Geldgeber, die auf die Zukunft von Laborfleisch setzen, sind Bill Gates und Richard Branson, der britische Gründer von Virgin.

Hier kommt also alles zusammen: alte Welt und neue Welt, brillantes Schöpfertum, Innovation und risikobereite Investoren; die Missstände der Vergangenheit und Gegenwart treffen auf kühne Zukunftsvisionen. Der Name dieser neuen, zukunftsträchtigen Industrie: »zelluläre Landwirtschaft«.

Viele glauben, dass Deutschland diesen Trend verschläft, ähnlich wie seinerzeit beim Hybrid- und später beim Elektroauto. Aber das stimmt nicht ganz. Es gibt Ausnahmen, beispielsweise das Fraunhofer Institut. Dort wird intensiv an alternativen Lebensmitteln geforscht. Das Institut war zum Beispiel Initiator des Start-ups Bluu Seafood, das in Europa als einer der Ersten zellbasierten Fisch nicht nur entwickelte, sondern bis zur Marktreife brachte. Anfang August 2022 stellte die Firma laborgezüchtete Fischstäbchen und Fischbällchen vor. Demnächst sollen Fischfilet (Lachs, Forelle, Karpfen) und Sashimi folgen – und eine erste Marktzulassung, voraussichtlich schon 2023, allerdings in Singapur. Dort ist man technologie- und zukunftsorientierter, weniger innovationsskeptisch, der Fortschritt geht schneller. Der Stadtstaat gilt neben Israel als eine Art Hotspot für Firmen, die Future Food entwickeln. Auch der Gründer von LikeMeat wanderte dorthin aus, um seine neue Firma an den Start zu bringen, die Hähnchenfleischersatz aus Soja herstellt. Nur vier Monate nach der Gründung stieg die Holdinggesellschaft der singapurischen

Regierung ein. Deren Aufgabe ist es, Unternehmen mit guten Wachstumschancen zu fördern – und damit gleichzeitig die wirtschaftliche Entwicklung von Singapur. Der Gegenschnitt dazu: In Deutschland gibt es derzeit nur drei oder vier Start-ups, die sich mit der Entwicklung von Laborfleisch beschäftigen.

Einige Fragen aber bleiben: Wird Laborfleisch die Welt wirklich besser machen? Ist es gesünder? Was bedeutet es für Umwelt, Tiere, Energie- und Wasserverbrauch? Zu vielen dieser Fragen gibt es bereits Studien. Was Klima und Umwelt betrifft, spricht man von »antizipativen Ökobilanzen«. Man könnte es auch den Blick in die Glaskugel nennen. Zunächst sah Laborfleisch wie der klare Gewinner aus. Weniger Tiere, weniger Tierleid, weniger Treibhausgabe, weniger Land- und Wasserverbrauch. Nur beim Energieverbrauch stand von Anfang an ein großes Fragezeichen. Das lag vor allem an den Bioreaktoren, die in der für die Massenproduktion benötigten Größenordnung noch gar nicht zur Verfügung standen. Neuere Studien fallen kritischer aus: Durch das Betreiben der Bioreaktoren und die Herstellung der Nährmedien könnte der Treibhausgas-Fußabdruck von Laborfleisch, so haben manche berechnet, sogar über dem von Schweine- und Hühnerfleisch liegen. Selbst den von Rindfleisch sahen einige niedriger. Beim Wasserverbrauch dürfte es kaum einen Unterschied geben, der zu erwartende Energieverbrauch wird vermutlich höher liegen. Insgesamt ist vieles noch unklar. Zum Beispiel beim Thema Tierschutz: Wie viele Tiere braucht man als Stammzellen-Spender? Wie müssen sie gehalten werden? Werden spezielle Züchtungen benötigt, deren Stammzellen sich optimal für die Vermehrung eignen? Oder das Thema Gesundheit: Es wird immer wieder hervorgehoben, dass den Tieren keine Hormone und Antibiotika verabreicht werden müssten. Allerdings sind Stammzellen äußerst empfindlich. Die für den ersten öffentlich präsentierten Labor-Burger verwendeten wurden mit Antibiotika behandelt, um sie vor Bakterien zu schützen. Und wie wirkt Laborfleisch auf den menschlichen Körper, auf unsere Gesundheit, auf den Nährstoffhaushalt und die Verdauung? Das hat noch niemand erforscht – dazu sind die Speisen aus der Petrischale zu jung, zu neu.

Sollten sich die Erzeugnisse der zellulären Landwirtschaft durchsetzen, nicht als Nischen-, sondern als Massenprodukt, und davon geht nicht nur Richard David Precht aus, dann hätten wir es tatsächlich mit einer Sprunginnovation zu tun. Die Landwirtschaft, wie wir sie kennen, würde aus den Fugen gehoben: Massentierhaltung wäre überflüssig, gigantische Ackerflächen könnten genutzt werden, um nicht Tierfutter, sondern pflanzliche Nahrung für uns Menschen anzubauen. Es würde eine Kettenreaktion ausgelöst. Ganze Berufszweige stünden entweder vor einem grundlegenden Wandel oder vor dem Aus. Industrielle Schlachtfabriken wären überflüssig und würden dichtgemacht. Die gesamte Lebensmittelproduktion würde umgekrempelt. Am stärksten wären die nutztierhaltenden Landwirte betroffen. Falls sie nicht schon vorher aufgeben, müssten sie sich komplett neu orientieren. Es ist schwer, sich das vorzustellen. Leichter ist es, diese Gedanken zu verdrängen oder als Science-Fiction abzutun. Die Zeiten sind beängstigend und die Zukunft beunruhigend genug. Noch mehr Fragen mit unbekannten Antworten kann niemand gebrauchen. Trotzdem gibt es Fragen, die sich jeder von uns selbst beantworten kann:

Bin ich, was ich esse?

Will ich sein, was ich esse?

Und vor allem: Weiß ich, was ich esse?

Ein berühmter Satz von Buddha lautet: »Dein Körper ist ein Tempel. Halte ihn pur und rein, damit die Seele darin wohnen kann.« Das ist leichter gesagt als getan. Aber unser Wohlbefinden und unser gutes Gewissen sollten es uns wert sein, dass wir »anständig essen«, wie meine Großmutter zu sagen pflegte.

Nachwort

»Der Geist ist willig, aber das Fleisch ist schwach.«

Aus dem Evangelium nach Matthäus

Was muss passieren, was kann jeder von uns tun, damit wir uns gesünder ernähren und Umwelt- und Tierschutz mehr werden als Lippenbekenntnisse?

Was seitens der Politik und Industrie passieren muss, lässt sich in einer simplen Forderung zusammenfassen: die Einhaltung des deutschen Tierschutzgesetzes. Es wäre das Ende der Massentierhaltung hierzulande. Da dies zum jetzigen Zeitpunkt unrealistisch scheint, weil es offenbar von den Verantwortlichen nicht gewollt wird, bleibt es uns Verbrauchern und Verbraucherinnen überlassen, zu handeln. Per Stimmzettel, Petitionen, Bürgerinitiativen, Demo-Teilnahmen und – last but not least: mit unserem Kaufverhalten.

Wir stecken seit Jahren in einer nicht enden wollenden Krise: Pandemie, Krieg, Klimakatastrophe, Inflation, Energiekrise. Viele Menschen sind verunsichert, haben Angst vor der Zukunft. Aber vielleicht ist das genau der richtige Zeitpunkt, um den Status quo und bisherige Gewohnheiten infrage zu stellen und umzudenken. Bei der Energieversorgung zwingt uns ein Massenmörder im Kreml zum Handeln. Diese Situation sollte jedem klarmachen, wie fatal es ist, sich von anderen abhängig zu machen. Frei und unabhängig bestimmen zu können, ist die weitaus bessere Alternative.

Dasselbe gilt für das Thema Ernährung. Wozu es führt, sich auf Industrie, Behörden, Regierung zu verlasssen, wissen wir inzwischen. Seit Jahren Stillstand, leere Versprechen, eher Rück- als Fortschritt. Agrar- und

Lebensmittelindustrie scheinen – wie andere Wirtschaftszweige auch – einen Blankoscheck zu haben für alles, was Profit bringt. Auf Kosten unserer Gesundheit, der Umwelt, der Tiere. Wäre die Politik ernsthaft an Reformen und positiven Veränderungen interessiert, dann wäre eine ehrliche Bestandsaufnahme ein erster Schritt. Auflisten, was falsch läuft. Fehler und Fehlentwicklungen öffentlich und klar benennen, unbequeme Wahrheiten weder beschönigen noch unter den Teppich kehren. Eine zukunftsträchtige Strategie entwickeln und die dafür notwendigen Gesetze auf den Weg bringen.

Schnell und einfach umzusetzen wäre, die Subventionen für die Fleischproduktion zu streichen und die verminderte Mehrwertsteuer auf Fleischprodukte auf den Standardsatz von 19 Prozent anzuheben. Mit den Mehreinnahmen könnten die Steuern auf Obst, Gemüse und andere pflanzliche Produkte gesenkt werden. Gesunde Nahrung muss für jeden bezahlbar sein. Und: Statt auf über der Hälfte der deutschen Ackerflächen Viehfutter anzupflanzen, sollten viel mehr Produkte für den menschlichen Verzehr angebaut werden. Auch sollten sowohl der Handel als auch wir als Kunden und Kundinnen endlich aufhören, nur perfekt aussehendes Obst und Gemüse kaufen zu wollen. Krumme Möhren sind genauso gesund wie gerade, um nur ein Beispiel zu nennen.

Ein weiterer Punkt: Schönfärberische Produktsiegel gehören verboten. Alle Nahrungsmittel müssen wahrheitsgemäß und für jeden verständlich beschriftet sein. Auf tierischen Produkten sollten Wasserkonsum, CO_2-Bilanz, Medikamenten- und Hormoneinsatz, Futtermittel wie Gen-Soja, deren Herkunft (zum Beispiel Amazonas), Transportwege etc. angegeben werden. Und noch ein Vorschlag: Warum werden Fleisch- und Milchwaren nicht – ähnlich wie Zigaretten und Tabak – mit realistischen Fotos aus industriellen Tierfabriken, aus Schlachthäusern oder von kranken, leidenden Tieren versehen? Da wir gerade bei Werbung sind – noch eine Anregung, die viel verändern könnte: Wie wäre es, wenn Handel und Lebensmittelindustrie die Milliardensummen, die für Werbung ausgegeben werden, ab sofort für die Entwicklung gesunder und nachhaltig produzierter Nahrungsmittel investieren würden? Heißt es nicht immer, man tue alles zum Wohle der Kundschaft? Dann entspräche dieser Spruch endlich einmal der Wahrheit. Wenn die Lebensmittelindustrie auf Gesundheit setzen würde, bräuchte sie keine Werbung, um uns krankmachende Nahrungsmittel anzudrehen und schon Kinder zu deren Konsum zu verführen.

Aber auch wir als Endverbraucher müssen umdenken. Essen sollte keine hastige Notwendigkeit, sondern ein bewusster Beitrag zu unserer Gesundheit sein. Statt Fast Food mehr Slow Food, statt Fertiggerichte mehr frische Gerichte, weniger Fleisch, mehr Obst, Gemüse, Hülsenfrüchte – das wäre ein guter Plan für einen gesünderen Ernährungs- und Lebensstil. Was zunächst nach Verzicht klingt und sich anfangs auch oft so anfühlt, sollten wir neu definieren – nämlich positiv. Verzicht als Gewinn? Ganz genau.

Der Verzicht darauf, sich ungesund zu ernähren, ist in jeder Hinsicht positiv. Ich kenne das Gefühl aus eigener Erfahrung. Es ist, wie wenn man vom Kettenraucher (der ich lange war) zum gelegentlichen Genussraucher wird (jetzt paffe ich hin und wieder eine kleine Zigarre). Man darf gelegentlich sündigen. Wie langweilig und lustlos wäre das Leben ohne Sünde. Umso besser fühlt es sich danach an, wieder Nein zu sagen. Ich möchte niemanden bekehren, auf Milch oder Fleisch oder andere tierische Produkte zu verzichten. Diese Entscheidung muss jeder für sich treffen. Aber ein bisschen bewusster einkaufen und essen, nicht mehr gedankenlos irgendetwas in sich hineinfuttern – wenn das Buch hierzu einen kleinen Beitrag leistet, hätte sich jede Stunde, die wir an Arbeit hineingesteckt haben, doppelt und dreifach gelohnt.

Es gibt viele Argumente, die das Wort Verzicht positiv aufladen. Weniger Fleisch, mehr pflanzliche Kost geht einher mit dem Verzicht auf ein erhöhtes Risiko, bestimmte Krankheiten zu bekommen – Herzinfarkt, Schlaganfall, Übergewicht, Krebs. Oder denken wir an die Tiere, an ihr Leiden im Stall und bei Tiertransporten, an Lebensmittelskandale (Salmonellen, Gammelfleisch) und an Zoonosen. Nicht zu vergessen die Umwelt- und Klimakrise, die Vernichtung des Regenwalds und ihre Folgen, CO_2- und Methan-Ausstoß, Gletscherschmelze, steigende Meeresspiegel, das Auftauen des Permafrostes, Dürrekatastrophen und Wassermangel, Waldsterben, Bodenerosion, Artensterben, bis hin zur Unbewohnbarkeit unseres Planeten. All das sollte uns klarmachen: Unser vermeintlicher Verzicht wäre ein immenser Gewinn.

Und: Wir sollten etwas genauer mit unserer Sprache umgehen, vor allem wenn es um Lebewesen und Tiere geht. Beim Gendern sind wir mittlerweile so streng, dass es manchmal fast hysterisch wirkt. Aber wenn es um Tiere geht, die wir empathiefrei zu Nahrungsmitteln verarbeiten, reden wir ständig von Tierwohl, Tierschutz und artgerechter Haltung – alles Ausdrücke, die so verlogen wie falsch sind. Wirklich artgerecht wäre nur ein Leben in Freiheit, ohne Schlachtung, mit natürlichem Tod.

Mein persönlicher Favorit: Pflanzliche Milch muss Milch heißen dürfen. Warum klagt die Milchlobby nicht auch gegen Bezeichnungen wie »Sonnenmilch«, »Scheuermilch« oder »Milchglas«? Daran sieht man, worum es eigentlich geht: um Profit und ums Festhalten an überholten Denk- und Konsumgewohnheiten.

Eine andere Idee, deren Umsetzung kaum mehr braucht als guten Willen: Ein Schulausflug in einen Massentierhaltungsbetrieb und einen Schlachthof sollte ab der 9. Klasse obligatorisch sein. Damit Jugendliche selbst sehen, was sie essen und wie es hergestellt wird, wo Koteletts, Chicken Wings, Schnitzel, Wurst herkommen. Auch sollte »Siegel-Kunde« in ein passendes Schulfach integriert werden, nicht nur für Lebensmittel, auch für Textilien und andere Konsumgüter. Schüler und Schülerinnen sollten möglichst früh lernen, was eine Lebensmittelampel wie der »Nutri-Score« ist, was Siegel von Demeter, Bioland oder Naturland bedeuten – und welche Siegel pure Verbrauchertäuschung sind. Das Gleiche gilt für das Thema Nachhaltigkeit, es sollte ab der 1. Klasse behandelt werden. Und das Prinzip der Nachhaltigkeit gehört ins Grundgesetz.

Es gibt zahlreiche hervorragende Filme, die sich als Unterrichtsmaterial (ab Klasse 9) anbieten – hier einige Tipps: *Cowspiracy, What the Health, Gunda, My Biggest Little Farm, The Game Changers, Seaspiracy, Kiss the Ground, We feed the World, Earthlings, Meat the Truth, Dominion, Land of Hope and Glory, Eating Animals, Food Inc., Code of Survival, Monsanto – mit Gift und Genen, Das System Milch, Chasing the Thunder.*

Shopping-Tipps: Hofläden, Wochen- und Bauernmärkte, Co-ops wie FoodHub (München), Bio-Läden, Unverpackt-Läden.

Der wichtigste aller Tipps: Vor Inbetriebnahme des Geldbeutels das Hirn einschalten. Egal wie ohnmächtig wir uns als einzelne Person fühlen mögen, unser Portemonnaie ist die schärfste Waffe, die wir besitzen. Es ist das geeignetste Instrument zur Steuerung des Marktes, egal ob wir es zum Boykott – besser: Buykott – nutzen, oder als Support für saubere Marken und Produkte. Dazu zwei Beispiele: BeyondMeat, der weltweit bekannteste Hersteller veganer Fleischersatzprodukte, wurde so erfolgreich, dass seine Produkte sogar bei Kentucky Fried Chicken, McDonald's, Starbucks, Dunkin' Donuts und Pizza Hut angeboten wurden beziehungsweise werden. Und seit 2021 gibt es ein Joint Venture mit Pepsi, einem der größten Junkfood-Konzerne, für die Herstellung pflanzenbasierter Softdrinks und Snacks. Das alles würde nicht stattfinden, hätten sich die Konsumenten gegen die Beyond-Meat-Produkte entschieden. In Deutschland sieht man bei der Firma Rügenwalder Mühle, einem der größten Wursthersteller, was unsere Kaufentscheidungen bewirken. Das Sortiment wird seit Jahren sukzessive auf pflanzliche Fleischalternativen umgestellt, 2021 wurde erstmals mehr Umsatz damit gemacht als mit klassischer Wurst. Seit 2022 gibt es ein neues Werk, in dem ausschließlich vegetarische und vegane Produkte hergestellt werden.

Man muss es sich immer wieder bewusst machen: Wir, die Verbraucher und Verbraucherinnen, haben mehr Macht, als wir denken. Was wir uns im Supermarkt oder von der Werbung aufschwatzen lassen, wird auch weiterhin produziert. Und umgekehrt: Was wir nicht kaufen, wird aus den Regalen verschwinden. So einfach ist es.

Zum Schluss, als Anregung und »Food for Thought«, ein kurzer Text von Rabindranath Tagore (1861–1941), indischer Dichter, Philosoph und Nobelpreisträger für Literatur, der mein Einkaufs- und Essverhalten wesentlich geprägt hat:

»Wir sollten essen, was die Natur uns freiwillig gibt. Das, was vor uns wegläuft, und das, was wir erst einfangen müssen, ist nicht für uns bestimmt. Das ist eine Grausamkeit, und nur wer nicht zu lieben gelernt hat, kann dies tun. Wenn eine Frucht reif wird, verändert sich ihre Farbe. Sie wird größer und sie sagt uns: ›Ich bin reif, bitte pflücke mich! Wenn du mich nicht isst, werde ich herunterfallen und verderben.‹ Ebenso ist es mit dem Getreide und anderen Pflanzen. All das erhalten wir als Geschenk Gottes, und dies ist zu unserer Nahrung bestimmt.«

Quellenverzeichnis (Auswahl)

Kapitel I

Anthes, M./Verheyen, E.: »Verheizt für billige Milch – Das Leiden der deutschen Turbokühe«, in: *Exclusiv im Ersten* / Das Erste, 20. Juli 2015.

Bauer, A. / Martens, H. / Thöne-Reineke, C.: »Tierschutzrelevante Zuchtprobleme beim Milchvieh – Interaktion zwischen dem Zuchtziel ›Milchleistung‹ und dem vermehrten Auftreten von Produktionskrankheiten«, in: *Berliner und Münchner Tierärztliche Wochenschrift* (134), Berlin 2021.

Bochnia, M. / Ziegler, J. et al.: »Hypoglycin A in Cow's Milk – A Pilot Study«, in: https://www.mdpi.com/2072-6651/13/6/381

Bundesamt für Verbraucherschutz und Lebensmittelsicherheit, Abteilung Tierarzneimittel / Bundesinstitut für Impfstoffe und biomedizinische Arzneimittel (Hrsg.): »Kexxtone in der Diskussion. Verantwortungsvoll einsetzen und Missbrauch vorbeugen!«, in: https://www.bvl.bund.de/SharedDocs/Downloads/05_Tierarzneimittel/Fachmeldungen/DT-Bl_09_2013_Kexxtone.pdf?__blob=publicationFile&v=3

Deutsche Gesellschaft für Ernährung e. V.: »Vollwertig essen und trinken nach den 10 Regeln der DGE«, in: https://www.dge.de/ernaehrungspraxis/vollwertige-ernaehrung/10-regeln-der-dge/

Deutsche Gesellschaft für Züchtungskunde e. V.: »Zukunftsfähige Konzepte für die Zucht und Haltung von Milchvieh im Sinne von Tierschutz, Ökologie und Ökonomie« (Positionspapier), Bonn 2020.

Deutscher Tierschutzbund e. V.: »Tierschutzprobleme in der Milchviehhaltung« (Hintergrundpapier), Bonn 2020.

Deutsches Krebsforschungszentrum in der Helmholtz-Gemeinschaft (Hrsg.): »Informationen des DKFZ zu aktuellen Meldungen in den Medien: Das DKFZ warnt nicht vor Milch- und Fleischkonsum«, in: https://www.dkfz.de/de/aktuelles/stellungnahme-bmmf.html

Deutsches Krebsforschungszentrum in der Helmholtz-Gemeinschaft: »Pressekonferenz des Deutschen Krebsforschungszentrums ›Neuartige Infektionserreger als Krebsrisikofaktoren‹« (Hintergrundpapier, Pressemitteilung), Heidelberg 2019.

Ding, M. / Li, J. et al.: »Associations of Dairy Intake with Risk of Mortality in Women and Men: Three Prospective Cohort Studies«, in: https://www.bmj.com/content/367/bmj.l6204

Europäische Kommission: »Durchführungsverordnung (EU) 2016/304 der Kommission vom 2. März 2016 zur Eintragung einer Bezeichnung in das Register der garantiert traditionellen Spezialitäten [Heumilch/Haymilk/Latte fieno/Lait de foin/Leche de heno (g. t. S.)]«, in: https://eur-lex.europa.eu/legal-content/DE/TXT/?uri=CELEX%3A32016R0304

Europäischer Gerichtshof: »Urteil des Gerichtshofs (Siebte Kammer): Verband Sozialer Wettbewerb e.V. gegen TofuTown.com GmbH. Vorabentscheidungsersuchen des Landgerichts Trier. Vorlage zur Vorabentscheidung – Gemeinsame Marktorganisation für landwirtschaftliche Erzeugnisse – Verordnung (EU) Nr. 1308/2013 – Art. 78 und Anhang VII Teil III – Beschluss 2010/791/EU – Begriffsbestimmungen, Bezeichnungen und Verkehrsbezeichnungen – ›Milch‹ und ›Milcherzeugnisse‹ – Bezeichnungen zur Förderung des Absatzes und der Vermarktung rein pflanzlicher Lebensmittel. Rechtssache C-422/16«, in: https://eur-lex.europa.eu/legal-content/DE/TXT/?uri=CELEX:62016CJ0422

Evershed, R. P. / Davey Smith, G. et al.: »Dairying, Diseases and the Evolution of Lactase Persistence in Europe«, in: https://www.nature.com/articles/s41586-022-05010-7

Fraser, G. E. / Jaceldo-Siegl, K. et al.: »Dairy, Soy, and Risk of Breast Cancer: Those Confounded Milks«, in: https://pubmed.ncbi.nlm.nih.gov/32095830/

Hasenpusch, E. / Götz, K.-U. et al.: »Stellungnahme der Deutschen Gesellschaft für Züchtungskunde e.V. zum Diskussionspapier ›Leistungen der Milchkühe und deren Gesundheitsrisiken‹ der Arbeitsgruppe ›Tierschutz in der Nutztierzucht‹ der Bundestierärztekammer«, Bonn 2020.

Itan, Y. / Powell, A. et al.: »The Origins of Lactase Persistence in Europe«, in: https://journals.plos.org/ploscompbiol/article?id=10.1371/journal.pcbi.1000491

Johannes Gutenberg-Universität Mainz (Hrsg.): »Hungersnöte und Krankheitserreger haben Verbreitung der Laktosetoleranz in Europa vorangetrieben« (Pressemitteilung), in: https://www.uni-mainz.de/presse/aktuell/15979_DEU_HTML.php

Johannes Gutenberg-Universität Mainz (Hrsg.): »Ursprung der Milchverträglichkeit bei Erwachsenen liegt in Südeuropa. Studie verortet den Beginn der Milchwirtschaft nicht in Nord-, sondern in Südosteuropa« (Pressemitteilung), in: https://www.uni-mainz.de/presse/31628.php

Liebrich, Silvia: »Milch von gedopten Kühen«, in: https://www.sueddeutsche.de/wirtschaft/antibiotika-in-der-viehhaltung-milch-von-gedopten-kuehen-1.1704817

Liebrich, S. / Rummel, A.: »Wenn Monsanto die Risiken einfach selbst bewertet«, in: *Süddeutsche Zeitung*, 24. September 2017.

Malkan, Stacy: »International Life Sciences Institute (ILSI) is a Food Industry Lobby Group«, in: https://usrtk.org/our-investigations/ilsi-is-a-food-industry-lobby-group/

Martens, Holger: *Das Dilemma der Milchkuh. Wenn die Leistung zur Last wird! Ein Plädoyer für eine nachhaltige Milchviehhaltung*, Steinfurt 2022.

Martens, H. / Heesen, S. et al. / Bundestierärztekammer e.V. (Hrsg.): »Leistungen der Milchkühe und deren Gesundheitsrisiken«, Berlin 2022.

Max Rubner-Institut (Hrsg.): »Ernährungsphysiologische Bewertung von Milch und Milchprodukten und ihren Inhaltsstoffen. Bericht für das Kompetenzzentrum für Ernährung, Bayern«, Karlsruhe 2014.

Melnik, B. C. / Schmitz, G.: »Role of Insulin, Insulin-like Growth Factor-1, Hyperglycaemic Food and Milk Consumption in the Pathogenesis of Acne Vulgaris«, in: https://onlinelibrary.wiley.com/doi/10.1111/j.1600-0625.2009.00924.x

Melnik, Bodo C.: »Westliche Fehlernährung führt zu Akne«, in: https://www.der-niedergelassene-arzt.de/fileadmin/user_upload/zeitschriften/haut/Artikel-pdfs/2014/2014_5/HAUT_5_Diskussion_Melnik.pdf

Orlich, M. J. / Mashchak, A. D. et al.: »Dairy Foods, Calcium Intakes, and Risk of Incident Prostate Cancer in Adventist Health Study–2«, in: *The American Journal of Clinical Nutrition*, August 2022, https://doi.org/10.1093/ajcn/nqac093

Penagos-Tabares, F. / Khiaosaard, R. et al.: »Mycotoxins, Phytoestrogens and Other Secondary Metabolites in Austrian Pastures: Occurrences, Contamination Levels and Implications of Geo-Climatic Factors«, in: https://www.mdpi.com/2072-6651/13/7/460

Redaktion: »Milchkonsum erhöht Brustkrebsrisiko« (Interview mit Prof. Bodo Melnik), in: *Die Glocke*, 7. August 2020.

Schickling, Katarina: »Wegwerfkälber – Das Schnitzel und seine Schattenseiten« (ZDF-Doku), *ZDFzoom*, 14. Oktober 2020.

Shrivastava, A. / Kumar, A. et al.: »Association of Acute Toxic Encephalopathy with Litchi Consumption in an Outbreak in Muzaffarpur, India, 2014: A Case-Control Study«, in: https://www.thelancet.com/pdfs/journals/langlo/PIIS2214-109X(17)30035-9.pdf

Stiftung Tierärztliche Hochschule Hannover / Freie Universität Berlin / Ludwig-Maximilians-Universität München: »Abschlussbericht Tiergesundheit, Hygiene und Biosicherheit in deutschen Milchkuhbetrieben – eine Prävalenzstudie«, Hannover 2020.

Umweltbundesamt (Hrsg.): »Sichtbarmachung versteckter Umweltkosten der Landwirtschaft am Beispiel von Milchproduktionssystemen« (Abschlussbericht), Dessau-Roßlau 2021.

Verband Deutscher Milchwirtschaft e.V. (Hrsg.): *Strategie 2030 der deutschen Milchwirtschaft. Herausforderungen/Chancen*, Berlin 2020.

Verheyen, Edgar: »Das Schicksal der Kälber in Deutschland«, in: *Report Mainz* / Das Erste, 5. Oktober 2021.

Von Gall, P. / Rücker, M. / Foodwatch e.V. (Hrsg.): *Schönfärberei statt Fakten: Die Kommunikation des Bundesagrarministeriums zur Nutztierhaltung in Deutschland. Eine Analyse*, Berlin 2021.

Wagner, Annegret: »Hochleistungskühe: Beherrschbar oder des ›Guten zu viel‹?«, in: https://www.wir-sind-tierarzt.de/2016/10/hochleistungskuehe-des-guten-zu-viel/

Wissenschaftlicher Beirat Agrarpolitik beim Bundesministerium für Ernährung und Landwirtschaft: »Wege zu einer gesellschaftlich akzeptierten Nutztierhaltung« (Gutachten), Berlin 2015.

Wolf, Konrad: »Was unser Milchkonsum für Kühe und ihre Kälber bedeutet«, in: https://www.zeit.de/zett/2020-09/massentierhaltung-was-unser-milchkonsum-fuer-kuehe-und-ihre-kaelber-bedeutet

Wriedt, Kerstin: »Neue Wege der Milch-Kommunikation: Initiative Milch eröffnet den ›Walk-in-Fridge‹ in Köln« (Pressemitteilung), Berlin/Köln 2021.

Wriedt, K. / Milchindustrie-Verband e.V. (Hrsg.): »Wie Deutschland (s)ein ›Weißes Wunder‹ erleben wird«, in: *Milch-Politikreport* (Ausgabe März 2021), Berlin 2021.

Zur Hausen, H. / de Villiers, E.-M.: »Dairy Cattle Serum and Milk Factors Contributing to the Risk of Colon and Breast Cancers«, in: https://doi.org/10.1002/ijc.29466

Zur Hausen, H. / de Villiers, E.-M. et al.: »Analysis of Chronic Inflammatory Lesions of the Colon for BMMF Rep Antigen Expression and CD68 Macrophage Interactions«, in: https://pubmed.ncbi.nlm.nih.gov/33723077/

Kapitel II

Al-Shaar, L. / Satija, A. et al.: »Red Meat Intake and Risk of Coronary Heart Disease among US Men: Prospective Cohort Study«, in: https://www.bmj.com/content/371/bmj.m4141

Animal Welfare Foundation / Tierschutzbund Zürich: »Skandal mit Pferdeblut in Deutschland – Haflinger-Gestüt Meura liefert Stutenblut an Pharmaunternehmen IDT Biologika zur Hormonproduktion« (Pressemitteilung), Freiburg/Zürich, 17. Dezember 2019.

Bauman, Dennis: »Elterntier-Management zur Sicherung einer hohen Samenqualität«, in: https://www.hybridturkeys.com/de/news/stag-management-ensure-high-quality-semen-de/

Benning, Reinhild / Germanwatch (Hrsg.): »Hähnchenfleisch im Test auf Resistenzen gegen Reserveantibiotika. Ranking von EU-Hähnchenfleischkonzernen nach Kontamination mit antibiotikaresistenten Krankheitserregern« (Studie), Bonn/Berlin 2020.

Benninger, T. / Richter, U. / Sundrum, A.: »Statusbericht zum Stand des Wissens über die Tiergesundheit in der Ökologischen Tierhaltung – Schlussfolgerungen und Handlungsoptionen für die Agrarpolitik« (Schlussbericht), Bonn/Witzenhausen 2004.

Brockhaus. Die Enzyklopädie (24 Bände), 20. überarbeitete und aktualisierte Auflage, Leipzig/Mannheim 1998.

Bruhn, Davina: »Antibiotika-Resistenzen. Regulative Möglichkeiten und die Frage der Übertragbarkeit des BVerfG-Beschlusses zum Klimaschutz« (Rechtsgutachten im Auftrag von Germanwatch e. V.), Hamburg 2022.

Bundesamt für Verbraucherschutz und Lebensmittelsicherheit (Hrsg.): *Berichte zur Lebensmittelsicherheit. Zoonosen-Monitoring 2018*, Berlin 2019.

Bundesamt für Verbraucherschutz und Lebensmittelsicherheit (Hrsg.): *Berichte zur Lebensmittelsicherheit. Zoonosen-Monitoring 2020*, Berlin 2021.

Bundesamt für Verbraucherschutz und Lebensmittelsicherheit (Hrsg.): *Berichte zur Lebensmittelsicherheit 2019. Monitoring*, Berlin 2021.

Bundesamt für Verbraucherschutz und Lebensmittelsicherheit: »Leitlinien zur Gewinnung, Lagerung, Transport und Verabreichung von Blut und Blutprodukten im Veterinärbereich«, Berlin 2011.

Bundesinstitut für Risikobewertung (Hrsg.): *BfR-Verbrauchermonitor 02/2022*, Berlin 2022.

Bundesministerium für Ernährung und Landwirtschaft (Hrsg.): *Deutschland, wie es isst. Der BMEL-Ernährungsreport 2022*, Berlin 2022.

Bundesministerium für Ernährung und Landwirtschaft (Hrsg.): *Tierschutzbericht der Bundesregierung 2019. Bericht über den Stand der Entwicklung des Tierschutzes*, Berlin 2019.

Bundesministerium für Ernährung und Landwirtschaft: »Bekanntmachung zur Förderung von Maßnahmen in der Geflügelhaltung, die zur Reduktion des Auftretens von Infektionserkrankungen und der Notwendigkeit zur Behandlung mit antibiotischen Tierarzneimitteln beitragen«, in: *Bundesanzeiger*, 9. Juli 2021.

Bundesministerium für Ernährung und Landwirtschaft: *Tierschutzbericht der Bundesregierung 2019. Bericht über den Stand der Entwicklung des Tierschutzes*, Berlin 2019.

Bundesministerium für Umwelt, Naturschutz und nukleare Sicherheit / Bundesministerium für Ernährung und Landwirtschaft: *Nitratbericht 2020*, Bonn 2020.

Bundestierärztekammer: »Amtliche Schlachttier- und Fleischuntersuchung: umfassende Neuorientierung und Optimierung der Kontrollen sind dringend erforderlich!« (Stellungnahme), Berlin 2021.

Burfeind, Onno: »Schweine aktuell: Erstbesamung von Jungsauen. Hat ein früher Termin Einfluss auf die Leistung?«, in: *Bauernblatt Schleswig-Holstein*, Ausgabe 33/2019.

Dannenberg, A. / Kirsch, F. et al. / Bündnis Gemeinsam gegen die Tierindustrie (Hrsg.): *Milliarden für die Tierindustrie. Wie der Staat öffentliche Gelder in eine zerstörerische Branche leitet*, Berlin 2021.

Deutsche Gesellschaft für Ernährung e.V. (Hrsg.): *14. DGE-Ernährungsbericht*, Bonn 2020.

Deutsche Umwelthilfe e.V.: »Putenfleisch von Lidl und Aldi mit antibiotikaresistenten Keimen. Neue Labortests an 62 Testkäufen zeigen: Jede dritte bzw. vierte Putenfleisch-Stichprobe aus Massentierhaltung war befallen« (Hintergrundpapier), Berlin 2021.

Deutscher Bundestag (18. Wahlperiode): »Antwort der Bundesregierung auf die Kleine Anfrage der Abgeordneten Friedrich Ostendorff, Nicole Maisch, Harald Ebner, weiterer Abgeordneter und der Fraktion BÜNDNIS 90/DIE GRÜNEN – Drucksache 18/12007 – Pregnant Mare Serum Gonadotropin (PMSG) – Produktion, Zulassung und Einsatz«, Berlin 2017.

Deutscher Bundestag (19. Wahlperiode): »Antwort der Bundesregierung auf die Kleine Anfrage der Abgeordneten Friedrich Ostendorff, Harald Ebner, Oliver Krischer, weiterer Abgeordneter und der Fraktion BÜNDNIS 90/DIE GRÜNEN – Drucksache 19/10895 – Pregnant Mare Serum Gonadotropin – Produktion, Zulassung und Einsatz«, Berlin 2019.

Die Verbraucher Initiative e.V. (Hrsg.): *Tierwohl in der Nutztierhaltung – Standards und Perspektiven* (Studie), Berlin 2018.

Ebner, R. / Rosenkranz, E.: *Pillen vor die Säue. Warum Antibiotika in der Massentierhaltung unser Gesundheitssystem gefährden*, München 2021.

Eckl, F. / Wetter, A.-K. (Bayerischer Rundfunk): »Entsorgung ohne Kontrolle? Schlachtabfälle auf bayerischen Feldern«, in: https://www.tagesschau.de/investigativ/br-recherche/entsorgung-schlachtabfaelle-101.html

Europäischer Gerichtshof: »Urteil des Gerichtshofs (Neunte Kammer): Vertragsverletzung eines Mitgliedstaats – Richtlinie 91/676/EWG – Art. 5 Abs. 5 und 7 – Anhang II Teil A Nrn. 1 bis 3 und 5 – Anhang III Nr. 1 Ziff. 1 bis 3 und Nr. 2 – Schutz der Gewässer vor Verunreinigung durch Nitrat aus landwirtschaftlichen Quellen – Unzulänglichkeit der geltenden Maßnahmen – Zusätzliche Maßnahmen oder verstärkte Aktionen – Fortschreibung des Aktionsprogramms – Begrenzung des Ausbringens – Ausgewogene Düngung – Zeiträume des Ausbringens – Fassungsvermögen von Behältern zur Lagerung von Dung – Ausbringen auf stark geneigten landwirtschaftlichen Flächen und auf gefrorenen oder schneebedeckten Böden«, Luxemburg, 21. Juni 2018.

Flessa, H. / Osterburg, B.: »Stellungnahme zur Veröffentlichung ›Landwirtschaft und Klimawandel: Stimmt die Rechnung?‹ von Friedrich Kuhlmann in Band 99, Ausgabe 2, 2021 in der Schriftenreihe *Berichte über die Landwirtschaft*«, Braunschweig 2021.

Grashorn, M. A. / Bessei, W.: »Vergleich der schweren Putenherkünfte BUT Big 6 und Hybrid Euro FP im Hinblick auf Mast- und Schlachtleistung sowie Fleischqualität«, in: *Archiv für Geflügelkunde*, Stuttgart 2004.

Greenpeace Dänemark (Hrsg.): *Aufgedeckt. Die 7 Mythen der Fleischindustrie* (deutsche Fassung), Kopenhagen 2021.

Greenpeace e. V. (Hrsg.): »Antibiotikaresistente Keime in Schlachthof-Abwässern. Testergebnisse von vier Standorten in zwei Bundesländern«, Hamburg 2022.

Greenpeace e. V. (Hrsg.): »Gefährliche Keime aus Tierfabriken. Antibiotikaresistente Bakterien in Abwässern von Schlachthöfen. Testergebnisse von Proben von sieben Standorten aus drei Bundesländern«, Hamburg 2021.

Greenpeace e. V. (Hrsg.): »Gefährliches Grillgut. Greenpeace-Test von Fleisch auf antibiotikaresistente Bakterien«, Hamburg 2021.

Heinrich-Böll-Stiftung / Bund für Umwelt und Naturschutz Deutschland e. V. / Le Monde Diplomatique: *Fleischatlas 2021. Daten und Fakten über Tiere als Nahrungsmittel. Jugend, Klima und Ernährung*, Berlin 2021.

Interessengemeinschaft der Schweinehalter Deutschlands e. V.: »ISN-Umfrage zur Zukunft der Schweinehaltung: Überforderung der Betriebe – Ausstiegswelle zeichnet sich ab – Strukturbruch wird konkret«, in: https://www.schweine.net/news/isn-umfrage-zur-zukunft-der-schweinehaltung-2021.html

Johnston, B. C. / Zeraatkar, D. et al.: »Unprocessed Red Meat and Processed Meat Consumption: Dietary Guideline Recommendations from the Nutritional Recommendations (NutriRECS) Consortium«, in: https://www.acpjournals.org/doi/10.7326/M19-1621

Königsdörfer, Judith: »Individuelle Hauswirtschaft in der LPG. Zur Frage der Handlungsspielräume bäuerlicher Familien in der DDR« (Dissertation), Jena/Halle (Saale) 2021.

Kuhlmann, Friedrich: »Landwirtschaft und Klimawandel: Stimmt die Rechnung?«, in: *Berichte über Landwirtschaft, Zeitschrift für Agrarpolitik und Landwirtschaft*, Band 99, Ausgabe 2, Berlin 2021.

Landtag Mecklenburg-Vorpommern (6. Wahlperiode): »Kleine Anfrage der Abgeordneten Dr. Ursula Karlowski, Fraktion BÜNDNIS 90/DIE GRÜNEN – Einsatz von Hormonpräparaten in der Nutztierhaltung und Antwort der Landesregierung«, Schwerin 2015.

Mighty Earth (Hrsg.): »Cargill: The Worst Company In the World«, in: https://stories.mightyearth.org/cargill-worst-company-in-the-world/index.html, und: https://www.mightyearth.org/cargillreportgerman

Murray, C. J. L. / Shunji Ikuta, K. et al.: »Global Burden of Bacterial Antimicrobial Resistance in 2019: A Systematic Analysis«, in: https://www.thelancet.com/journals/lancet/article/PIIS0140-6736(21)02724-0/fulltext

Parker-Pope, T. / O'Connor, A.: »Scientist Who Discredited Meat Guidelines Didn't Report Past Food Industry Ties«, in: https://www.nytimes.com/2019/10/04/well/eat/scientist-who-discredited-meat-guidelines-didnt-report-past-food-industry-ties.html

Raetzsch, C. / Liesfeld, J. / Scheunert, V. / Thäsler-Kordonouri, S. (Hrsg.): *Nachhaltigkeit kommunizieren: Studentische Analysen strategischer Kommunikation*, Berlin 2017.

Reiley, Laura: »Author of Study Saying Red Meat Is Fine Failed to Disclose Industry Funding, Journal Reveals«, in: https://www.washingtonpost.com/business/2020/01/07/youll-never-guess-who-helped-fund-that-controversial-keep-eating-red-meat-study/

Reiley, Laura: »Research Group that Discounted Risks of Red Meat Has Ties to Program Partly Backed by Beef Industry«, in: https://www.washingtonpost.com/business/2019/10/14/research-group-that-discounted-risks-red-meat-has-ties-program-partly-backed-by-beef-industry/

Rüschemeyer, G. / Meerpohl, J. J.: »Müssen wir unsere Fleischeslust zügeln?«, in: https://www.ebm-netzwerk.de/de/medien/pdf/ebm-12_19_kvh_journal_fleisch.pdf

Schäffer, Lutz: »Zulässigkeit von Blutentnahmen von trächtigen Stuten nach nationalem Recht im Gebiet der Bundesrepublik« (Gutachten im Auftrag der Animal Welfare Foundation), Freiburg im Breisgau 2020.

Schramm, Gerd-Peter: »Künstliche Besamung beim Geflügel«, in: *Züchtungskunde*, 77, (2/3), S. 206–217, Stuttgart 2005.

Schuetzler, H. / Hoffmann, H.: »PMSG-Präparate – Grundlagen, Wirkungspotentiale und Relevanz für eine effiziente Nutztierhaltung zur bedarfsgerechten Ernährung des Menschen«, Dessau, in: *Tierzucht*, Berlin (DDR) 1990.

Smollich, Martin: »Nein, rotes Fleisch ist nicht gut«, in: https://www.zeit.de/wissen/gesundheit/2019-10/gesunde-ernaehrung-rotes-fleisch-krebs-gesundheit-studie

Taube, Friedhelm: »Die Regelungen zur guten fachlichen Praxis der Düngung (DüV 2020) widersprechen der Zweckbestimmung des Düngegesetzes und tragen zur Verfehlung der Umweltziele Deutschlands und der EU bei. Expertise zur Bewertung des neuen Düngerechts (DüngeG, DüV, AVV GeA) von 2020 in Deutschland aus Sicht des Trinkwasserschutzes« (Gutachten), Kiel 2021.

Umweltbundesamt: »Beitrag der Landwirtschaft zu den Treibhausgas-Emissionen«, in: https://www.umweltbundesamt.de/daten/land-forstwirtschaft/beitrag-der-landwirtschaft-zu-den-treibhausgas

Umweltbundesamt: »Düngemittel«, in: https://www.umweltbundesamt.de/themen/boden-landwirtschaft/umweltbelastungen-der-landwirtschaft/duengemittel

Umweltbundesamt: »FAQs zu Nitrat im Grund- und Trinkwasser«, in: https://www.umweltbundesamt.de/themen/wasser/grundwasser/nutzung-belastungen/faqs-zu-nitrat-im-grund-trinkwasser#was-ist-der-unterschied-zwischen-trinkwasser-rohwasser-und-grundwasser

Verbraucherzentrale Rheinland-Pfalz e. V. (Hrsg.): »Werbung für Fleisch – Verwirrspiel im Supermarkt. Marktcheck der Verbraucherzentralen über Werbeaussagen zur Tierhaltung im konventionellen Fleischangebot«, Mainz 2018.

Von Petersdorff, Winand: »Esst ruhig Fleisch!«, in: https://www.faz.net/aktuell/wirtschaft/klima-nachhaltigkeit/klimawandel-verzicht-auf-fleisch-rettet-das-klima-nicht-16441733.html

Wang, Z. / Bergeron, N. et al.: »Impact of Chronic Dietary Red Meat, White Meat, or Non-Meat Protein on Trimethylamine N-Oxide Metabolism and Renal Excretion in Healthy Men and Women«, in: https://academic.oup.com/eurheartj/article/40/7/583/5232723

Weinmann, Benjamin: »Röntgenbilder mit Schock-Resultat: 97 Prozent aller Legehennen haben ein gebrochenes Brustbein«, in: https://www.luzernerzeitung.ch/wirtschaft/neue-studie-roentgenbilder-mit-schock-resultat-97-prozent-aller-legehennen-haben-ein-gebrochenes-brustbein-ld.2254714

Wissenschaftliche Dienste Deutscher Bundestag: »Vorgaben zur Putenhaltung (Sachstand)«, Aktenzeichen WD 5 – 3000 – 013/21, Berlin 2021.

World Cancer Research Fund / American Institute for Cancer Research: »Food, Nutrition, Physical Activity, and the Prevention of Cancer: a Global Perspective«, Washington, D.C., 2007.

Kapitel III

Albert Schweitzer Stiftung für unsere Mitwelt (Hrsg.): »Tierschützer freuen sich: Aldi verspricht ›Haltungswechsel‹ bis 2030 und setzt damit Maßstäbe« (Pressemitteilung), in: https://www.presseportal.de/pm/55647/4952438

Animal Rights Watch e. V.: »Die Wahrheit hinter der ›heilen Welt‹ bei Bioland«, in: https://www.ariwa.org/leid-im-bioland/

Animal Rights Watch e. V.: »Jahrelanges Tierleid in Bioland-Schweinebetrieb«, in: https://www.ariwa.org/jahrelanges-leid-bei-bioland/

Apotheke adhoc: »Gütesiegel: 790 Euro für ›Herausragende Apotheken 2021‹«, in: https://www.apotheke-adhoc.de/nachrichten/detail/markt/guetesiegel-790-euro-fuer-herausragende-apotheken-2021marketing/

Bruhn, D. / Wollenteit, U. / Greenpeace e. V.: »Rechtsgutachten zur Frage der Vereinbarkeit der Haltungsvorgaben für Mastschweine mit dem Tierschutzgesetz sowie zur Zulässigkeit einer Verschärfung der Haltungsvorgaben, Hamburg 2017.

Bundesinstitut für Risikobewertung: »Separatorenfleisch: Der Grad der Veränderung der Muskelfaserstruktur ist für die Einstufung unerheblich« (Stellungnahme), Berlin 2006.

Bundesministerium für Ernährung und Landwirtschaft: »Bundesminister Özdemir stellt Eckpunkte für verpflichtende staatliche Tierhaltungskennzeichnung vor« (Pressemitteilung), Berlin, 7. Juni 2022.

Bundesministerium für Ernährung und Landwirtschaft (Hrsg.): *Deutschland, wie es isst. Der BMEL-Ernährungsreport 2022*, Berlin 2022.

Bundesministerium für Ernährung und Landwirtschaft (Hrsg.): *Öko-Barometer 2021*, Berlin 2022.

Bundesministerium für Ernährung und Landwirtschaft: »Trend zur Steigerung der Nachfrage nach Bio-Produkten hält weiter an« (Pressemitteilung), Berlin, 15. Februar 2022.

Bundesministerium für Ernährung und Landwirtschaft: »Zukunftsfeste Tierhaltung. Eckpunkte zur Einführung einer verpflichtenden staatlichen Tierhaltungskennzeichnung/Fragen und Antworten zur Einführung einer verpflichtenden staatlichen Tierhaltungskennzeichnung« (Stand: 7. Juni 2022), in: https://www.bmel.de/SharedDocs/Downloads/DE/_Tiere/Tierschutz/eckpunkte-tierhaltungskennzeichnung.pdf?__blob=publicationFile&v=3, und: https://www.bmel.de/SharedDocs/Downloads/DE/_Tiere/Tierschutz/faq-tierhaltungskennzeichnung.pdf?__blob=publicationFile&v=1

Bundesrechnungshof: »BMEL verausgabte Bundesmittel in dreistelliger Millionenhöhe ohne vollständige Wirtschaftlichkeitsuntersuchungen«, in: *Bemerkungen zur Haushalts- und Wirtschaftsführung des Bundes* (Jahresbericht 2021, Nr. 11)

Bundesverband Möbelspedition und Logistik e. V.: »Die AMÖ distanziert sich! Siegel-Industrie entdeckt AMÖ-Betriebe«, in: https://www.moebellogistik-magazin.de/beitrag-details/die-amoe-distanziert-sich

Bund Ökologische Lebensmittelwirtschaft e. V. (Hrsg.): *Branchenreport 2021. Ökologische Lebensmittelwirtschaft*, Berlin 2021.

Der Rat der Europäischen Union: »Verordnung (EG) Nr. 1099/2009 des Rates vom 24. September 2009 über den Schutz von Tieren zum Zeitpunkt der Tötung« (EU-Schlachtverordnung), in: *Amtsblatt der Europäischen Union*, Brüssel, 18. November 2009.

dpa/mv: »Betrug mit vorgeblichen Bio-Schweinen: Landwirt verurteilt«, in: https://www.sueddeutsche.de/panorama/prozesse-schwerin-betrug-mit-vorgeblichen-bio-schweinen-landwirt-verurteilt-dpa.urn-newsml-dpa-com-20090101-210928-99-398488

Edelhoff, J. / Prahl, J.: »Hauptsache billig: Was in der Supermarktwurst steckt«, in: *Panorama* / Das Erste, 23. Juni 2022.

Ermakow, Olga: »Ergebnisse der Fleischuntersuchung bei Puten aus ökologischer und konventioneller Haltung« (Dissertation), Veterinärmedizinische Fakultät der Universität Leipzig, Leipzig 2012.

Esser, C. / Feist, A. / Koberstein, H. / Meier, B.: »Gepanschte Wurst erhält DLG-Medaille in Silber. Wurst mit nur neun Prozent Fleischanteil ausgezeichnet«, in: https://www.zdf.de/politik/frontal/wurstpanschen-leicht-gemacht-100.html

Europäische Kommission, Generaldirektion Gesundheit und Verbraucher, Direktion F – Lebensmittel- und Veterinäramt: »Bericht über ein Audit in Deutschland, 15. – 24. Oktober 2012, Bewertung des Kontrollsystems für die Erzeugung von Separatorenfleisch«, Brüssel 2012.

Europäische Kommission (Hrsg.): »Impact Matrix Analysis and Cost-Benefit Calculations to Improve Management Practices Regarding Health Status in Organic Dairy Farming«, in: https://cordis.europa.eu/project/id/311824/reporting

Europäisches Parlament, Rat der Europäischen Union: »Verordnung (EG) Nr. 178/2002 des Europäischen Parlaments und des Rates vom 28. Januar 2002 zur Festlegung der allgemeinen Grundsätze und Anforderungen des Lebensmittelrechts, zur Errichtung der Europäischen Behörde für Lebensmittelsicherheit und zur Festlegung von Verfahren zur Lebensmittelsicherheit«, Brüssel 2002.

Foodwatch e.V. (Hrsg.): »Auf der Suche nach der versprochenen Qualität. Der foodwatch-Report über das QS-Prüfzeichen Qualität und Sicherheit«, Berlin 2004.

Foodwatch e.V.: »Aus für Werbelüge auf Grünländer Käse«, in: https://www.foodwatch.org/de/aktuelle-nachrichten/2021/aus-fuer-werbeluege-auf-gruenlaender-kaese/

Foodwatch e.V.: »BRD verstößt gegen EU-Recht – foodwatch legt Beschwerde ein«, in: https://www.foodwatch.org/de/aktuelle-nachrichten/2014/brd-verstoesst-gegen-eu-recht-foodwatch-legt-beschwerde-ein/

Foodwatch e.V. / Thilo Bode (Hrsg.): *Rechtlos im Supermarkt. Gesundheitsgefahren, Täuschung und Betrug: Warum das Lebensmittelrecht Verbraucherinnen und Verbraucher nicht ausreichend schützt* (Report), Berlin 2018.

Forschungsinstitut für biologischen Landbau: »Biomarkt in Europa mit starkem Wachstum 2020 – Biomarkt erreicht 52 Milliarden Euro, die Biofläche jetzt über 17 Millionen Hektar« (Medienmitteilung), Frick/Schweiz, 15. Februar 2022.

Forschungsinstitut für biologischen Landbau: »Globaler Biomarkt wächst so stark wie nie – Bioeinzelhandelsumsatz 2020 bei knapp 121 Milliarden Euro« (Medienmitteilung), Frick/Schweiz, 15. Februar 2022.

Gebauer, Katharina: »Vorwürfe gegen Bioland-Betrieb. Leidende Bio-Schweine«, in: https://taz.de/Vorwuerfe-gegen-Bioland-Betrieb/!5617992/

Greenpeace e. V. (Hrsg.): *Fleisch-Kennzeichnung – was sagen die Siegel aus? Ein Überblick für Hähnchen, Rind und Schwein*, Hamburg 2020.

Greenpeace e. V.: »Supermarkt-Check IV: Zäher Abschied vom Billigfleisch. Ergebnis der vierten Greenpeace-Abfrage zu Haltungskennzeichnung und Sortiment der Frischfleisch- und Molkereiprodukte-Eigenmarken des Lebensmitteleinzelhandels«, Hamburg 2022.

Grünewald, Tanja / Bayerisches Landesamt für Gesundheit und Lebensmittelsicherheit: »Separatorenfleisch«, in: https://www.lgl.bayern.de/lebensmittel/warengruppen/wc_07_fleischerzeugnisse/et_separatorenfleisch.htm

Hecking, C. / Martin, A. / Voss, L. / Wahnbaeck, C.: »Verdacht auf Separatorenfleisch bei Tönnies und Wiesenhof. Was steckt wirklich in unserer Wurst?«, in: https://www.spiegel.de/wirtschaft/toennies-und-wiesenhof-was-steckt-wirklich-in-unserer-wurst-a-0d6abc57-7725-4a6b-a522-4e6125caba9c

Klawitter, Nils: »Der Schweine-Schwindel«, in: *Der Spiegel* 18/2017.

Kreysler, P. / Häusling, M. (Hrsg.): *Wer verhindert die Agrarwende? Von alten Strukturen und modernen Lobbymethoden. Eine Spurensuche*, Wiesbaden 2020.

Krieger, M. / Madouasse, A. / Sundrum, A. et al.: »Prevalence of Production Diseases in Organic Dairy Herds in Germany, Spain, France, and Sweden«, 16th International Conference on Production Diseases in Farm Animals, Wageningen/Niederlande, 20. bis 23. Juni 2016.

Kunze, Anne: »Die Bio-Lüge«, in: *Die Zeit* 47/2021.

Kunze, Anne: »Ist Bio wirklich besser?« (Interview mit Bio-Bauer Hubert Heigl und Veterinärmediziner Albert Sundrum), in: https://www.zeit.de/2022/17/tierwohl-bio-haltung-oekologische-landwirtschaft

Lassiwe, Benjamin: »Heimliche Videoaufnahmen zeigen grausige Szenen. Gegen Bio-Schlachthof in Neuruppin wird wegen Tierquälerei ermittelt«, in: https://www.tagesspiegel.de/berlin/gegen-bio-schlachthof-in-neuruppin-wird-wegen-tierqualerei-ermittelt-4221016.html

Machold, U./Troeger, K./Moje, M.: »Ökologische versus konventionelle Tierhaltung«, in: *Fleischwirtschaft* 2/2007.

Machold, U./Troeger, K./Moje, M.: »Vergleichende Beurteilung der Tiergesundheit von Schweinen und Rindern aus ökologischer sowie konventioneller Produktion anhand der Befunde der amtlichen Schlachttier- und Fleischuntersuchung«, in: https://www.openagrar.de/receive/import_mods_00005274

Maurin, Jost: »Whistleblower packt aus. Bio ist gut, Kontrolle besser«, in: https://taz.de/Whistleblower-packt-aus/!5816173/

Naturschutzbund Deutschland (Hrsg.) / Institut Arbeit und Wirtschaft Universität Bremen: *Verflechtungen und Interessen des Deutschen Bauernverbandes (DBV)*, Berlin/Bremen 2019.

QS Qualität und Sicherheit GmbH (Hrsg.): *Leitfaden Landwirtschaft Schweinehaltung*, Bonn 2022.

Raether, Elisabeth: »Tiermast: Fieber, Husten, Benommenheit« (Interview mit Tierarzt Albert Sundrum), in: https://www.zeit.de/2018/18/tiermast-schweine-kuehe-krankheit-albert-sundrum-tierarzt

Redaktion: »Europäischer Bio-Markt legt kräftig zu«, in: https://www.oekolandbau.de/handel/marktinformationen/europaeischer-bio-markt-legt-kraeftig-zu/

Redaktion: »Landwirtschaft 4.0 – klimaschonend marktgerecht … Prof. Dr. Albert Sundrum im Gespräch«, in: http://www.schattenblick.de/infopool/umwelt/report/umri0280.html

Stiftung Warentest: »Gefälschte Testergebnisse und Tests, die es nie gab«, in: https://www.test.de/Testportale-Gefaelschte-Testergebnisse-und-Tests-die-es-nie-gab-5433119-0/

Testwatch – Die VerbraucherNützer e. V.: »Seriöse und unseriöse Tests«, in: https://www.testwatch.de/ratgeber/123-serioese-und-unserioese-tests

Verbraucherzentrale Brandenburg e. V.: »Verbraucherzentrale gewinnt gegen Netto Marken-Discount« (Pressemitteilung), in: https://www.verbraucherzentrale-brandenburg.de/pressemeldungen/presse-bb/verbraucherzentrale-gewinnt-gegen-netto-markendiscount-45651

Verbraucherzentrale Bundesverband e. V.: »Europäische Kontrollverordnung zur verbraucherfreundlichen Modernisierung des Lebensmittel- und Futtermittelgesetzbuches nutzen. Stellungnahme zum Entwurf eines Vierten Gesetzes zur Änderung des Lebensmittel- und Futtermittelgesetzbuches (LFGB) sowie anderer Vorschriften«, Berlin 2020.

Verbraucherzentrale Rheinland-Pfalz e. V. (Hrsg.): »Werbung für Fleisch – Verwirrspiel im Supermarkt. Marktcheck der Verbraucherzentralen über Werbeaussagen zur Tierhaltung im konventionellen Fleischangebot«, Mainz 2018.

Wilhelm, C. / Hofsommer, M. / Wittke, S.: »Detection of Mechanically Separated Meat from Chicken in Sausages and Cold Meat by Targeted LC–MS/MS Analysis«, in: https://link.springer.com/article/10.1007/s12161-022-02231-4

Wissenschaftliche Dienste Deutscher Bundestag: »Staatliche und nicht-staatliche Tierwohlkennzeichnung im Lebensmittelbereich« (Dokumentation), Aktenzeichen WD 5 – 3000 – 030/22, Berlin 2022.

Kapitel IV

Afshin, A. / Sur, P. J et al.: »Health Effects of Dietary Risks in 195 Countries, 1990–2017: A Systematic Analysis for the Global Burden of Disease Study 2017«, in: https://www.thelancet.com/journals/lancet/article/PIIS0140-6736(19)30041-8/fulltext

Auswärtiges Amt: »Agenda 2030 für nachhaltige Entwicklung«, in: https://www.auswaertiges-amt.de/de/aussenpolitik/themen/agenda2030

Bauer-Panskus, A. / Then, C. / Testbiotech e. V. (Hrsg.): *Der lange Arm der Industrie: Einflussnahme auf Forschung und Behörden in Deutschland im Bereich Gentechnik und Lebensmittelsicherheit*, München 2018.

Breidenassel, C. / Schäfer, A. C. et al.: »Einordnung der Planetary Health Diet anhand einer Gegenüberstellung mit den lebensmittelbezogenen Ernährungsempfehlungen der DGE. Eine Stellungnahme der Deutschen Gesellschaft für Ernährung e. V.«, in: *Ernährungs-Umschau* 5/22, Bonn 2021.

Bundesministerium für Ernährung und Landwirtschaft: »Hintergrundinformationen zur ›Ohne Gentechnik‹-Kennzeichnung«, in: https://www.bmel.de/DE/themen/ernaehrung/lebensmittel-kennzeichnung/freiwillige-angaben-und-label/ohne-gentechnik-kennzeichnung-hg-informationen.html

Churchill, Winston: »Fifty Years Hence«, in: https://www.nationalchurchillmuseum.org/fifty-years-hence.html (Original in: *The Strand Magazine*, Dezember 1931).

Dahlkamp, J. / Klawitter, N.: »Billigfleisch-Patriarch Tönnies: Solange die Chinesen Pfötchen wollen, liefern wir sie«, in: *Der Spiegel*, 45/2021.

Deutsche Gesellschaft für Ernährung e. V. (Hrsg.): *14. DGE-Ernährungsbericht*, Bonn 2020.

Die Bundesregierung: »Lebensmittel in Deutschland grundsätzlich gentechnikfrei«, in: https://www.bundesregierung.de/breg-de/aktuelles/lebensmittel-in-deutschland-grundsaetzlich-gentechnikfrei-348862

EAT-Lancet Commission: »Healthy Diets From Sustainable Food Systems. Food, Planet, Health« (Summary Report), Stockholm 2019, in: https://eatforum.org/content/uploads/2019/07/EAT-Lancet_ Commission_Summary_Report.pdf

Effertz, Tobias: »Kindermarketing für ungesunde Lebensmittel in Internet und TV« (Projektbericht), Hamburg 2021.

Europäische Kommission, Generaldirektion Gesundheit und Lebensmittelsicherheit: »Untersuchung zu dem Status neuartiger genomischer Verfahren im Rahmen des Unionsrechts und im Lichte des Urteils des Gerichtshofs in der Rechtssache C-528/16« (Zusammenfassung, Arbeitsunterlage der Kommissionsdienststellen), Brüssel 2021.

FAO, IFAD, UNICEF, WFP, WHO (Hrsg.): »The State of Food Security and Nutrition in the World 2022. Repurposing food and agricultural policies to make healthy diets more affordable«, Rom 2022.

Ferrero Deutschland GmbH: »Ferrero-Werbe- und Marketingprinzipien«, in: https://s3-eu-west-1.amazonaws.com/ferrero-static-qa/globalcms/documenti/2643.pdf

Foodwatch e. V. / Martin Rücker (Hrsg.): *Junkfluencer. Wie McDonald's, Coca-Cola & Co. in sozialen Medien Kinder mit Junkfood ködern*, Berlin 2020.

Foodwatch e. V.: »Gericht: Ministerium durfte Studie zur Lebensmittel-Ampel nicht zensieren«, in: https://www.foodwatch.org/de/aktuelle-nachrichten/2022/gericht-ministerium-durfte-studie-zur-lebensmittel-ampel-nicht-zensieren/

Foodwatch e. V.: »Was nicht passt, wird passend gemacht?«, in: https://www.foodwatch.org/fileadmin/-DE/Themen/Ampel/Dokumente/2020_06_MRI_Chronologie.pdf

Gerhardt, C. / Ziemßen, F. et al. (Hrsg.: A.T. Karney): »How Will Cultured Meat and Meat Alternatives Disrupt the Agricultural and Food Industry?«, Düsseldorf 2019.

Haas, Georg: »Bluu Seafood stellt im Labor gezüchtete Fischstäbchen vor«, in: https://www.trendingtopics.eu/bluu-seafood-stellt-im-labor-gezuechtete-fischstaebchen-vor/

Hardegger, Angelika: »›Radikaler Meinungswechsel‹ in der Gentech-Politik in Bern«, in: https://www.nzz.ch/schweiz/gentechnik-radikaler-meinungswechsel-im-parlament-ld.1673442

Heinrich-Böll-Stiftung / BUND Deutschland / PAN Germany / Le Monde Diplomatique: *Pestizidatlas 2022*, Berlin 2022.

Hoinkes, Carla: »Chemiekonzerne: Pestizide & Saatgut versprechen große Geschäfte«, in: https://www.boell.de/de/2022/01/12/chemiekonzerne-pestizide-saatgut-versprechen-grosse-geschaefte

International Chamber of Commerce (ICC): »ICC Framework for Responsible Food and Beverage Marketing Communications«, in: https://iccwbo.org/content/uploads/sites/3/2019/08/icc-framework-for-responsible-food-and-beverage-marketing-communications-2019.pdf

Klaus, L. M. / Hoffmann, H.: »Der UN-Welternährungsgipfel: kein Systemwandel in Sicht«, in: https://dgvn.de/meldung/der-un-welternaehrungsgipfel-kein-systemwandel-in-sicht

Ksienrzyk, Lisa: »Wie dieser Fleischersohn 120 Millionen Euro für sein veganes Hähnchen bekam«, in: https://www.businessinsider.de/gruenderszene/food/tindle-next-gen-foods-likeameat-timo-recker-fleischersatz-vegan-b/

Lin-Hi, Nick: »Kultiviertes Fleisch – eine Sprunginnovation für nachhaltige Entwicklung«, in: https://www.welthungerhilfe.de/welternaehrung/rubriken/agrar-ernaehrungspolitik/wie-fleisch-aus-der-petrischale-zur-alternative-wird

Merck KGaA (Hrsg.): »Clean Meat – das Essen der Zukunft?«, in: https://www.merckgroup.com/de/research/science-space/envisioning-tomorrow/scarcity-of-resources/cleanmeat.html

Merck KGaA (Hrsg.): »Die Cultured Meat Revolution. Wie zellkultiviertes Fleisch zum Game-Changer wird« (Trendstudie), Darmstadt 2021.

Nationale Akademie der Wissenschaften Leopoldina / Deutsche Forschungsgemeinschaft / Union der Deutschen Akademien der Wissenschaften: »Wege zu einer wissenschaftlich begründeten, differenzierten Regulierung genomeditierter Pflanzen in der EU« (Stellungnahme), Berlin 2019.

Nonaka, S. / Arai, C. et al.: »Efficient Increase of γ-Aminobutyric Acid (GABA) Content in Tomato Fruits by Targeted Mutagenesis«, in: https://www.nature.com/articles/s41598-017-06400-y#citeas

Redaktion: »Eat Just plant die bislang größte Fabrik für alternative Proteine in Singapur«, in: https://vegconomist.de/food-and-beverage/eat-just-singapur/?utm_source=related-posts&utm_medium=relatedpostswidget&utm_campaign=crp

Redaktion: »Ein politischer Schwellenwert: Bis 0,9 Prozent ohne Kennzeichnung«, in: https://www.transgen.de/recht/763.grundsaetze-schwellenwert.html

Redaktion: »Japan's First Genome-Edited Food Item, a Tomato, Gets Green Light For Distribution«, in: http://www5d.biglobe.ne.jp/~cbic/english/2021/journal2101.html

Redaktion: »Meat the Future: Foodamentalisten«, in: https://www.forbes.at/artikel/meat-the-future-foodamentalisten.html

Redaktion: »Wo ohne Gentechnik drauf steht, darf etwas Gentechnik drin sein«, in: https://www.transgen.de/recht/499.lebensmittel-ohne-gentechnik.html

Riecher, M.-C.: »Warum der WWF eben nicht mit Tönnies zusammenarbeitet«, in: https://blog.wwf.de/warum-der-wwf-eben-nicht-mit-toennies-zusammenarbeitet/

Scholl, C. / Riecher, M.-C. / WWF (Hrsg.): *WWF-Entwaldungs-Scorecard*, Berlin 2022.

Schütze, Viktoria: »Fleisch aus dem Labor: Ist das unsere Zukunft?«, in: https://www.nationalgeographic.de/wissenschaft/2021/10/fleisch-aus-dem-labor-ist-das-unsere-zukunft

SDA (Nachrichtenagentur): »Ständerat nimmt Genom-Editierung von Gentech-Moratorium aus«, in: https://www.parlament.ch/de/services/news/Seiten/2021/20211202135625294194158159038_bsd110.aspx

Sturm, Alexander (dpa): »Burger aus der Petrischale: Merck & Co. treiben Laborfleisch voran«, in: https://www.absatzwirtschaft.de/burger-aus-der-petrischale-merck-co-treiben-laborfleisch-voran-228496/

Terpitz, Katrin: »Markt für Fleischalternativen wächst stark – mehr Konkurrenz für Veggie-Pionier Rügenwalder«, in: https://www.handelsblatt.com/unternehmen/handel-konsumgueter/fleischersatz-markt-fuer-fleischalternativen-waechst-stark-mehr-konkurrenz-fuer-veggie-pionier-ruegenwalder/28124138.html

Testbiotech e. V. (Hrsg.): *Gentechnik gefährdet unsere Lebensgrundlagen. Eine Streitschrift zu zehn Jahren Testbiotech*, München 2019.

Testbiotech: »›CRISPR-Tomate‹ in Japan zugelassen«, in: https://www.testbiotech.org/aktuelles/crispr-tomate-in-japan-zugelassen

Tönnies Holding ApS & Co. KG (Hrsg.): »Tönnies meistert Krisenjahr 2021 und treibt Transformationsprozess voran« (Pressemitteilung), in: https://www.toennies.de/toennies-meistert-krisenjahr-2021-und-treibt-transformationsprozess-voran/

Toreti, A. / Bavera, D. et al. / European Commission / European Drought Observatory: »Drought in Europe August 2022, GDO Analytical Report«, in: https://edo.jrc.ec.europa.eu/documents/news/GDO-EDODroughtNews202208_Europe.pdf

Umweltbundesamt (Hrsg.): *Die Zukunft im Blick: Fleisch der Zukunft. Trendbericht zur Abschätzung der Umweltwirkungen von pflanzlichen Fleischersatzprodukten, essbaren Insekten und In-vitro-Fleisch*, Dessau-Roßlau 2019.

Umweltbundesamt (Hrsg.): *Mehr Natürlichkeit im Obst- und Gemüseregal – gut für Umwelt und Klima. Empfehlungen des Umweltbundesamtes zur Senkung handelsspezifischer Vorgaben*, Dessau-Roßlau 2022.

Van Ackeren, Janine: »So schmeckt die Zukunft«, in: *Fraunhofer. Das Magazin, Zeitschrift für Forschung, Technik und Innovation* 1/22, München 2022.

Verbraucherzentrale Hessen e. V.: »Süße Profite mit Schul-Sportaktionen«, in: https://www.verbraucherzentrale-hessen.de/wissen/lebensmittel/gesund-ernaehren/suesse-profite-mit-schulsportaktionen-17322

Verbraucherzentrale Niedersachsen e. V. (Hrsg.): *Obst und Gemüse im Einzelhandel. Qualitätsanforderungen und Lebensmittelverschwendung. Marktcheck der Verbraucherzentralen*, Hannover 2022.

Vereinte Nationen, Generalversammlung: »Resolution der Generalversammlung, verabschiedet am 25. September 2015 – Transformation unserer Welt: die Agenda 2030 für nachhaltige Entwicklung«, in: https://www.un.org/depts/german/gv-70/band1/ar70001.pdf

Willett, W. / Rockström, J. et al.: »Food in the Anthropocene: the EAT–Lancet Commission on healthy diets from sustainable food systems«, in: *The Lancet*, 393. Jg., Nr. 10170, und: https://www.researchgate.net/publication/330443133_Food_in_the_Anthropocene_the_EAT-Lancet_Commission_on_healthy_diets_from_sustainable_food_systems

Wissenschaftliche Dienste Deutscher Bundestag: »Einzelfragen zu In-vitro-Fleisch (Ausarbeitung)«, Aktenzeichen: WD 5 – 3000 – 151/18, Berlin 2019.

Wissenschaftliche Dienste Deutscher Bundestag: »In-vitro-Fleisch (Sachstand)«, Aktenzeichen: WD 5 – 3000 – 009/18, Berlin 2018.

Wissenschaftliche Dienste Deutscher Bundestag: »Zulassung tierproduktfreier Milch (Ausarbeitung)«, Aktenzeichen: WD 5 – 3000 – 104/20, Berlin 2020.

WWF: *So schmeckt Zukunft: Der kulinarische Kompass für eine gesunde Erde. Klimaschutz, landwirtschaftliche Fläche und natürliche Lebensräume*, Berlin 2021.

***

Außerdem wurden für das Buch zu den entsprechenden Themen die Websites folgender Behörden, Verbände, Organisationen, Institutionen und Medien ausgewertet:

Auswärtiges Amt
Bundesinformationszentrum Landwirtschaft
Bundesinstitut für Risikobewertung
Bundeskartellamt
Bundesministerium für Arbeit und Soziales
Bundesministerium für Bildung und Forschung
Bundesministerium für Ernährung und Landwirtschaft
Bundesministerium für Justiz

Bundesministerium für Umwelt, Naturschutz, nukleare Sicherheit und Verbraucherschutz
Bundesrechnungshof
Bundeszentrum für Ernährung
Deutscher Bundestag
Die Bundesregierung (Presse- und Informationsamt der Bundesregierung)
Lobbyregister beim Deutschen Bundestag
Statistisches Bundesamt
Umweltbundesamt

Ernährungs- und Landwirtschaftsorganisation der Vereinten Nationen (FAO)
Europäische Union / Europäische Kommission
Internationale Agentur für Krebsforschung (IARC)
Weltgesundheitsorganisation (WHO)
World Cancer Research Fund International (WCRF)

Bund Ökologische Lebensmittelwirtschaft e. V.
Bundesverband des Deutschen Lebensmittelhandels e. V.
Bundesverband Deutscher Wurst- und Schinkenproduzenten e. V.
Deutsche Gesellschaft für die Vereinten Nationen e. V.
Deutsche Gesellschaft für Ernährung e. V.
Deutsche Landwirtschafts-Gesellschaft e. V.
Deutscher Raiffeisenverband e. V.
Deutscher Vieh- und Fleischhandelsbund e. V.
Fokus Fleisch/Gesellschaft zur Ausrichtung berufsständischer Veranstaltungen der Fleischwirtschaft mbH
Initiative Milch 2.0 GmbH
Veranstaltungen der Fleischwirtschaft mbH
Gewerkschaft Nahrung-Genuss-Gaststätten
Lebensmittelverband Deutschland e. V.
LobbyControl e. V. / Lobbypedia

Milchindustrie-Verband e. V.
Verband der Fleischwirtschaft e. V.
Verband der Landwirte mit handwerklicher Fleischverarbeitung e. V.
Verbraucherzentrale Bundesverband e. V. / Verbraucherzentralen der Bundesländer

Albert Schweitzer Stiftung für unsere Mitwelt
Animal Equality Germany
Animal Rights Watch e. V.
Animal Welfare Foundation e. V.
Deutscher Tierschutzbund e. V.
Deutsches Tierschutzbüro e. V.
Foodwatch e. V.
Germanwatch e. V.
Greenpeace e. V.
Mighty Earth
Naturschutzbund Deutschland e. V.
Peta / Peta Deutschland e. V.
Soko Tierschutz e. V.
Stiftung Warentest
Testbiotech e. V.
Testwatch – Die VerbraucherNützer e. V.
WWF Deutschland

agrarheute.de
deutsche-apotheker-zeitung.de
correctiv.org
elite-magazin.de
ernaehrungs-umschau.de
fleischwirtschaft.de
lebensmittelpraxis.de
medical-tribune.de
nytimes.com

tagesschau.de
thelancet.com
tierrechte.de
topagrar.com
transgen.de
utopia.de
verline.de
washingtonpost.com

gesetze-im-internet.de
label-online.de
produktwarnung.eu

Weitere Quellen

Capital, Das Erste (inkl. BR, MDR, NDR, SWR, WDR), *Der Spiegel, Der Tagesspiegel, Deutsches Ärzteblatt, Deutschlandfunk, Die Welt, Die Zeit, Frankfurter Allgemeine Sonntagszeitung, Frankfurter Allgemeine Zeitung, Geo, Handelsblatt, Manager Magazin, Neue Zürcher Zeitung,* RND, *Stern, Stuttgarter Zeitung, Süddeutsche Zeitung, taz, The Lancet, WirtschaftsWoche,* ZDF.